标准起草人详细解读

GB/T 786.1—2021	GB/T 786.2—2018	GB/T 786.3—2021

液压气动图形符号和回路图绘制与识别

蔡 伟 赵静一 朱 明
张 强 曹巧会 陈登民 编著

机械工业出版社

为做好 GB/T 786《流体传动系统及元件　图形符号和回路图》（所有部分）国家标准新版本的宣传贯彻工作，使科研技术和管理人员尽快熟悉、掌握和熟练运用该标准，作者结合行业专家、企业用户的意见与建议，重点解读相关标准规定的各条目，根据国内读者阅读习惯重新汇编了标准中相关要素的顺序，并融入了大量实例，梳理了标准使用过程中可能遇到的问题、出现的错误，最终编写完成本书。本书在编写过程中，力求兼顾理论性、系统性和可操作性，作者基于 Visio 软件制作了全套标准中各图形符号的电子模板库，以便读者使用。

本书适合液压气动应用领域的科研院所、生产企业和销售机构等单位的技术人员使用，也可作为高校、研究所流体传动与控制专业专科生、本科生及研究生的参考教材，对本专业书刊编写、审校和绘图人员也具有很高的参考价值。

图书在版编目（CIP）数据

液压气动图形符号和回路图绘制与识别/蔡伟等编著. —北京：机械工业出版社，2021.10

ISBN 978-7-111-69130-3

Ⅰ.①液…　Ⅱ.①蔡…　Ⅲ.①液压传动—机械制图—识图②气压传动—机械制图—识图　Ⅳ.①TH137②TH138

中国版本图书馆 CIP 数据核字（2021）第 183224 号

机械工业出版社（北京市百万庄大街 22 号　邮政编码 100037）
策划编辑：张秀恩　责任编辑：张秀恩　王春雨
责任校对：王　欣　封面设计：马精明
责任印制：单爱军
北京虎彩文化传播有限公司印刷
2021 年 10 月第 1 版第 1 次印刷
169mm×239mm · 13 印张 · 1 插页 · 261 千字
0001—1900 册
标准书号：ISBN 978-7-111-69130-3
　　　　　ISBN 978-7-89386-239-7（移动 U 盘）
定价：89.00 元

电话服务	网络服务
客服电话：010-88361066	机　工　官　网：www.cmpbook.com
010-88379833	机　工　官　博：weibo.com/cmp1952
010-68326294	金　　书　　网：www.golden-book.com
封底无防伪标均为盗版	机工教育服务网：www.cmpedu.com

序

GB/T 786《流体传动系统及元件　图形符号和回路图》(所有部分) 是流体传动控制领域的重要基础标准，分为三部分：图形符号、回路图、回路图中的符号模块和连接符号。该标准对流体传动系统及元件的图形符号和回路图的绘制进行了非常详尽的规定，对本领域及相关应用行业采用图形符号的技术交流起到了重要的支撑作用。该标准的制定由燕山大学和徐州徐工液压件有限公司牵头负责，行业内众多企业单位给予了大力支持，召开了多次标准工作组会议，从项目预研至标准发布，历时 5 年；标准工作组对标准草案进行了多轮逐字逐条的审阅与讨论；在意见征集阶段也收到了行业专家和学者的大量宝贵建议。借此机会，向各参与该标准制定全过程的单位、行业专家及工作组成员表示由衷的感谢。

尽管图形符号标准给出的规则清晰、内容详尽，但在相关企业、高校、科研院所的技术文件中，仍然存在诸多不符合标准规定，甚至错误使用图形符号的情况。主要原因有：标准给出的规则较多，要求严格，使用人员没有耐心学习和理解；纸质文件查阅不方便，技术人员在绘图时无法直接从标准文本中调用所需的图形符号。在标准的制修订过程中，不断有工作组专家、企业技术人员提出把标准规定的图形符号做成电子模板库的希望，以便相关技术人员直接调用或经简单编辑后使用。

2021 年初，标准制定负责人之一蔡伟博士告知，他们计划把标准制定过程中关系到标准内容理解的技术讨论成果、图形符号的典型实物照片编辑整理，形成一本用于标准宣贯的图书，并根据专家建议制作图形符号的电子模板库。本人表示非常支持，但也感觉到工作难度极大。但仅过了 6 个月的时间，蔡伟博士就发来了本书的书稿和随书附带的图形符号电子图库，并邀请我为其作序。我在兴奋感叹之余，于第一时间阅读了全稿。

蔡伟博士等作者在书稿中首先介绍了图形符号类标准涉及的内容、分类、术语和定义等，可以帮助读者加深理解符号类标准的内涵；然后根据流体传动系统及元件图形符号和回路图使用的实际需求，对三个部分标准的内容进行了重新编排，在图形符号示例的后面插入了典型实物照片，对标准中结构、描述相似的要素进行了汇编区分；在最后一章介绍了使用计算机绘制图形符号的软件和技巧。在书稿的附录中，作者还整理了 GB/T 786 引用国家/国际标准对照表、GB/T 786 标准贯彻使用清单、行业新产品新符号示例、液压与气动图形符号常见错误示例等资料。所有这些内容，都可以在很大程度上帮助读者正确快速掌握该标准。

此外，本书随附的图形符号电子模板库涵盖了标准中液压与气动图形符号的全部基本要素和应用示例，近600个图形模具，均是严格按照该标准规定的形状、结构和尺寸等规则绘制出来的，在Visio中可以直接拖动调用，各符号端口可以直接通过“连接线”工具连接，绘制完成后既可以直接复制到Word、Power Point，也可以存储为.dwg、.jpg或.pdf格式，使用起来非常方便。

相信本书和图形符号电子图库的出版，一定会对标准的宣贯和行业技术交流起到重要的促进作用。

全国液压气动标准化技术委员会　秘书长 罗经

2021年8月

前　言

经全国液压气动标准化技术委员会和各工作组努力，完成了《流体传动系统及元件　图形符号和回路图》（所有部分）国家标准的制、修订工作。《流体传动系统及元件　图形符号和回路图》（所有部分）国家标准包含三部分，其中第1部分：图形符号（GB/T 786.1—2021），将于2021年12月1日起实施；第2部分：回路图（GB/T 786.2—2018），已于2019年7月1日起实施；第3部分：回路图中的符号模块和连接符号（GB/T 786.3—2021），将于2021年12月1日起实施。

《流体传动系统及元件　图形符号和回路图》（所有部分）国家标准是流体传动与控制领域及其应用行业的基础标准之一，具有使用规范、创建合理、影响面大等特点。相关高校、科研院所、生产企业和销售机构等单位均应正确运用，对于元件及回路设计、技术交流、产品销售和行业发展非常有益，也有助于标准应用与国际接轨。为做好GB/T 786《流体传动系统及元件　图形符号和回路图》（所有部分）国家标准新版本的宣传贯彻工作，使科研技术和管理人员尽快熟悉、掌握和正确运用该标准，作者在历时五年的标准制订过程体会基础上，结合行业专家、企业用户的意见与建议，重点解读相关标准规定的各条目，根据阅读习惯重新汇编了标准中相关要素的顺序，并融入了部分实例对照，给出了标准正确的使用方法，梳理了使用过程中可能遇到的问题、出现的错误，力求兼顾理论性、系统性和可操作性，最终编写完成了此书。作者制作了基于Visio软件的标准中各图形符号的电子图库，以便读者使用。

全书共七章。第1章为概述，介绍了符号的内涵、标准化发展历程，汇编了与GB/T 786标准相关的术语和定义，对标准的应用做出了简要说明；第2章为标准编制说明，介绍了标准的编制背景、编制原则、编制过程以及结构体系；第3章为基本规定，解读标准的范围、字体图线与幅面、旋转镜像与缩放、登记序号、标注说明等重要条目；第4章为元件符号的绘制，根据标准内容，按照元件分类重新汇编了符号绘制的基本要素、应用规则与应用示例；第5章为回路图的绘制，主要介绍回路图的布局、技术信息、元件标识、补充信息、回路图示例和符号模块；第6章为相似要素的区分，对图形符号中多次出现的、可能出现误用的相似要素从功能、结构和实物等角度进行区分明确；第7章为使用计算机绘图，介绍了使用计算机绘图的软件与制图技巧等内容；书后附录整理编制了一些标准使用过程中可能用到的内容清单。

本书的编写和出版得到了各方面单位及人员的大力支持。全国液压气动标准化技术委员会、机械工业出版社、燕山大学、徐州徐工液压件有限公司等单位在标准制修订、书籍编写和出版过程中投入了大量资源。GB/T 786.1—2021 主要起草人赵静一、林广、陈新元、赵静波、许同乐、赵尚宇、石岩、郭锐、唐颖达、曹巧会，GB/T 786.2—2018 主要起草人陈登民、张强、曹巧会、黄翠萍、余彦冬、王清汉、郇庆祥，GB/T 786.3—2021 主要起草人张强、苏永定、刘庆教、何贤剑、包训权、王军、王丽、胡小军、杨玲玲、龙新华、张晓东、曹巧会对标准的形成贡献了专业才智；全国液压气动标准化技术委员会罗经秘书长、上海博士力士乐液压及自动化有限公司王呈祥经理、油威力液压科技股份有限公司林广副总师、辽宁东港市宏达液压缸再制造有限公司唐颖达总工对本书的编写提出了很好的建议，博士生张浩协助搜集整理了书稿中的实物图片，布柯玛蓄能器（天津）有限公司、黎明液压有限公司等单位提供了相关元件符号典型实物的照片，在此表示衷心的感谢。

由于作者学识水平有限，加工时间仓促，书中和 Visio 模板文件内难免存在疏漏和不妥，恳请广大读者批评指正。

编者

于秦皇岛

目　　录

第 1 章

概　　述

本章主要介绍图形符号所涉及的内容、分类及标准化过程，以及与图形符号标准相关的术语及定义，以加深图形符号标准的读者对图形符号内涵的理解。同时本章还对使用 GB/T 786 新版系列标准的若干注意事项做了简要说明，请重点关注“1.3 基本应用说明”。

1.1　图形符号及其标准化

一般来说，图形符号是指以图形为主要特征，便于信息传递的视觉符号。具有简明直观、易懂易记的特征。图形符号按照应用领域主要分为技术产品文件用图形符号、设备用图形符号和标志用图形符号三类。所包含的主要内容如下：

1. 技术产品文件用图形符号

简图用符号：在简图中表示系统或设备各组成部分之间的相互关系。

标注用图形符号：表示在产品设计、制造、测量和质量保证等全过程中涉及的几何特征（如尺寸、距离、角度、形状、位置、定向等）和制造工艺等。

2. 设备用图形符号

显示符号：呈现设备的功能（如连接端子、加注点等）或工作状态（如开、关，通、断，警告等）。

控制符号：作为操作指示。

图标：呈现在屏幕或显示器上，作为使用指示。

3. 标志用图形符号

公共信息图形符号：向公众传递信息，无须专业培训或训练即可理解。

安全符号：与安全色及安全形状共同形成安全标志，以传递安全信息。

交通符号：与颜色及几何形状共同形成交通标志，以传递交通安全及管理信息。

不同类别图形符号间的区别见表 1-1。

表 1-1 不同类别图形符号间的区别

图形符号类别	使用群体	观察距离	表现形式	特点
技术产品文件用图形符号	专业	近	线条	较抽象
设备用图形符号	专业、非专业	中	粗线条	抽象/具象之间
标志用图形符号	非专业	远	实心图形	较具象

综上所述，《流体传动系统及元件 图形符号和回路图》系列标准规定的图形符号，应属于典型的技术产品文件用图形符号。因此，在使用时务必注意其对象、目的与特点，即：面向专业人员，使用线条表示系统或设备各组成部分之间的相互关系的较抽象的图形符号。尤其需要明确技术产品文件用图形符号目的不在于表示结构、原理，而是要表示组成要素间的关系。

由于图形符号的重要作用，并且作为相对抽象的表达方式，为了更准确地传达原始含义，国际标准化委员会、国家标准化管理委员会对图形符号的标准化程序也做出了相应的规定，以保证图形符号的含义能更精准地传达和应用。

标准化程序

a）调查需求：调查待传递信息的客观需求，并论证确需用图形符号传递该信息；

b）确定应用领域：按照前述图形符号分类，确定待设计图形符号的应用领域；

c）描述对象：清晰明确地描述图形符号所表示的对象以及图形符号的功能和含义；

d）收集资料：查找并收集现行国家标准、行业标准、国际标准、国外标准以及其他相关资料中已有的表示相似对象的图形符号；

e）采用现行标准：如现行国家标准中已存在表示同一对象的图形符号，且其设计符合 GB/T 16901、GB/T 16902 或 GB/T 16903 的要求，则应直接采用；

f）设计方案：如果现行国家标准中不存在表示同一对象的图形符号或者未能采用现行标准，则应按照 GB/T 16901、GB/T 16902 或 GB/T 16903 的要求设计表示该对象的图形符号方案；

g）测试：对图形符号方案的易理解性和理解度进行测试；

h）确定图形符号：根据测试情况可直接确定标准图形符号，也可对图形符号方案进行修改直至获得满意的方案；

i）注册：向相关标准化技术委员会登记注册。

注：鼓励图形符号设计人员按照本章的标准化程序设计图形符号。

（摘自 GB/T 16900—2008）

1.2 相关术语和定义

在本系列标准中某些专用词汇在图形符号绘制及描述过程中经常出现，具有特定含义，对于标准内涵的理解非常必要，但其所指的范围与意义可能与日常生活或其他科技领域中的应用存在差异，因此本节从相关标准中整理出这类常用词汇，并对词汇及其释义进行汇编介绍，以帮助读者更好地理解与应用标准。

1. 符号 symbol

表达一定事物或概念，具有简单特征的视觉形象。

2. 图形符号 graphical symbol

以图形为主要特征，信息传递不依赖于语言的符号。

3. 技术产品文件用图形符号 graphical symbols for use in technical product documentation（tpd 符号 tpd symbols）

用于技术产品文件，表示对象和（或）功能，或表明生产、检验和安装的特定指示的图形符号。

4. 简图用符号 symbols for diagram

在简图中表示系统或设备各组成部分之间相互关系的技术产品文件用图形符号。

5. 符号要素 symbol element

具有特定含义的图形符号的组成部分。

6. 功能 function

图形符号所要表示的对象的用途或作用。

7. 功能单元/机能位 function unit

由功能上相关的部件或装置构成的装配体。

机能位为在液压气动阀类元件中表示特定流道组合的功能单元。

8. 工作状态

如果图形符号中的某个符号要素表示产品中的一个可移动部件（如：液压方向控制阀的阀元件和机电开关装置的触头），应按以下要求确定该符号要素在图形中的位置：

1）带有自动复位装置（例如，弹簧回弹装置）的产品按其自动复位装置处于静止状态时的位置设计。

2）不带有自动复位装置（例如，关闭的阀门）的产品按其可移动部件处于非工作状态时的位置设计。

如需要表示除以上两种情况之外的其他工作状态，宜在图形符号相关标准中给出相关信息加以说明。

9. 模数尺寸 M

图形符号设计、规定及使用时所选定的标准尺寸单位（如 1.8、2、2.5、3.5、5、7、10、14、20，单位均为 mm），使得在同一符号体系中具有稳定的尺寸比例。

10. 应用规则

应用规则给出了在简图中如何合成符号和如何应用图形符号的信息。

11. 举例

应用举例指导如何应用图形符号。为了便于使用，应用举例可以由已经使用过的图形符号提供的信息构成。

12. 符号模块 symbol modules

由 ISO 1219-1 规定的符号、线、外框和连接点构成（如底板模块）的模块（符号模块可以通过相同的接口相互连接）。

13. 接口连接点 interface connection points

位于符号模块的外框上，用于与其他符号模块直接连接的点。

14. 外部连接点 external connection points

用于线或直接相连符号连接的点。

1.3 基本应用说明

1. GB/T 786.1—2021《流体传动系统及元件 图形符号和回路图 第 1 部分：图形符号》

本部分是在 GB/T 786.1—2009 版本基础上，对 ISO 1219-1：2012 进行的采标工作，同时增加了 ISO 1219-1：2012/Amd.1：2016 中补充的图形符号，考虑行业发展以及国际交流需要，经全国液压气动标准委员会和标准工作组研究决定等同采用国际标准最新版本，基于“等同采用、最小限度编辑性修改”的原则，仅对标准做了最小限度的编辑性修改，包含采标过程中发现的国际标准中存在的错误。按照国际标准结构叙述，分为：前言、1 范围、2 规范性引用文件、3 术语和定义、4 标注说明、5 总则、6 液压应用实例、7 气动应用实例、8 图形符号的基本要素、9 应用规则、附录。其中，1~5 为标准的规范结构，介绍了使用本标准的关键注意事项。

本标准与国际标准一致，在正文的第一部分“范围”中即指出：“GB/T 786 的本部分建立了各种符号的基本要素，并制定了流体传动元件和回路图表中符号的设计规则”，也就是说，本标准制定的主要目的是：规定流体传动元件制图中各种符号的构成要素及使用规则，而第 6 章液压应用实例、第 7 章气动应用实例两部分，仅是在本标准规定的要素及原则的基础上，为了充分说明各基本要素的使用方式而尽可能多地给出的流体传动元件实例，并不是要、也不可能穷尽全部元件，而且标准中个别实例也未必有对应实体元件（如果将第6、7章与第8、9章的叙述位置对调，更易使读者明确本标准的目的）。

2. GB/T 786.2—2018《流体传动系统及元件 图形符号和回路图 第2部分：回路图》

本部分是对ISO 1219-2：2012进行的首次采标工作，鉴于回路图经常作为技术交流过程中技术文件出现，考虑到我国相关技术制图标准规定均包含大量适应国内技术条件的规定，因此GB/T 786.2—2018使用重新起草法修改采用ISO 1219-2：2012，在兼顾国际标准相关规定内容的基础上，将规范性引用文件替换为相应的国家标准，并增加GB/T 3766—2015、GB/T 7932—2017作为规范性引用文件，增加了功能图作为补充信息，删除了部分术语和定义，并做了一些编辑性修改，使本标准更加适应我国技术条件。

增加的规范性引用文件GB/T 3766—2015、GB/T 7932—2017，其中GB/T 3766—2015《液压传动 系统及其元件的通用规则和安全要求》规定了用于液压系统及其元件的通用规则和安全要求，涉及与液压系统相关的所有重大危险，并规定了当系统安置在其预定使用的场合时避免这些危险的原则，适用于液压系统及元件的设计、制造、安装和维护；同样，GB/T 7932—2017《气动 对系统及其元件的一般规则和安全要求》规定了气动系统及元件的一般规则和安全要求，涉及与气动系统相关的各种重大危险，并规定了使用该系统时避免这些危险的规则，适用于设计、制造和调整系统及其元件。显然，这些内容都是液压与气动回路图设计过程中需要考虑的重要内容，并可能作为回路图中的技术信息、补充信息出现，因此作为规范性引用文件增补入GB/T 786.2—2018。

功能图在技术交流过程中很常见且必要，可以在回路图中给出，也可以单独给出，它主要用于进一步说明回路图中电气元件处于受激励状态和非受激励状态时，所对应的动作和功能。因此，增加功能图作为非强制性补充信息，并规定了功能图应包含：电气参考名称、动作或功能描述、动作或功能对应处于受激励和非受激励状态的电气元件的对应标识。

3. GB/T 786.3—2021《流体传动系统及元件 图形符号和回路图 第3部分：回路图中的符号模块和连接符号》

本部分是对ISO 1219-3：2016进行的首次采标工作，使用了翻译法等同采用相应的国际标准，并做了简单的编辑性修改。本部分是对GB/T 786.1和GB/T 786.2的补充，通过对两个标准中相关规则的应用与扩展，规定了回路图中可连接的元件符号（如：油路块总成、叠加阀阀组或气源处理装置等）创建和组合的规则，并给出了应用示例，以减少设计工作量和回路图中的管路数量，同时也帮助理解采用符号模块表示组合元件的回路图。

GB/T 786系列的三个新版标准制定工作组成员涵盖了行业内各高校、研究院所、生产企业等单位研究专业技术人员，尽管对文本经过多次修改、研究和讨论，并力求标准中的用词准确、无歧义，对相关内容进行准确阐述，但是，仍无法确保本系列标准中不存在缺点和错误，以及对部分原文理解不充分造成的不足，希望行业专家学者及标准的读者批评指正。

第 2 章

标准编制说明

2.1 编制背景

1. GB/T 786.1—2021

计划项目编号：20181676-T-604。

采用国际标准：ISO 1219-1：2012 *Fluid power systems and components — Graphical symbols and circuit diagrams-Part* 1：*Graphical symbols for conventional use and data-processing applications*。

牵头起草单位：燕山大学。

参与起草单位：油威力液压科技股份有限公司、武汉科技大学、北京华德液压工业集团有限责任公司、山东理工大学、广东省韶关市质量计量监督检测所、北京航空航天大学、秦皇岛燕大一华机电工程技术研究院有限公司、北京机械工业自动化研究所有限公司、辽宁东港市宏达液压缸再制造有限公司。

项目负责人：蔡伟。

工作组成员：赵静一、林广、陈新元、赵静波、许同乐、赵尚宇、石岩、郭锐、曹巧会、唐颖达。

2. GB/T 786.2—2018

计划项目编号：20162344-T-604。

采用国际标准：ISO 1219-2：2012 *Fluid power systems and components-Graphical symbols and circuit diagrams-Part* 2：*Circuit diagrams*。

牵头起草单位：徐州徐工液压件有限公司。

参与起草单位：北京机械工业自动化研究所有限公司、合肥协力液压科技有限公司、江阴市洪腾机械有限公司、北京华德液压工业集团有限责任公司、山东中川液压有限公司。

项目负责人：陈登民。

工作组成员：张强、曹巧会、黄翠萍、余彦冬、王清汉、郇庆祥。

3. GB/T 786.3—2021

计划项目编号：20191916-T-604。

采用国际标准：ISO 1219-3：2016 *Fluid power systems and components-Graphical symbols and circuit diagrams-Part 3: Symbol modules and connected symbols in circuit diagrams*。

牵头起草单位：徐州徐工液压件有限公司。

参与起草单位：厦门银华机械有限公司、合肥汉德贝尔属具科技有限公司、浙江海宏液压科技股份有限公司、佛山晟华汽车零部件制造有限公司、广东雁飞科技有限公司、广东亨鑫亚科技有限公司、福建盛达机器股份有限公司、北京机械工业自动化研究所有限公司。

项目负责人：张强。

工作组成员：苏永定、刘庆教、何贤剑、包训权、王军、王丽、胡小军、杨玲玲、龙新华、张晓东、曹巧会。

2.2 编制原则

标准编制遵循“统一性、协调性、适用性、一致性、规范性”的原则，注重标准的可操作性。标准等同采用 ISO 1219-1：2012 及 ISO 1219-1：2012/AMD.1：2016，修改采用国际标准 ISO 1219-2：2012，等同采用 ISO 1219-3：2016，根据对其内容适用性的分析，结合相关引用标准的情况，依据 GB/T 20000.2—2009 确定。

编辑依据 GB/T 1.1—2009 和 GB/T 20000.2—2009，标准的章节安排、图表、叙述尽量与 ISO 1219-1：2012 一致，保持原版的连贯性和完整性。

兼顾中文的习惯用法，在技术参数、文本格式、表述方式和机械制图上有所区别，以求制定的国家标准具有较强的适用性和可操作性。

2.3 编制过程

1. GB/T 786.1—2021 编制过程

2018 年 9 月，全国液压气动标准化委员会组建国家标准制定工作组，并确定工作计划。

2018 年 10 月，项目负责单位组织人员对 ISO 原文进行初步翻译、图形绘制，形成工作组讨论稿草案并发给工作组成员征求意见。

2018 年 11 月，项目负责单位根据工作组成员提出的意见和建议，修改和完善了工作组讨论稿草案，并于 2018 年 11 月 16～18 日在河北省秦皇岛市燕山大学召开《流体传动系统及元件 图形符号和回路图 第 1 部分：图形符号》工作组第一次会议。共有 16 家液压行业单位参加本次会议并共同讨论了标准的工作组讨论稿草案。

2018 年 12 月～2019 年 4 月，项目负责单位根据会议上各方提出的意见和建议，对工作组讨论稿草案和编制说明进行了修改和完善，再次发给工作组成员进行二次征求意见。

2019 年 5 月~2019 年 10 月，项目负责单位根据工作组成员提出的意见和建议，再次修改和完善了工作组讨论稿。

2019 年 11 月 7 日~10 日，在广东省韶关市质量计量监督检测所召开《流体传动系统及元件 图形符号和回路图　第 1 部分：图形符号》工作组第二次会议。共有 20 家液压气动行业单位参加本次会议并共同审议了工作组讨论稿。

2019 年 12 月，项目负责单位根据会议上各方提出的意见和建议，在各方协商讨论达成一致的基础上，对工作组讨论稿和编制说明进行了修改和完善，形成了“征求意见稿”。

2020 年 1 月 10 日~4 月 15 日，面向行业单位公开征求意见，在截止日期 2020 年 3 月 30 日前，共收到反馈意见 26 条，汇总整理后，经标准制定工作组讨论形成答复意见并反馈各单位，与意见反馈单位确认答复情况，最终采纳 14 条，部分采纳 4 条，不采纳 8 条，对采纳意见的章条内容进行修改完善，形成“送审稿”。

2020 年 4 月 17 日~5 月 25 日，面向本标委会 25 位委员进行函审，在截止日期 2020 年 5 月 21 日时，共收到 25 位委员回函，其中赞成 22 位，赞成、有建议或意见 3 位，回函数占委员会委员的 100%，函审意见无重大分歧，采纳意见并经修改后，赞成数占 100%。对采纳意见的章条内容修改完善，形成“报批稿”。

2. GB/T 786.2—2018 编制过程

2017 年 1 月，全国液压气动标委会组建国家标准制定工作组。

2017 年 3 月~2017 年 6 月，项目负责单位通过分析国际标准对国内生产和市场的适用性及可能需要的删减和补充内容，确定采标程度，起草标准工作组讨论稿草案和编制说明。

2017 年 6 月~2017 年 7 月，项目负责单位将标准工作组讨论稿草案和编制说明发工作组内部 4 家单位征询意见。项目负责单位根据工作组成员提出的意见和建议，修改了工作组讨论稿草案和编制说明。

2017 年 8 月~2017 年 9 月，项目负责单位将完善之后的工作组讨论稿草案和编制说明发给工作组的 4 家单位进行二次征求意见，同时发给液压系统专家组 6 家单位征求意见。项目负责单位根据工作组成员和液压系统专家组成员提出的意见和建议，第二轮修改和完善了工作组讨论稿草案和编制说明。

2017 年 9 月 13~15 日，在江苏省徐州市召开《流体传动系统及元件 图形符号和回路图　第 2 部分：回路图》等 4 项标准的工作组会议，共 14 家液压行业单位参加本次会议，共同审议了本标准。

2017 年 9 月 16 日~10 月 11 日，项目负责单位根据会议上各方提出的意见和建议，在各方协商讨论达成一致的基础上，对工作组讨论稿草案和编制说明进行了修改和完善，形成了“征求意见稿”。

2017年10月13日~11月30日，将征求意见稿发送给52家单位征求意见，收到“征求意见稿”后，回函的单位11个，回函并有建议或意见的单位8个，共收到50条修改建议。

2017年12月~2018年2月，经工作组讨论，采纳或部分采纳了其中37条建议并进行了相应修改，完成了标准的“送审稿”“送审稿编制说明”以及“征求意见稿意见汇总处理表”，提交液标委审查。

2018年3月10日~4月12日，标委会秘书处组织对“标准送审稿”进行函审，其中参与审查委员39人，回函39人，其中赞成票31份，赞成附意见或建议的8份。通过对委员们反馈意见进行整理和分析，最终全部采纳了29条、部分采纳了6条、不采纳21条。

2018年4月13日~25日，工作组负责人对委员提出的意见进行了汇总处理，完成了送审稿意见汇总处理表，并按照汇总意见修改了送审稿，形成报批稿、编制说明及其他相关文件。

3. GB/T 786.3—2021 编制过程

2019年8月，国标委下达2019年第2批国家标准制修订计划。

2019年8月，液标委组织成立标准起草工作组，确定任务分工。

2019年8月~9月，项目负责单位编写GB/T 786.3《流体传动系统及元件 图形符号和回路图 第3部分：回路图中的符号模块和连接符号》工作组讨论稿草案，并在公司内部征询意见。

2019年9月30日，项目负责单位将工作组讨论稿草案一稿，发工作组单位征询意见。

2019年10月~11月，工作组单位无反馈意见。项目负责单位按照GB/T 1.1—2020进一步完善了工作组讨论稿草案和编制说明。

2019年12月，项目负责单位将工作组讨论稿草案二稿，发工作组单位再次征询意见。

2020年1月~2月，项目负责单位重新绘制工作组讨论稿草案中的附录中的图样，完善标准正文及编制说明形成工作组讨论稿草案三稿。

2020年3月，项目负责单位根据液标委反馈意见，重新完善标准正文及编制说明形成征求意见稿。

2020年4月7日~6月7日将征求意见稿面向社会广泛征求意见，共收到4家单位的回函，有3家单位提出建议或意见共31条，其他为无意见。

2020年6月，工作组负责人根据本次面向社会征求的所有意见和建议进行汇总、分析讨论、处理，并将标准文本进行了相应修改和完善，形成了标准“征求意见稿意见汇总处理表”“送审稿”“编制说明”等报送液标委秘书处。

2020年7月10日~8月11日，标委会秘书处组织对“标准送审稿”进行函审，其中参与审查委员31人，收到回函31份，其中26人赞成，5人赞成但有建议或意见，共收到审查意见53条，其中采纳16条，不采纳18条，部分采纳19条。有超过四分之三回函赞同，本项标准通过审查。

2020年10月，工作组按照审查意见对标准送审稿做了进一步修改、整理和完善，完成报批稿及有关报批文件。

2.4　结构体系（见图2-1~图2-3）

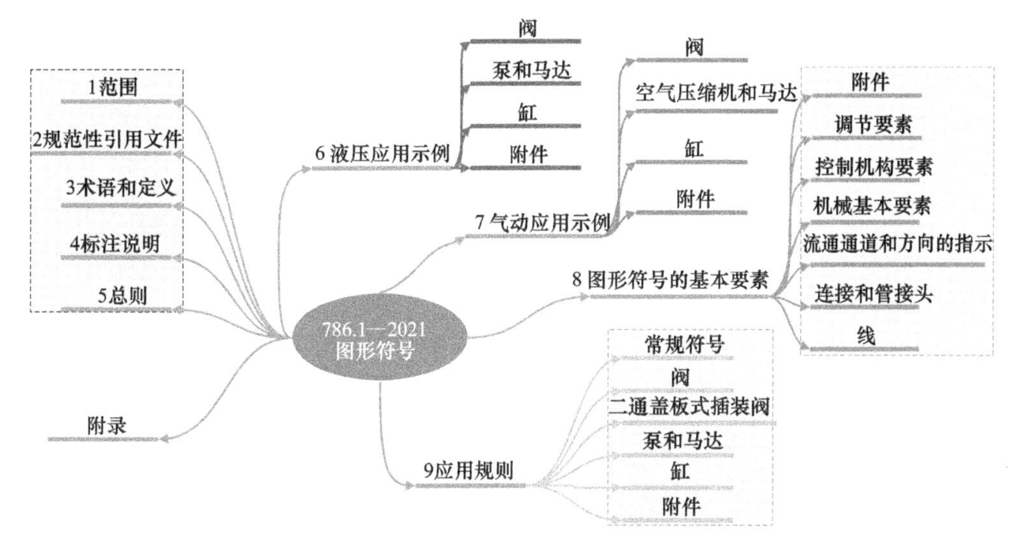

图2-1　GB/T 786.1—2021结构体系

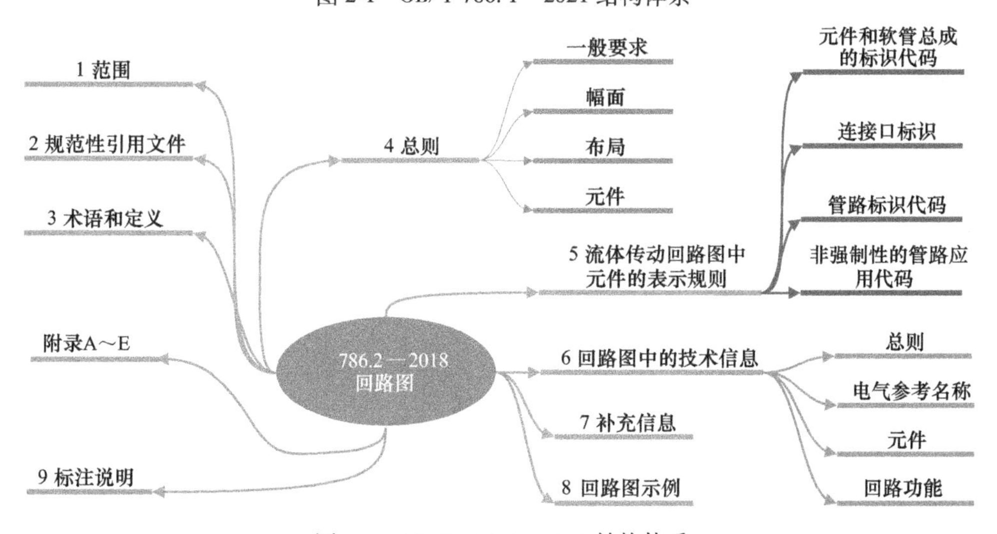

图2-2　GB/T 786.2—2018结构体系

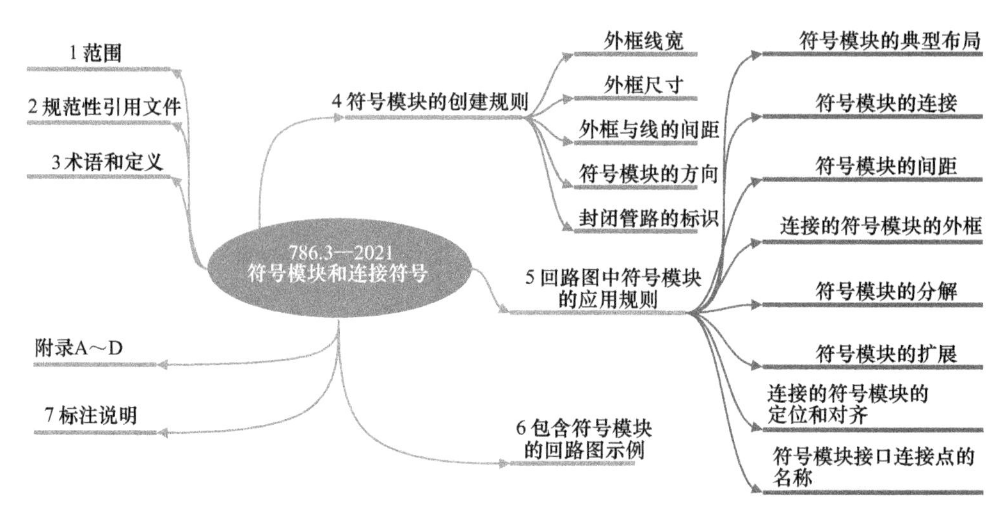

图 2-3　GB/T 786. 3—2021 结构体系

第 3 章

基本规定

本章整理了应用 GB/T 786 新版标准时所应注意的基本规定，涉及范围、字体、图线、幅面、旋转、镜像、缩放、登记序号以及标注说明，了解和掌握这些内容是正确运用本系列标准的基础。

3.1 范围

范围，用来界定标准文件的标准化对象和所覆盖的各个方面，并指明标准文件的适用界限（指标准文件适用的领域和使用者，而不是标准化对象的适用界限）。

【标准条款】

786.1	**1 范围** GB/T 786 的本部分确立了各种符号的基本要素，并规定了流体传动元件和回路图中符号的设计规则。 GB/T 786 的本部分是 ISO 14617 系列标准的综合应用。本部分中的符号按照固定尺寸设计，以直接用于数据处理系统，可能导致不同的变体
786.2	**1 范围** GB/T 786 的本部分规定了绘制液压和气动回路图的规则。 本部分适用于液压和气动回路图，也适用于冷却系统、润滑系统、冷却润滑系统以及与流体传动相关的应用特殊气体的系统
786.3	**1 范围** GB/T 786 的本部分对 GB/T 786.1 和 GB/T 786.2 进行了补充，规定了回路图中可连接的元件符号创建和组合的规则，减少了设计工作量和回路图中的管路数量。

786.3	本部分规定了表示构成功能单元作用的模块对应的符号的创建和组合的规则，如油路块总成或叠加阀阀组或气源处理装置（FRL 装置）。本部分规则不仅有利于设计回路图，而且有利于理解采用符号模块表示组合元件的回路图。 GB/T 786 的本部分包含相应规则的应用示例。 注：附录中给出了符合 GB/T 786 的本部分规则的典型应用示例。表 1 总结了本部分规则在每个附录示例中的典型应用

786.1 的范围中强调了图形符号的设计基础是对 ISO 14617 系列标准的综合应用，ISO 14617《图表用图形符号（Graphical symbols for diagrams）》（所有部分）对应的国家标准为 GB/T 20063《简图用图形符号》（所有部分），标准的一致性程度为等同采用，相关的共有 12 个部分，分别为：

第 1 部分：通用信息与索引。

第 2 部分：符号的一般应用。

第 3 部分：连接件与有关装置。

第 4 部分：调节器及其相关设备。

第 5 部分：测量与控制装置。

第 6 部分：测量与控制功能。

第 7 部分：基本机械构件。

第 8 部分：阀与阻尼器。

第 9 部分：泵、压缩机与鼓风机。

第 10 部分：流动功率转换器。

第 11 部分：热交换器和热发动机器件。

第 12 部分：分离、净化和混合的装置。

在设计、组合及创建新的液压、气动元件的图形符号时，可同时参考 GB/T 786.1 及上述系列标准。

3.2 字体、图线与幅面

本节根据相关国家标准，汇编整理了在绘制液压、气动图形符号及回路图时应选用的字体（字高、线宽、类型）、图线（线宽、类型）和幅面（尺寸）等必要内容。

3.2.1 字体

标准文件给出了绘制图形符号或者回路图时，需要使用字母、数字或汉字进行标注时所用字体的字高、线宽、字型的规定。介绍如下：

【标准条款】

786.1	5.12 GB/T 786 的本部分中的图形符号按照 ISO 14617、ISO 81714-1 以及 IEC 81714-2 中的规则绘制。符合 ISO 14617 的图形符号按模数尺寸 M = 2.5mm，线宽 0.25mm 绘制。为了缩小符号尺寸，GB/T 786 的本部分的图形符号按模块尺寸 M = 2.0mm，线宽 0.25mm 绘制。但是，对这两种模数尺寸，字符大小应为高 2.5mm，线宽 0.25mm。可根据需要来改变图形符号的大小以用于元件标识或样本。 5.13 字符和端口标识的尺寸应按照 ISO 3098-5 中的规则绘制，字体类型 CB 型。

在 GB/T 786.1—2021 的 5.12 中，规定了图形符号的模数尺寸 M 为 2.0mm，并使用 0.25mm 线宽绘制，字符大小为 2.5mm，线宽为 0.25mm；5.13 中规定字体类型为 CB 型。

CB 型字体为标准 GB/T 18594—2001《技术产品文件 字体 拉丁字母、数字和符号的 CAD 字体》（idt ISO 3098—5：1997）所规定的一种字体类型，具体如下。

字体类型 CB 型：C 表示为 CAD 字体，B 则指 GB/T 14691—1993（idt ISO 3098-1：1974 和 ISO 3098-2：1984）所规定的 A、B 两种字体类型中 B 型。两种字型的主要区别为线宽与字高的比例，即：A 型字体的笔画宽度（d）为字高（h）的1/14，B 型字体的笔画宽度（d）为字高（h）的 1/10。CB 型又有直体和斜体之分，斜体字字头向右倾斜，与水平基准线成 75°，优先选用直体。

在实际操作过程中，使用者不可能严格按照标准规定绘制网格、使用相应线宽的线绘制出字母、数字以及汉字再使用，通常直接选用系统中现有字体及字号。根据以上规定，建议字母与数字的设置为：字体 Arial、字形常规、字号 10pt；汉字的设置为：字体仿宋、字形常规、字号 10pt，该设置情况与标准要求的字体类型 CB 型、字符高 2.5mm、线宽 0.25mm 最为接近。

标准中 CB 型字体如图 3-1 所示。

相对应的 Arial 字体如图 3-2 所示。

图形符号中仅有字母与数字出现，回路图在标识技术信息、补充信息等内容时会使用到汉字。

大写拉丁字母直体

ABCDEFGHIJKLMNOP

QRSTUVWXYZ

小写拉丁字母直体

abcdefghijklmnopq

rstuvwxyz

数字直体

0123456789

图 3-1 标准中 CB 型字体

ABCDEFGHIJKLMNOP

QRSTUVWXYZ

abcdefghijklmnopqrs

tuvwxyz

0123456789

图 3-2 Arial 字体

3.2.2 图线

标准给出了绘制图形符号或者回路图时所用线条的规定。

【标准条款】

	条目号	登记序号	图形	描述
786.1	8.1.1	401V1	0.1M	供油/气管路、回油/气管路、元件框线、符号框线
	8.1.2	422V1	0.1M	内部和外部先导（控制）管路、泄油管路、冲洗管路、排气管路
	8.1.3	F001V1	0.1M	组合元件框线

要素8.1.1主要用于管路、元件框线、符号框线。

要素8.1.2主要用于泄油管路、先导控制管路；如果相交，应交于画。

要素8.1.3主要用于组合元件框线；如果相交，应交于画。

三种图线的线宽均为0.1M，即线宽均为0.25mm。

3.2.3 幅面

标准给出了绘制回路图时所用图纸幅面尺寸的规定。

【标准条款】

786.2	**4.2 幅面** 纸质版回路图应采用A4或A3幅面。如果需要提供A3幅面的回路图，应按照GB/T 14689规定的方法将回路图折叠成A4幅面。在供需双方同意的前提下，可以使用其他载体形式传递回路图，其要求应符合GB/T 14691的规定。

其中，A4幅面尺寸为210mm×297mm，A3幅面尺寸为297mm×420mm。

3.3 旋转、镜像与缩放

考虑到创建图形符号时可能需要对基本要素进行旋转与镜像、绘制回路图时对图形符号的布局需求，以及图形符号可能用于不同的场景，因此标准允许在一定规则内对图形符号或其基本要素进行旋转、镜像与缩放等操作。

【标准条款】

786.1	5.7 依据 ISO 81714-1，当创建图形符号时，可对基本要素进行镜像或旋转。 5.8 符号按 GB/T 786 的本部分和 ISO 81714-1 中定义的初始状态来表示。在不改变它们含义的前提下可将它们镜像或 90°旋转。 …… 5.12 ……可根据需要来改变图形符号的大小以用于元件标识或样本。
20063.1	**8.2 图形符号的尺寸** 符号的尺寸可以放大，例如，为了表达清楚所有的图形末端。也可以减小尺寸。在这两种情况下，将保留原始线宽。 在制定简图的相关标准中给出了图形符号的尺寸和线宽的进一步规则。

当对泵、马达类等包含旋向指示箭头要素的元件图形符号进行镜像时，应注意直接镜像会改变旋向指示，应进一步对旋向指示箭头进行镜像操作。

在需要放大、缩小图形符号尺寸时，不应改变线宽。

3.4 登记序号

每一个图形符号配置有唯一的登记序号。原则上讲，这个序号是任意选择的。从其上不能取得任何信息，只要相关联的图形符号存在，其登记序号就会不改变地继续存在，包括未来该版本的修订。如果将来图形符号改动了，其登记序号将用一个或更多的特征补充表达。如果图形符号被彻底改变了，将由一个新的登记序号代替它。

与图形符号一样，每一个应用规则都有一个登记序号，只是该登记序号前需加字母 R（例如 R101）。

与图形符号一样，每一个应用举例都有一个登记序号，只是该登记序号前需加字母 X（例如 X101）。

GB/T 786.1—2021 的每个图形符号按照 ISO 14617 赋有唯一的登记序号。在登记序号之后用 V1、V2、V3 等表示图形符号的改动。对于 ISO 14617 中仍未规定的登记序号，使用基本的登记序号。在流体传动领域，用“F”来标识基本要素，用

“RF”来标识应用规则。用“X”来标识符号示例，流体传动技术领域的登记序号保留范围是X10000至X39999。

就具体使用来说，此登记序号有助于使用者查找构成一个图形符号的其他符号，以加深对构成要素和绘制规则的理解。

3.5　标注说明

为明确技术文件编制时所遵循的标准情况，通常需要进行相应的标注说明，标准对此有相应的规定，可以按照标准原文进行标注，也可参照原文根据需求，进行简单的调整。

【标准条款】

786.1	**4　标注说明** 决定遵守GB/T 786的本部分时，在试验报告、产品样本和商务文件中使用下述说明：“图形符号符合GB/T 786.1—2021《流体传动系统及元件　图形符号和回路图　第1部分：图形符号》”。
786.2	**9　标注说明** 当选择执行本部分时，宜在试验报告、产品目录和销售文件中使用以下说明：“回路图执行GB/T 786.2《流体传动系统及元件　图形符号和回路图　第2部分：回路图》的规定”。
786.3	**7　标注说明** 当选择遵守本部分时，宜在试验报告、产品目录和销售文件中使用以下说明：“回路图执行GB/T 786.3—2021《流体传动系统及元件　图形符号和回路图　第3部分：回路图中的符号模块和连接符号》的规定”。

第 4 章

元件符号的绘制

为方便读者使用，在不改变原图形符号的尺寸与结构的前提下，本章根据元件的种类对 GB/T 786. 1—2021《流体传动系统及元件 图形符号和回路图 第 1 部分：图形符号》标准中的各种基本要素、应用规则和应用示例的顺序进行了重新编排，给出了基本要素的应用对象及注意事项，对应用规则进行了进一步解释说明，并对应用示例编入了相应的典型实物照片。便于研究不同种类元件的读者根据需要，选择相应部分研读。由于液压与气动领域中各类元件符号相似程度较高，可借鉴性强，同时了解两类传动的构成要素对于创新元件发展有较大助益，因此未对两者进一步划分章节。

4.1 泵和马达

包含各种类液压泵、液压马达、空气压缩机和气动马达等符号绘制所需的基本要素、应用规则以及应用示例。

4.1.1 基本要素（见表 4-1）

表 4-1 基本要素

条目号	图形	描述	应用说明
8. 2. 2	0.5M	两个流体管路的连接（在一个元件符号内表示）	0. 5M 用于元件内部连接，另有 0. 75M 尺寸用于回路中
8. 2. 3	2M	端口（油/气）口	元件的全部油口或气口均使用长度为 2M 的实线或虚线标示

（续）

条目号	图形	描述	应用说明
8.2.4	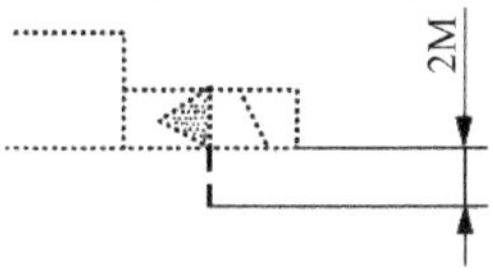	带控制管路或泄油管路的端口	元件的全部油口或气口均使用长度为2M的实线或虚线标示
8.3.10	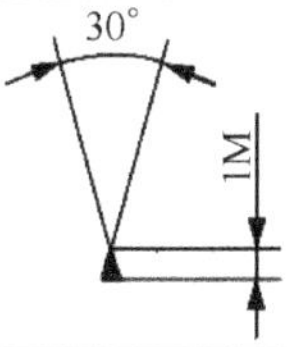	流体的流动方向	图形符号和回路图中箭头的统一规定
8.3.11	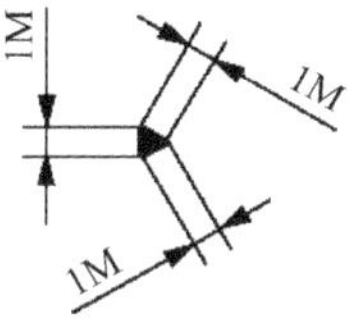	液压力的作用方向	小规格，用于增压器、手动泵、摆动执行器/旋转驱动装置等
8.3.12	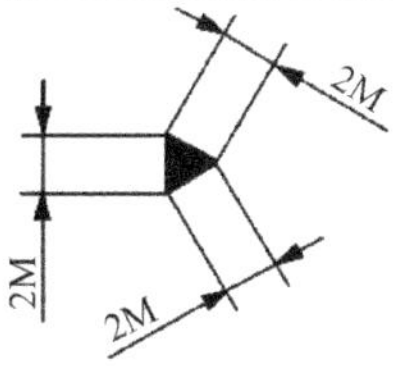		大规格，用于阀的液压力控制、先导控制、泵等
8.3.13	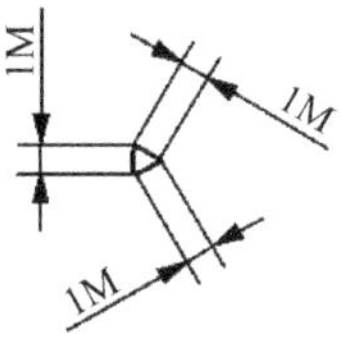	气压力的作用方向	小规格，用于增压器、摆动执行器/旋转驱动装置、通气过滤器、蓄能器等
8.3.14	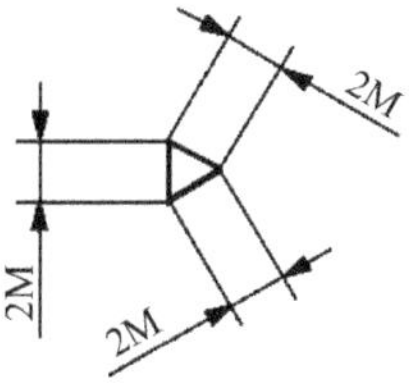		大规格，用于阀的气压力控制、先导控制、空压机等
8.3.17	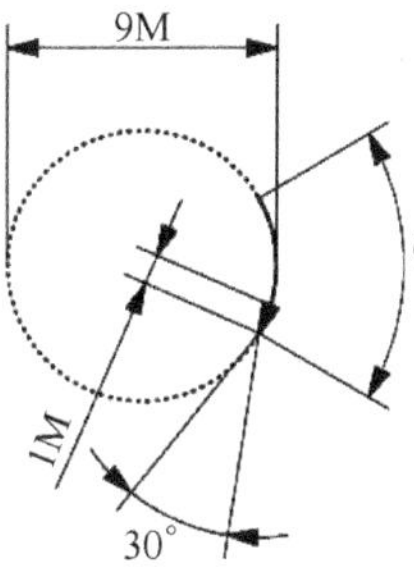	顺时针方向旋转的指示	用于表示泵/马达的旋转方向

（续）

条目号	图形	描述	应用说明
8.3.18	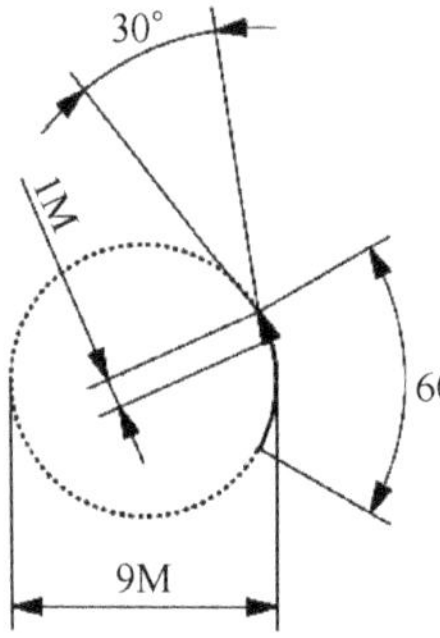 30° 1M 60° 9M	逆时针方向旋转的指示	用于表示泵/马达的旋转方向
8.3.19	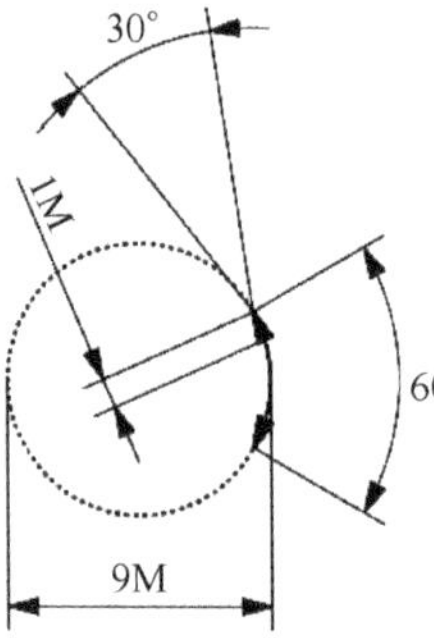 30° 1M 60° 9M	双方向旋转的指示	用于表示泵/马达的旋转方向
8.4.4	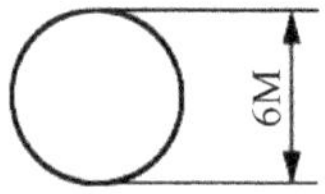 6M	能量转换元件的框线（泵、压缩机、马达）	用于泵、马达、空压机、冷却器电动机等
8.4.5	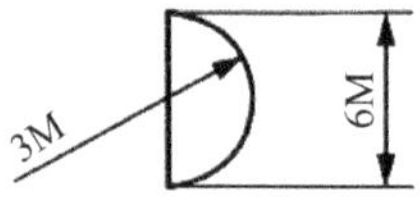 3M 6M	摆动泵或摆动马达的框线	用于手动泵、摆动执行器/旋转驱动装置、半回转缸等
8.4.48	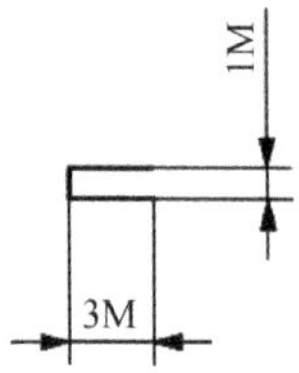 1M 3M	机械连接（如：轴，杆）	用于表示泵/空压机驱动轴、马达或摆动执行器/旋转驱动装置的输出轴，可根据需要延长
8.4.50	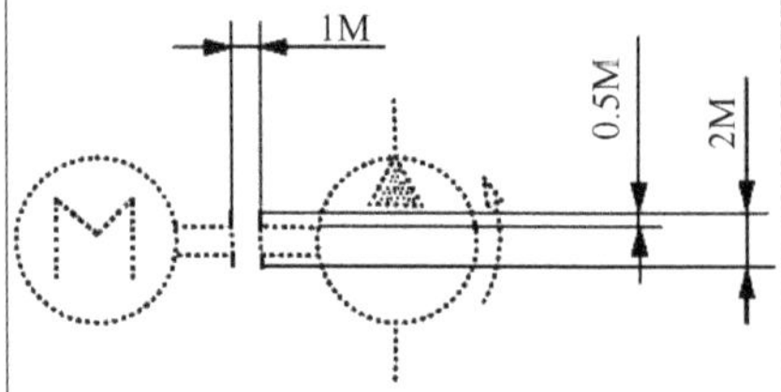 1M 0.5M 2M	联轴器	仅用于表示联轴器

（续）

条目号	图形	描述	应用说明
8.4.51	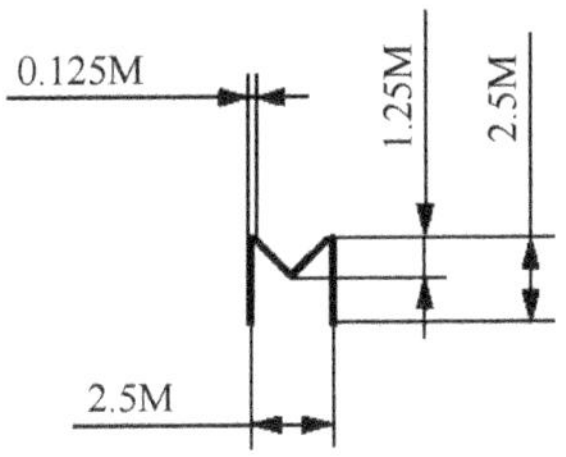 0.125M 1.25M 2.5M 2.5M	M与登记序号为2065V1的符号结合使用表示电动机	用于阀的步进电动机驱动、风冷电动机、泵的驱动电动机等
8.4.52	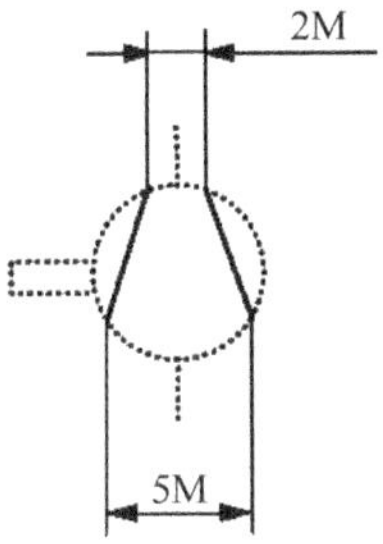 2M 5M	真空泵内的要素	仅用于真空泵
8.6.8	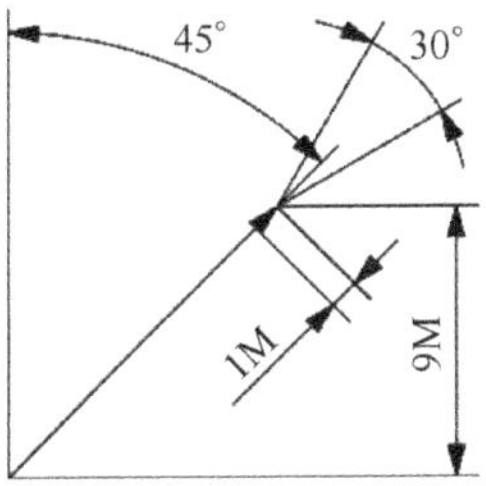 45° 30° 1M 9M	可调节（泵/马达）	用于表示泵/马达的变量调节，可根据需要延长，以与反馈机构相连

注：在设计中如需使用阀、缸、控制机构、附件等辅助泵和马达实现特定功能，所需基本要素及应用规则可参见相应章节，不做重复编排。

4.1.2 应用规则（见表4-2）

表4-2 应用规则

条目号	图形	描述	应用说明
9.4.1	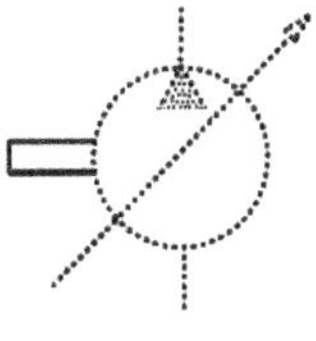	泵的驱动轴位于左边（首选位置）或右边，且可延伸2*M*的倍数	注意：泵驱动轴首选左边，可根据需要延长2M的倍数（如带有复杂反馈装置、置于实线框内的泵）

（续）

条目号	图形	描述	应用说明
9.4.2	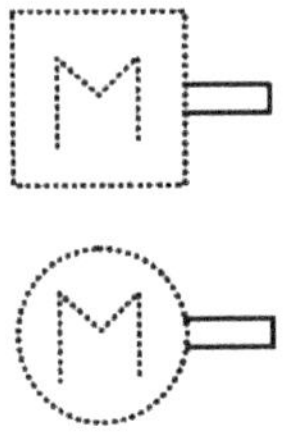	电动机的轴位于右边（首选位置）或左边	注意：电动机的输出轴首选右边
9.4.3	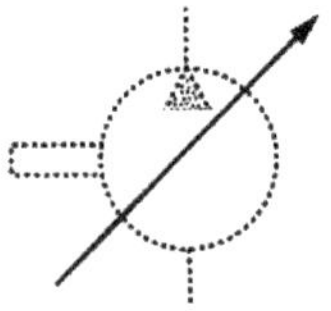	表示可调节的箭头应置于能量转换装置符号的中心。如果需要，可画得更长些	注意：表示变量的箭头与液压力的实心三角不相接
9.4.4	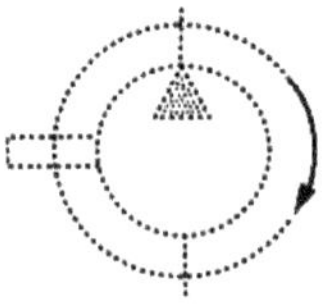	顺时针方向箭头表示泵轴顺时针方向旋转，并画在泵轴的对侧。应面对轴端判断旋转方向	注意：带有旋转方向的符号在镜像操作时，应将箭头反向
9.4.5	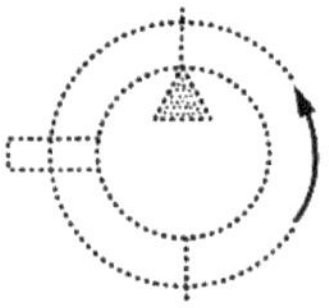	逆时针方向箭头表示泵轴逆时针方向旋转，并画在泵轴的对侧。应面对轴端判断旋转方向	注意：带有旋转方向的符号在镜像操作时，应将箭头反向
9.4.6	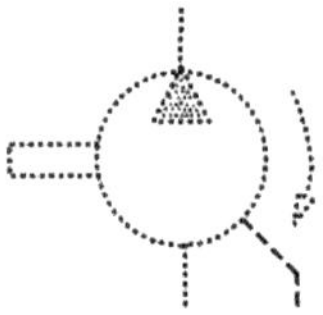	泵或马达的泄油管路画在右下底部，与端口线夹角小于45°	注意：虚线应交于短画
9.6.1.4	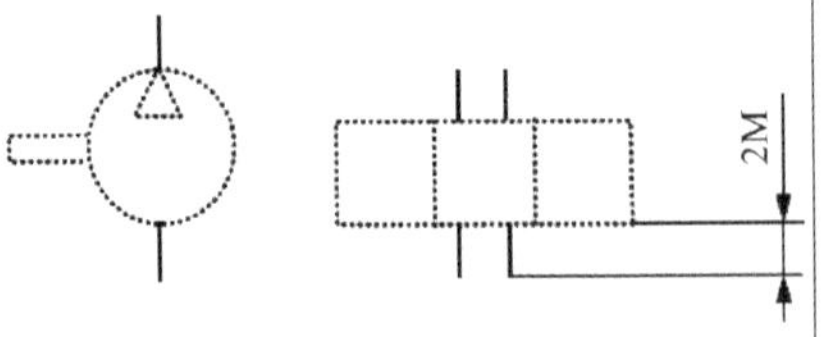 2M	符号的所有端口应标出	端口长度可以根据需要适当延长2M的整数倍

（续）

条目号	图形	描述	应用说明
9.6.1.5	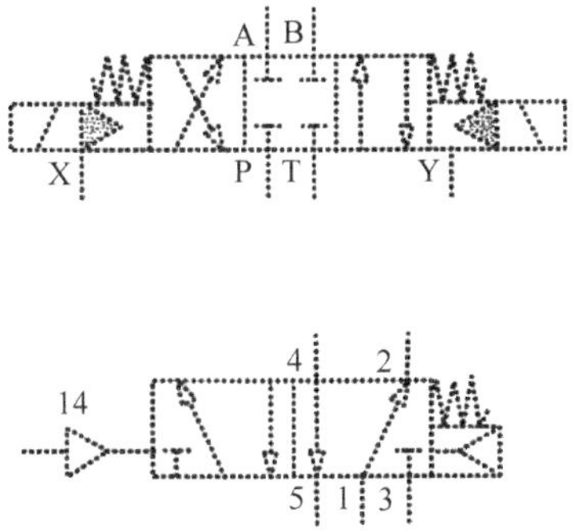 A B X P T Y 4 2 14 5 1 3	各种端口的标注示例： A—油口 B—油口 P—供油口 T—回油口 X—先导供油口 Y—先导泄油口 3，5—排气口 2，4—工作口 1—供气口 14—控制口 在每个端口的上方或者左边必须留出充足的空间进行标注。每个端口的字母/数字标注液压符合 ISO 9461、气动符合 ISO 11727	根据 ISO 9461 常见的液压端口标注还有： L—泄漏油口 V—先导装置端口（不用于方向控制阀） M—采样油口

4.1.3 应用示例

作为示例，标准中列出了若干可以全面展示基本要素和应用规则的常用元件图形符号，应当注意并不是（也不可能）包含全部泵和马达类元件的符号。所提供的一些实物图片，有助于对照理解，图片外形仅具有一定代表性。

1. 泵/马达（液压）(见表 4-3)

表 4-3 泵/马达（液压）

条目号	图 形	描述	典型实物
6.2.1	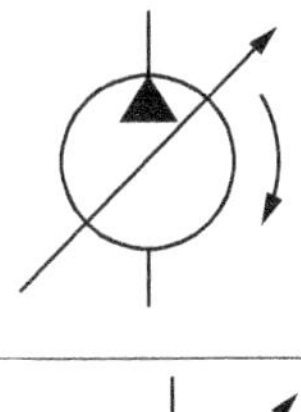	变量泵（顺时针单向旋转）	
6.2.2	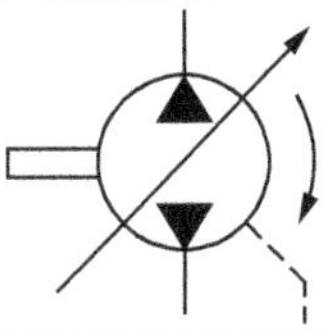	变量泵（双向流动，带有外泄油路，顺时针单向旋转）	

（续）

条目号	图　形	描述	典型实物
6.2.3	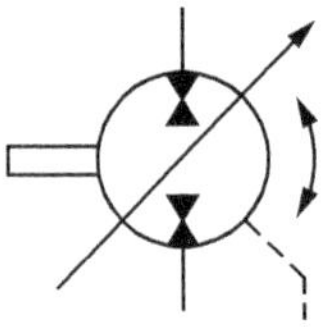	变量泵/马达（双向流动，带有外泄油路，双向旋转）	外形与 6.2.1 和 6.2.2 近似，略
6.2.4	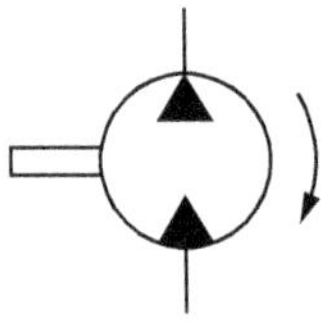	定量泵/马达（顺时针单向旋转）	
6.2.5	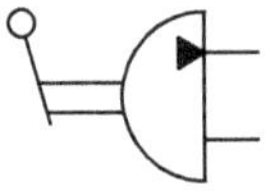	手动泵（限制旋转角度，手柄控制）	
6.2.6	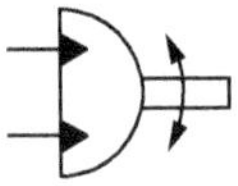	摆动执行器/旋转驱动装置（带有限制旋转角度功能，双作用）	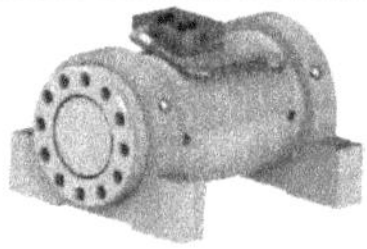 
6.2.7	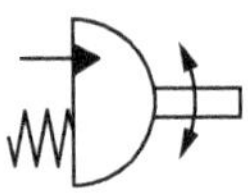	摆动执行器/旋转驱动装置（单作用）	
6.2.8	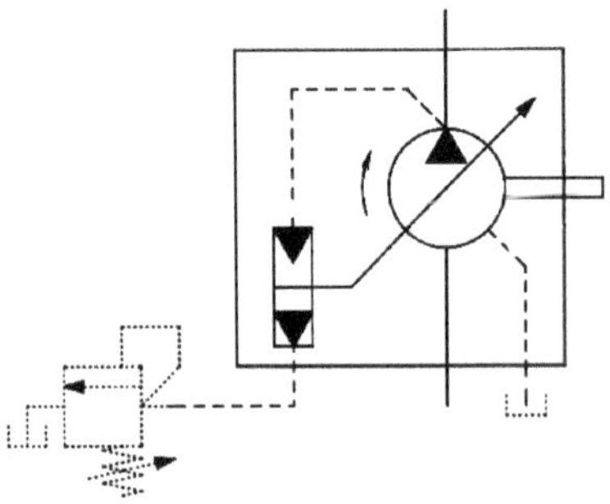	变量泵（先导控制，带有压力补偿功能，外泄油路，顺时针单向旋转）	

（续）

条目号	图　形	描述	典型实物
6.2.9	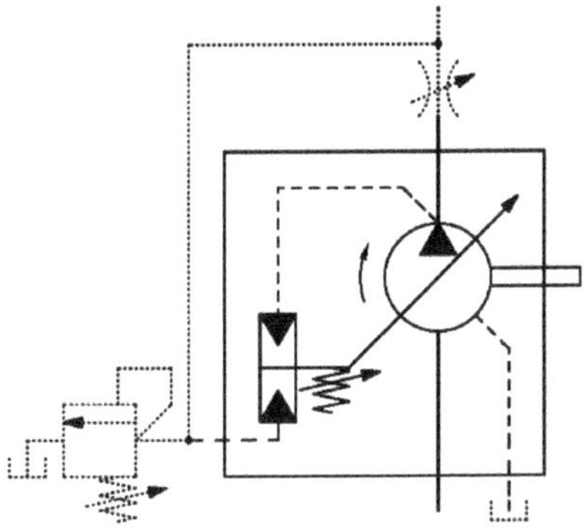	变量泵（带有复合压力/流量控制，负载敏感型，外泄油路，顺时针单向驱动）	
6.2.10	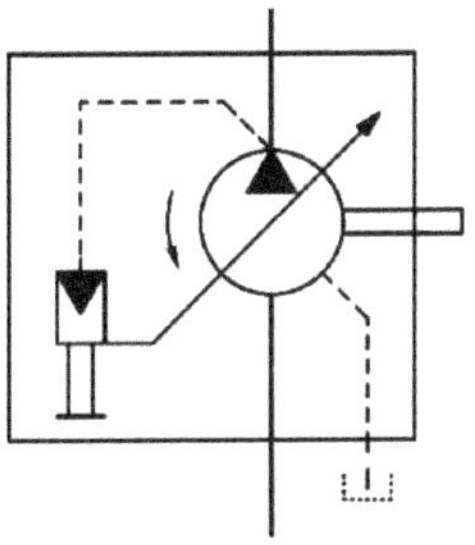	变量泵（带有机械/液压伺服控制，外泄油路，逆时针单向驱动）	
6.2.11	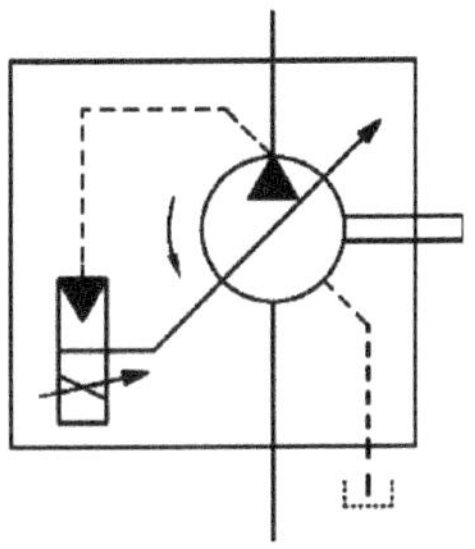	变量泵（带有电液伺服控制，外泄油路，逆时针单向驱动）	
6.2.12	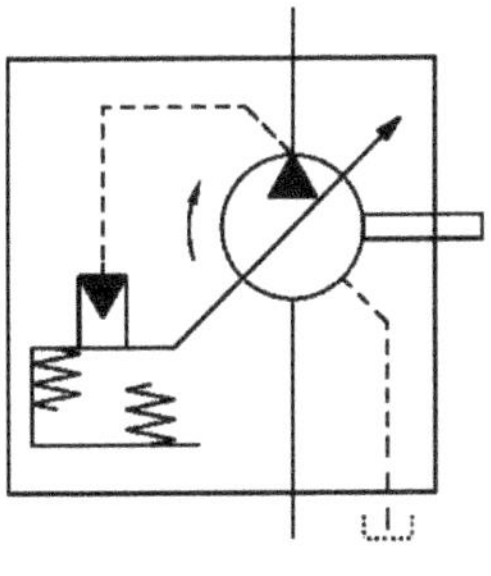	变量泵（带有功率控制，外泄油路，顺时针单向驱动）	

（续）

条目号	图　形	描述	典型实物
6.2.13		变量泵（带有两级可调限行程压力/流量控制，内置先导控制，外泄油路，顺时针单向驱动）	
6.2.14		变量泵（带有两级可调限行程压力/流量控制，电气切换，外泄油路，顺时针单向驱动）	
6.2.15		静液压传动装置（简化表达） 泵控马达闭式回路驱动单元（由一个单向旋转输入的双向变量泵和一个双向旋转输出的定量马达组成）	
6.2.16	***	变量泵（带有控制机构和调节元件，顺时针单向驱动，箭头尾端方框表示调节能力可扩展，控制机构和元件可连接箭头的任一端，＊＊＊是复杂控制器的简化标志）	
6.2.17	p1 p2	连续增压器（将气体压力 p1 转换为较高的液体压力 p2）	

2. 空气压缩机/马达（气动）（见表4-4）

表4-4　空气压缩机/马达（气动）

条目号	图形	描述	典型实物
7.2.1	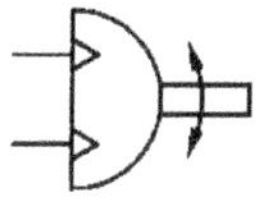	摆动执行器/旋转驱动装置（带有限制旋转角度功能，双作用）	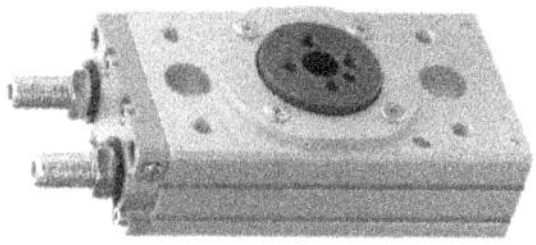
7.2.2	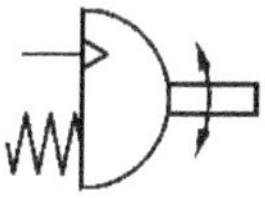	摆动执行器/旋转驱动装置（单作用）	
7.2.3	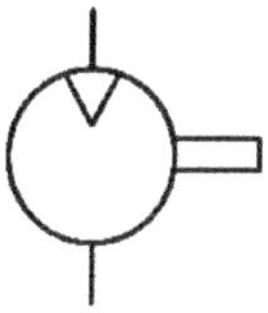	气马达	
7.2.4	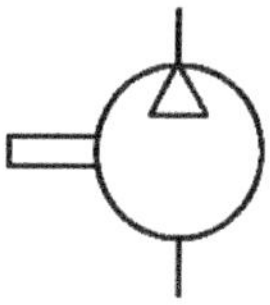	空气压缩机	
7.2.5	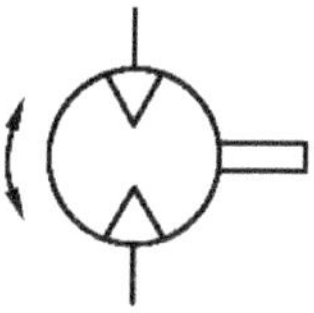	气马达（双向流通，固定排量，双向旋转）	外形与7.2.3近似，略
7.2.6	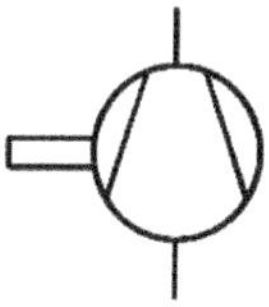	真空泵	
7.2.7	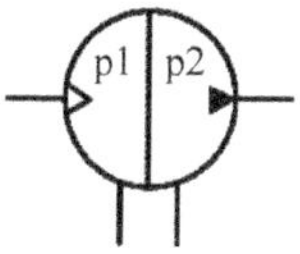 p1 p2	连续气液增压器（将气体压力p1转换为较高的液体压力p2）	

4.2 阀

包含各种液压阀、气动阀等符号绘制所需的基本要素、应用规则以及应用示例。

4.2.1 基本要素（见表 4-5）

表 4-5 基本要素

条目号	图形	描述	应用说明
8.2.2	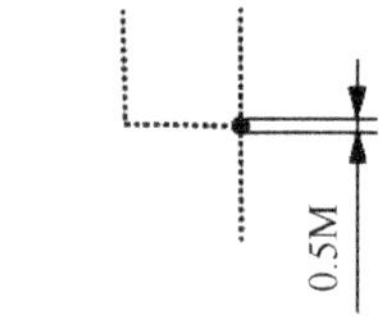	两个流体管路的连接（在一个元件符号内表示）	0.5M 尺寸用于元件内部连接，另有 0.75M 尺寸用于回路中
8.2.3	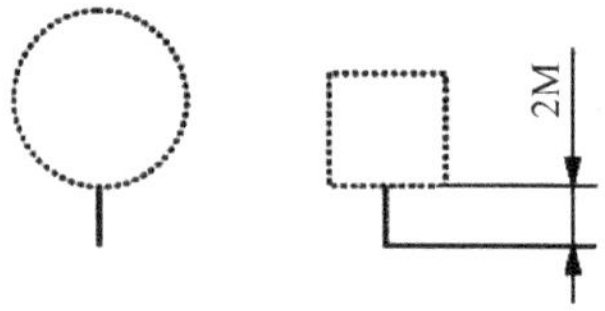	端口 （油/气）口	元件的全部油口或气口均使用长度为 2M 的实线或虚线表示
8.2.4	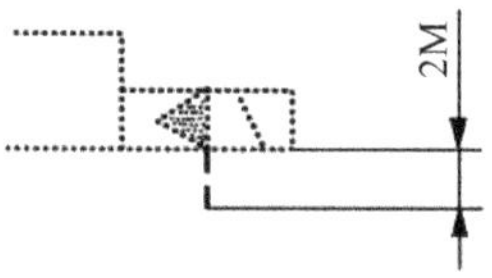	带控制管路或泄油管路的端口	元件的全部油口或气口均使用长度为 2M 的实线或虚线表示
8.2.5	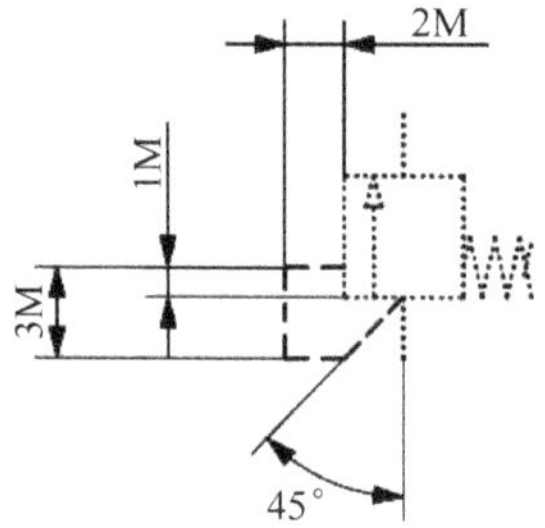	位于溢流阀内的控制管路	应区分溢流阀和减压阀的阀内控制管路，其设计思路为控制线与弹簧的中心线对齐
8.2.6	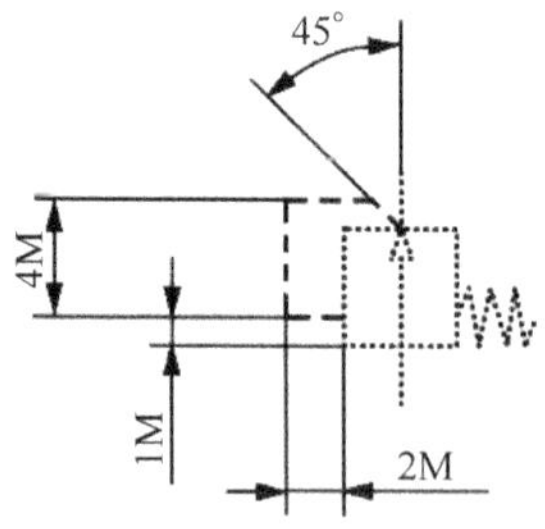	位于减压阀内的控制管路	

（续）

条目号	图形	描述	应用说明
8.2.7	45° 4M 1M 2M	位于三通减压阀内的控制管路	应区分溢流阀和减压阀的阀内控制管路，其设计思路为控制线与弹簧的中心线对齐
8.2.9	1M 1M	封闭管路或封闭端口	用于普通阀端口、盖板式插装阀盖板端口、断开状态快换接头等
8.3.1	4M	流体流过阀的通道和方向	距离侧边1M
8.3.2	4M 2M	流体流过阀的通道和方向	整体居中，即两端距离侧边1M
8.3.3	4M		距离侧边1M
8.3.4	4M 2M		整体居中，即两端距离侧边1M
8.3.5	2M 4M 2M	阀内部的流动通道	整体居中，即两端距离侧边1M
8.3.6	2M 2M		整体居中，即两侧距离侧边1M

（续）

条目号	图形	描述	应用说明
8.3.7	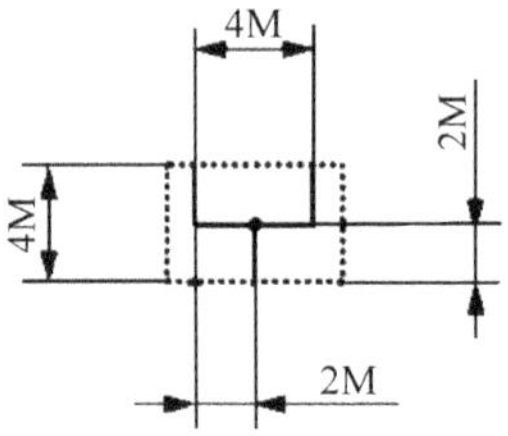 4M 2M 4M 2M	阀内部的流动通道	整体居中，即两端距离侧边 1M
8.3.8	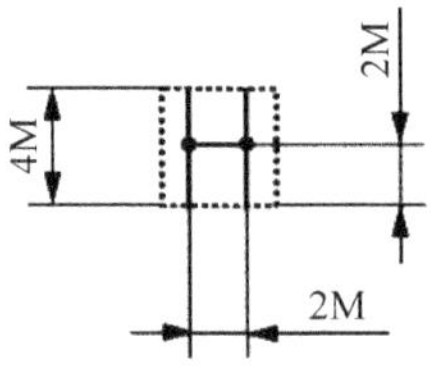 2M 4M 2M		整体居中，即两侧距离侧边 1M
8.3.9	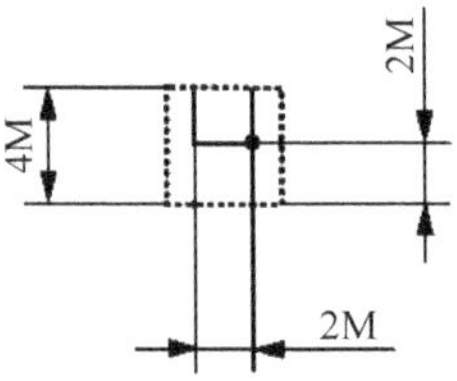 2M 4M 2M		整体居中，即两端距离侧边 1M
8.3.10	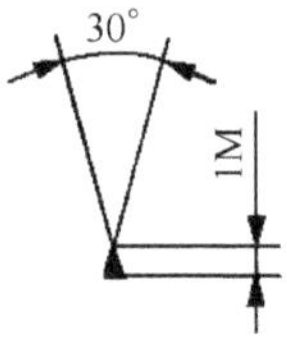 30° 1M	流体的流动方向	图形符号和回路图中箭头的统一规定
8.3.12	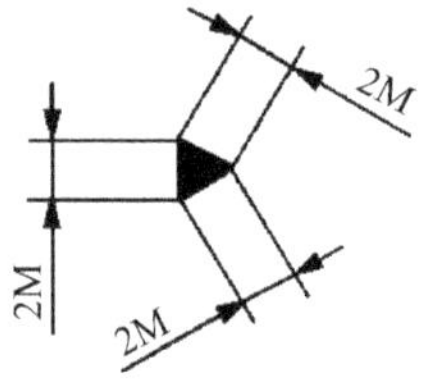 2M 2M 2M	液压力的作用方向	大规格，用于阀的液压力控制、先导控制、泵等
8.3.14	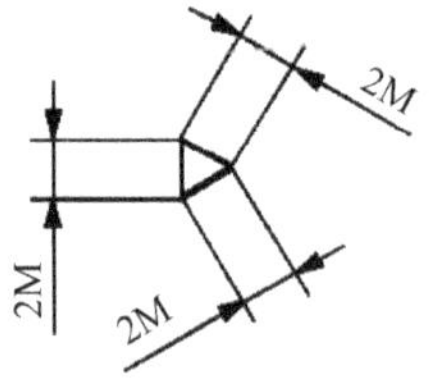 2M 2M 2M	气压力的作用方向	大规格，用于阀的气压力控制、先导控制、空压机等

（续）

条目号	图形	描述	应用说明
8.4.1	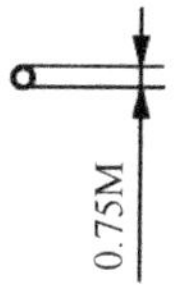 0.75M	单向阀的运动部分，小规格	用于普通方向阀、压力阀内部表示无泄漏，或用于盖板式插装阀内单向阀等
8.4.2	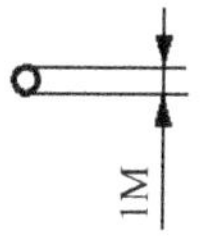 1M	单向阀的运动部分，大规格	用于单向阀、梭阀或含单向阀的压力控制阀、过滤器、快换接头等
8.4.8	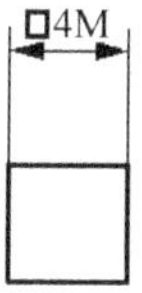 □4M	最多四个主油/气口阀的机能位的框线	正方形
8.4.14	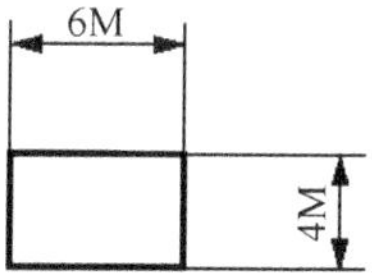 6M 4M	五个主油/气口阀的机能位的框线	上侧三个口，下侧两个口
8.4.15	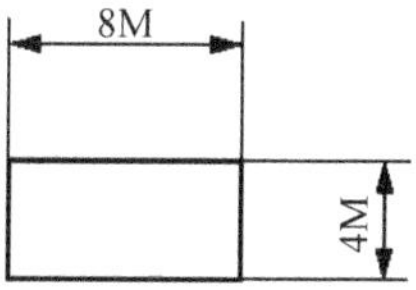 8M 4M	双压阀（与阀）的框线	用于梭阀或含有梭阀的盖板式插装阀的控制盖板等
8.4.17	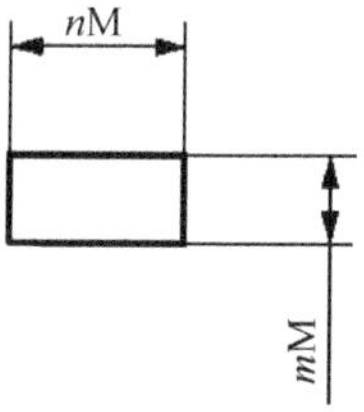 nM mM	功能单元的框线	为各类元件框线的基础符号
8.4.34	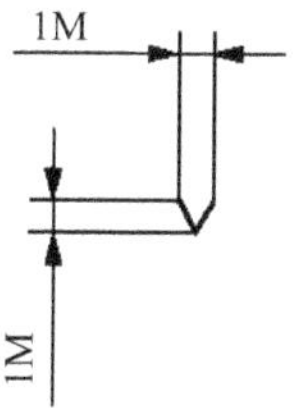 1M 1M	排气口	用于单作用膜片缸、气动减压阀等

（续）

条目号	图形	描述	应用说明
8.4.37	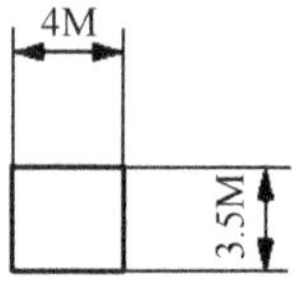 4M 3.5M	盖板式插装阀的阀芯	用于座阀
8.4.38	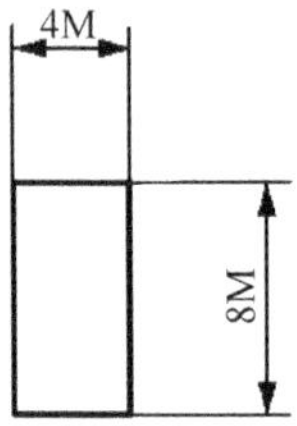 4M 8M	盖板式插装阀的阀套（可插装滑阀芯）	滑阀形式的阀套
8.4.39	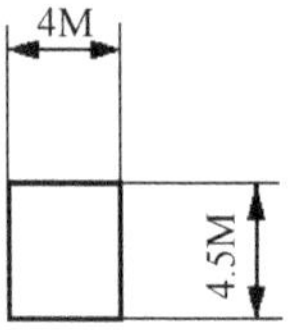 4M 4.5M	盖板式插装阀的阀芯（可插装滑阀芯）	用于滑阀
8.4.40	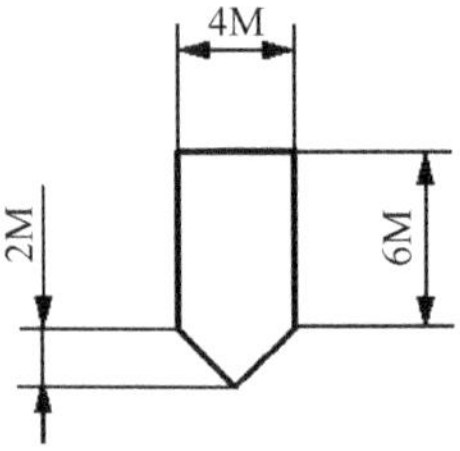 4M 2M 6M	盖板式插装阀的插孔	座阀形式的阀套或孔
8.4.41	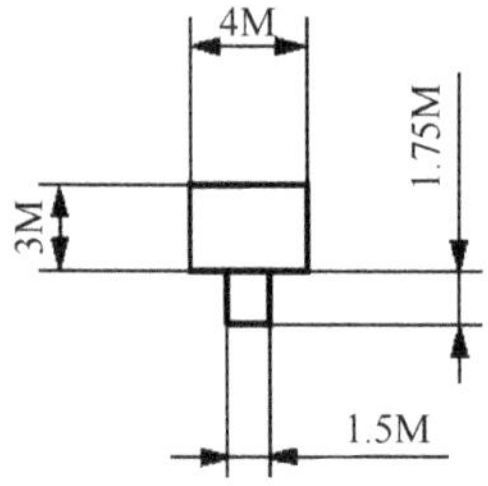 4M 1.75M 3M 1.5M	盖板式插装阀的阀芯（锥阀结构）	与下者作用面积不同
8.4.42	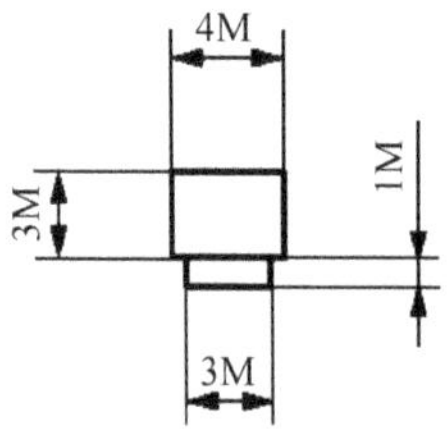 4M 1M 3M 3M	盖板式插装阀的阀芯（锥阀结构）	与前者作用面积不同

（续）

条目号	图形	描述	应用说明
8.4.43	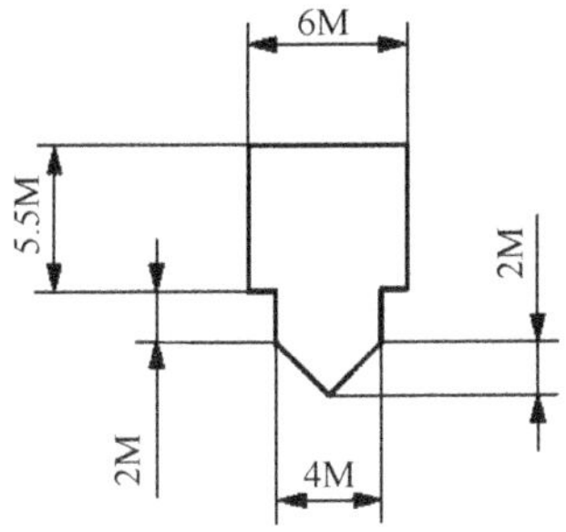	盖板式插装阀的阀套（可插装主动型锥阀芯）	带有主动控制的插装阀
8.4.44	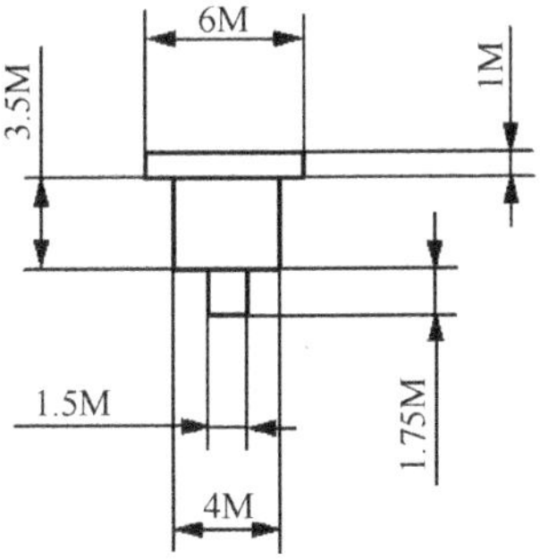	盖板式插装阀的阀芯（主动型锥阀结构）	与下者作用面积不同，如果有阻尼，可将底部小矩形涂黑
8.4.45	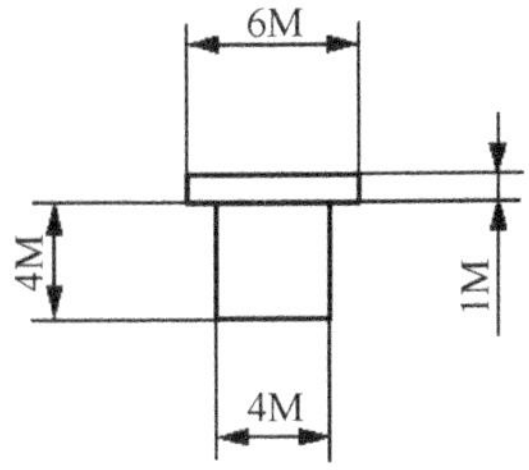	盖板式插装阀的阀芯（主动型锥阀结构）	与前者作用面积不同
8.4.46	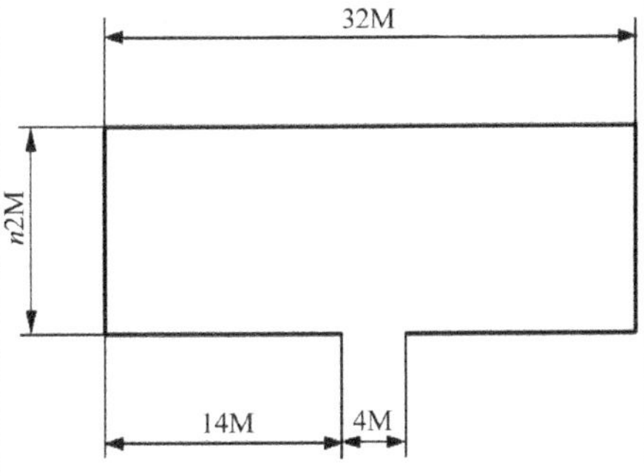	无端口控制盖板 盖板的最小高度尺寸为4M 为实现功能扩展，盖板高度应调整为2M的倍数	注意左右两侧长度应为2M的整数倍

（续）

条目号	图形	描述	应用说明
8.4.47	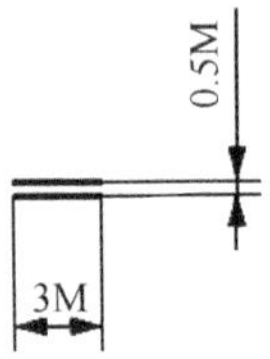 0.5M 3M	机械连接 轴 杆 机械反馈	主要用于机械反馈
8.4.49	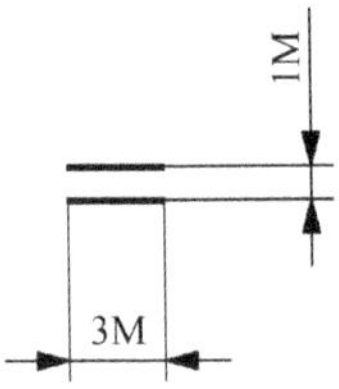 1M 3M		把手、推杆、杠杆、步进电动机轴等控制机构
8.4.53	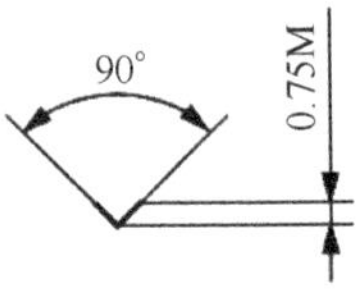 90° 0.75M	单向阀的阀座（小规格）	用于普通方向阀、压力阀内部表示无泄漏，或用于盖板式插装阀内单向阀等
8.4.54	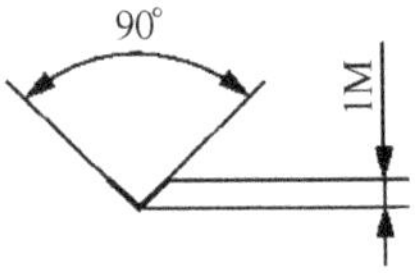 90° 1M	单向阀的阀座（大规格）	用于单向阀、梭阀或含单向阀的压力控制阀、过滤器、快换接头等
8.4.55	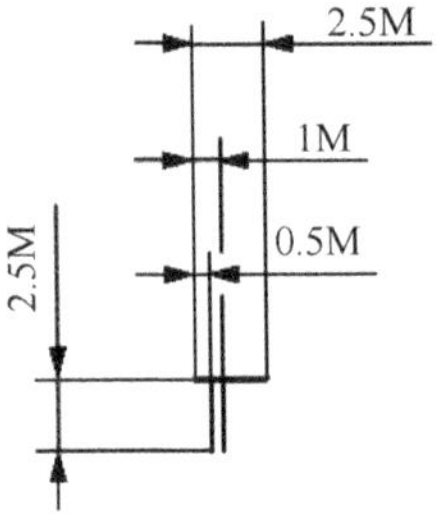 2.5M 1M 0.5M 2.5M	机械行程限位	用于二通盖板式插装阀、变量泵、膜片缸的机械行程限位
8.4.56	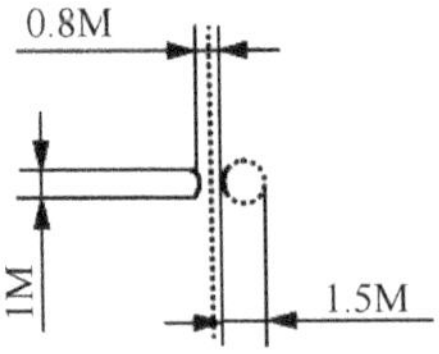 0.8M 1M 1.5M	节流（小规格）	小规格节流通道，用于阀内部、盖板式插装阀的控制盖板内部等

（续）

条目号	图形	描述	应用说明
8.4.57	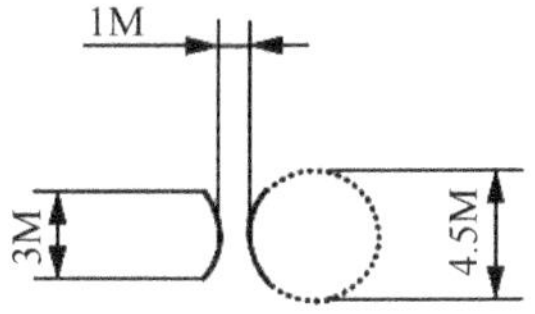	节流（流量控制阀，取决于黏度）	常规节流通道，用于各类节流阀、含有节流功能的盖板式插装阀的控制盖板、含有节流功能的过滤器以及真空发生装置等
8.4.58	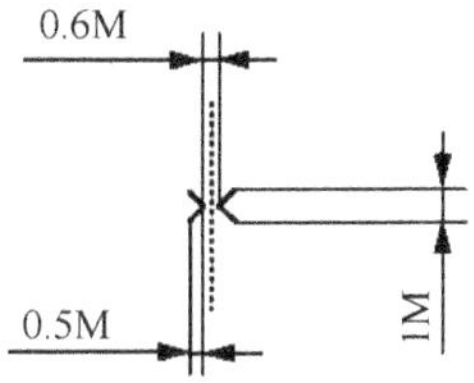	节流（小规格）	小规格节流孔，用于阀内部等
8.4.59	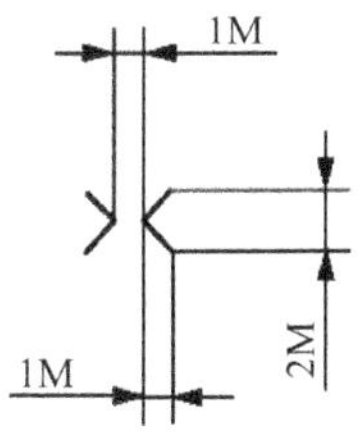	节流（锐边节流，很大程度上与黏度无关）	常规节流孔，用于节流阀、分流阀、集流阀、比例节流阀等
8.4.60	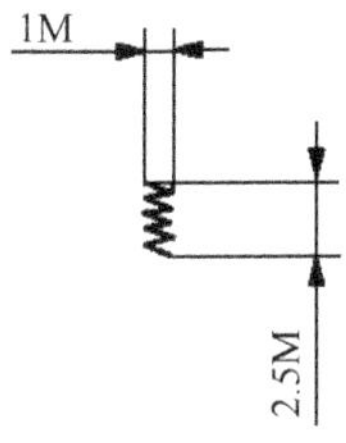	弹簧（嵌入式）	二通盖板式插装阀、含单向阀的真空吸盘
8.6.3	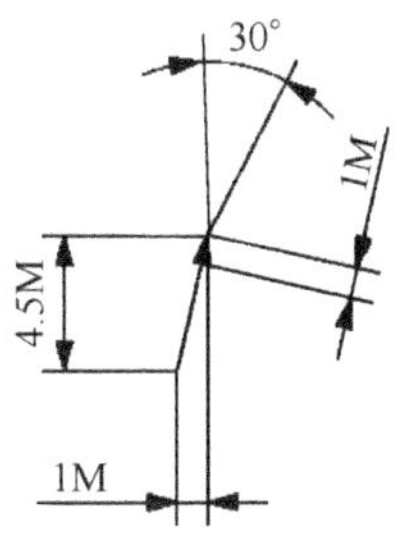	可调节（弹簧或比例电磁铁）	用于表示限位推杆、比例电磁铁、弹簧等要素的可调节

（续）

条目号	图形	描述	应用说明
8.6.4	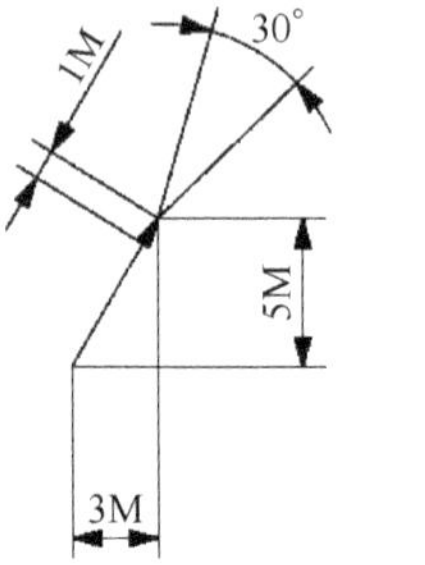 30° 1M 5M 3M	可调节（节流）	用于表示节流孔的可调节
8.6.5	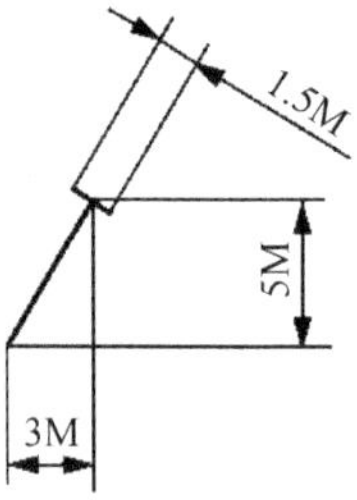 1.5M 5M 3M	预设置（节流）	用于表示节流孔的预设置
8.6.6	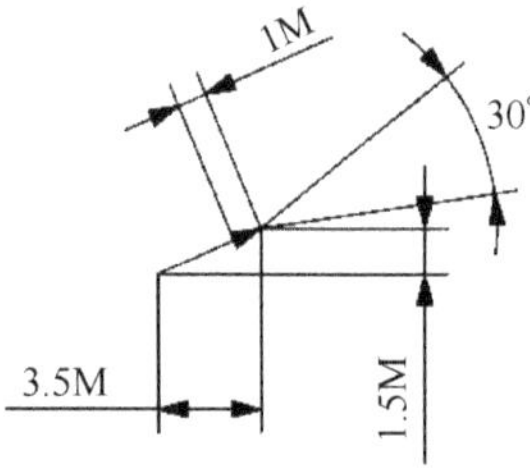 1M 30° 3.5M 1.5M	可调节（节流）	用于表示节流通道、开关信号的可调节

注：在设计中如需使用泵、马达、缸、附件等元件辅助阀实现特定功能，所需基本要素及应用规则可参见相应章节，不做重复编排；阀类元件作为控制元件，通常包含多种控制机构，控制机构基本要素见本书6.8节。

4.2.2 应用规则（见表4-6）

表4-6 应用规则

条目号	图形	描述	应用说明
9.2.1	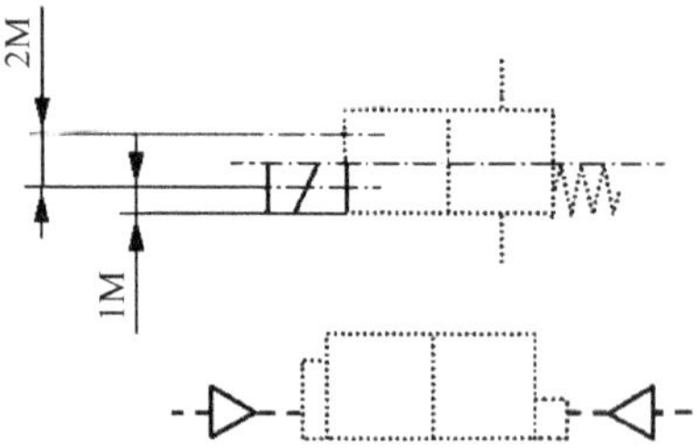 2M 1M	控制机构中心线位于长方形/正方形底边之上1M 两个并联控制机构的中心线间距为2M，且不能超出功能要素的底边	各控制要素不能超出功能要素的底边，两侧控制机构中心线对齐

（续）

条目号	图形	描述	应用说明
9. 2. 2	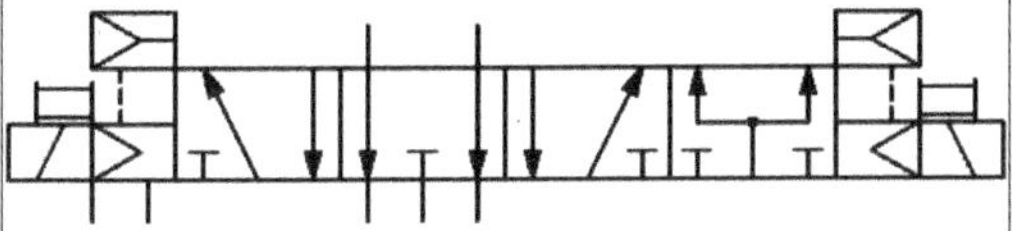	根据控制机构的工作状况，操作一端的控制机构可使阀芯从初始位置移入邻位 同时操纵四位阀两端的控制机构，可以控制阀芯从初始位置移动两个位置	—
9. 2. 3	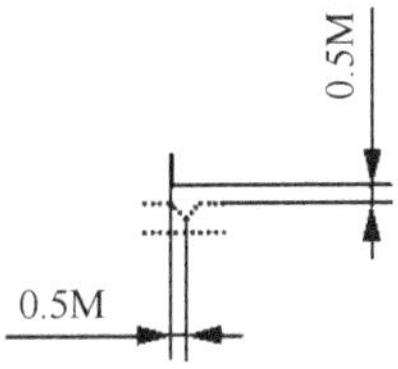 0.5M 0.5M	锁定机构应居中，或者在距凹口右或左 0. 5M 的位置，且在轴上方 0. 5M 处	—
9. 2. 4	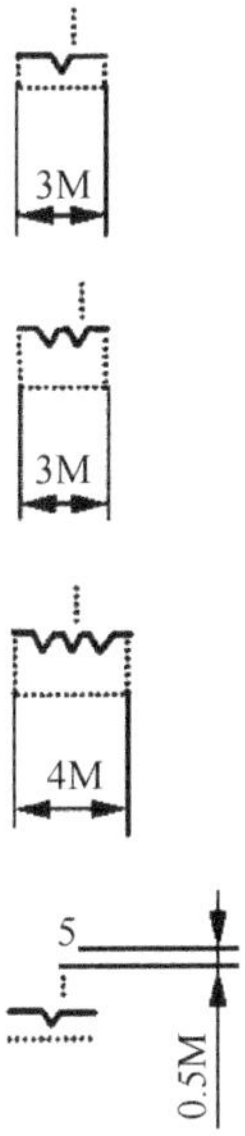 3M 3M 4M 5 0.5M	锁定槽应均匀置于轴上 对于三个以上的锁定槽，在锁定槽上方 0. 5M 处用数字表示	锁定机构在锁定槽的上方距凹口右或左 0. 5M 的位置
9. 2. 5	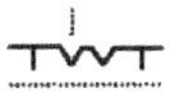	如有必要，应当标明非锁定的切换位置	—
9. 2. 6	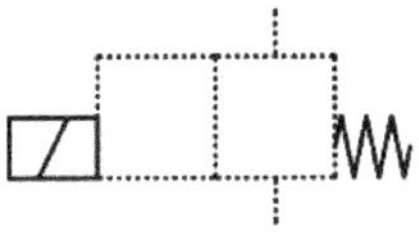	控制机构应在图中相应的矩形/正方形中直接标明	—

（续）

条目号	图形	描述	应用说明
9.2.7	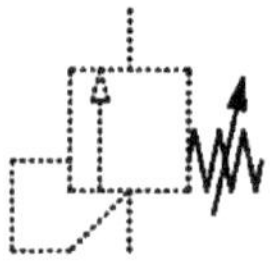	控制机构应画在矩形/正方形的右侧，除非两侧均有	控制机构优选右侧位置
9.2.8		如果尺寸不足，需要画出延长线，在机能位的两侧均可	控制机构过多，可绘制延长线
9.2.9	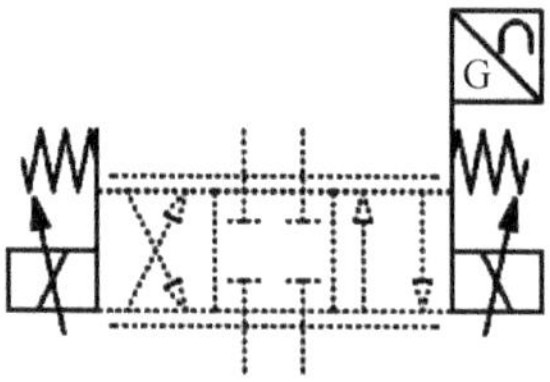 G	控制机构和信号转换器并联工作时，从底部到顶部应遵循以下顺序 —液控/气控 —电磁铁 —弹簧 —手动控制元件 —转换器 如果同样的控制机构作用于机能位的两侧，其顺序必须对称放置，不允许符号重叠	注意控制机构的布置顺序
9.2.10	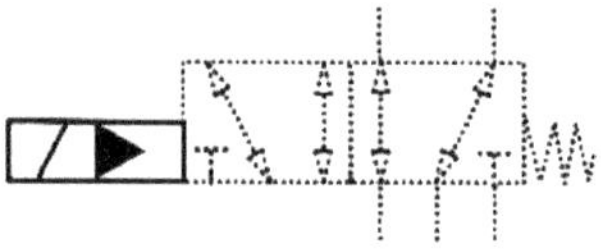	控制机构串联工作时应依照控制顺序表示	—
9.2.11	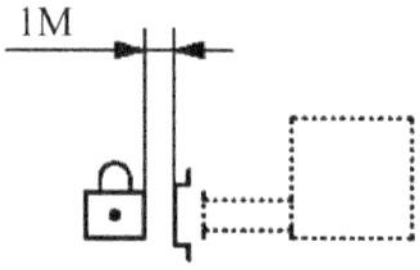 1M	锁定符号应在距离锁定机构 1M 距离处标出，该锁定符号表示带锁调节	—
9.2.12	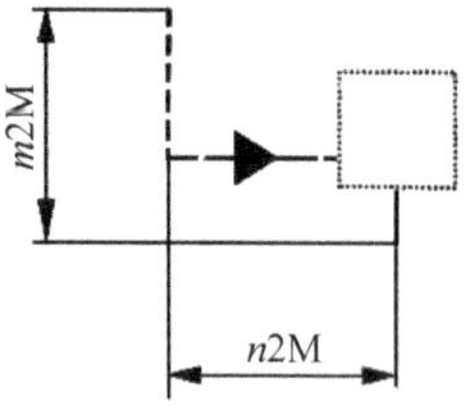 *m*2M *n*2M	符号设计时应使接口末端在 2M 倍数的网格上	—

（续）

条目号	图形	描述	应用说明
9.2.12	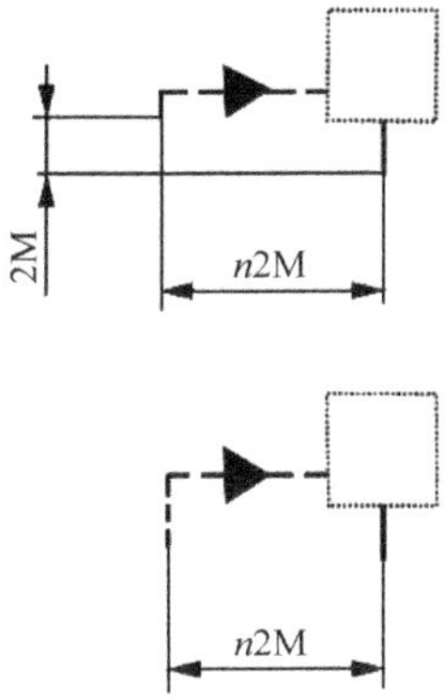 2M n2M n2M	符号设计时应使接口末端在 2M 倍数的网格上	—
9.2.13		单线圈比例电磁铁	箭头位于线圈中部
9.2.14		可调节弹簧	箭头位于弹簧中部
9.2.15	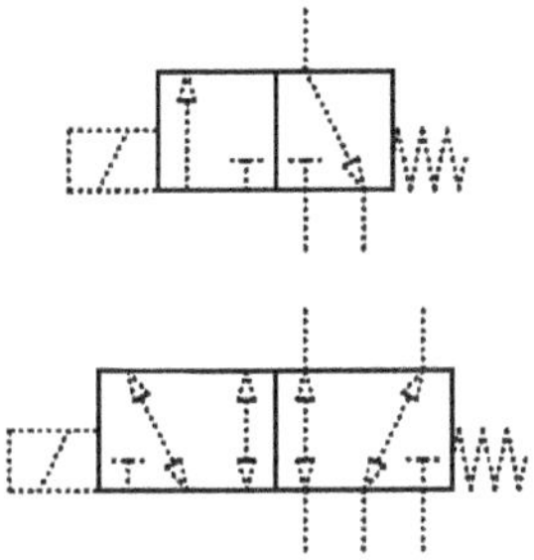	阀符号由各种机能位组成，每一种机能位代表一种阀芯位置和不同机能	—
9.2.16	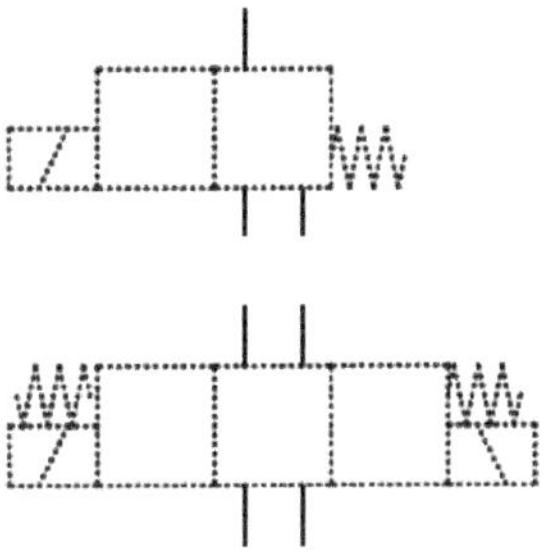	应在未受激励状态下的机能位（初始位置）上标注工作端口	阀均应引出并标注工作端口

（续）

条目号	图形	描述	应用说明
9.2.17	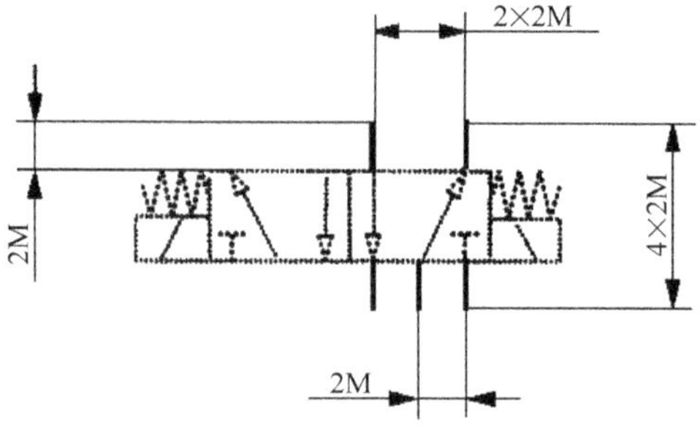 2×2M 2M 4×2M 2M	符号连接应位于2M的倍数网格上。相邻端口线的距离应为2M，以保证端口标识码的标注空间	—
9.2.18	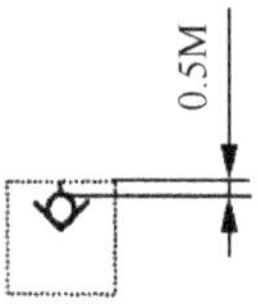 0.5M	功能：无泄漏（阀）	—
9.2.19		功能：内部流道节流（负遮盖）	受黏度影响
9.2.20	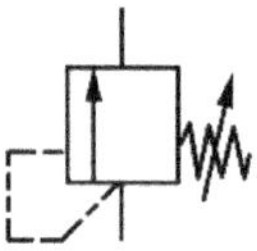	压力控制阀符号的基本位置由流动方向决定（供油/气口通常画在底部）	供油/气口优选底部
9.2.21	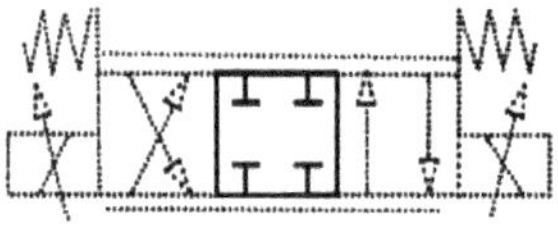	比例阀、高频响阀和伺服阀的中位机能，零遮盖或正遮盖	中位封闭
9.2.22	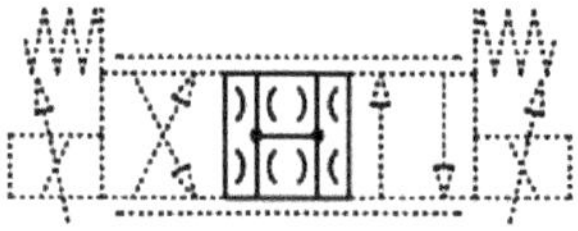	比例阀、高频响阀和伺服阀的中位机能，零遮盖或负遮盖（不超过3%）	—
9.2.23	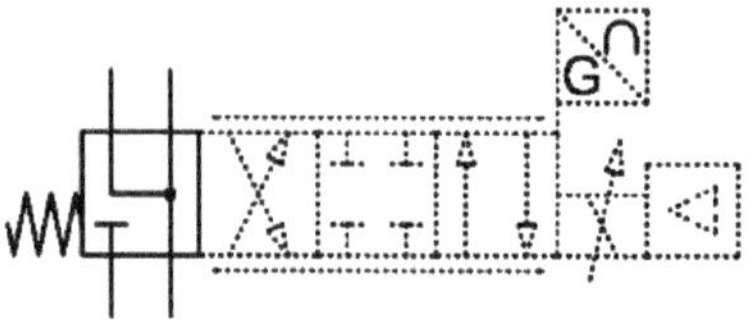 G	安全位应在控制范围以外的机能位表示	断电后自动切换安全位
9.2.24	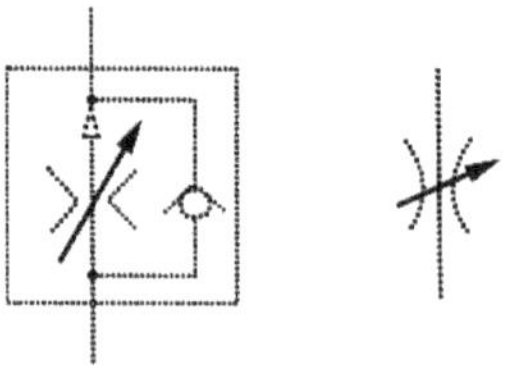	可调节要素应位于节流的中心位置	流量控制阀、变量泵、比例电磁铁等均应按照此要求

（续）

条目号	图形	描述	应用说明
9.2.25	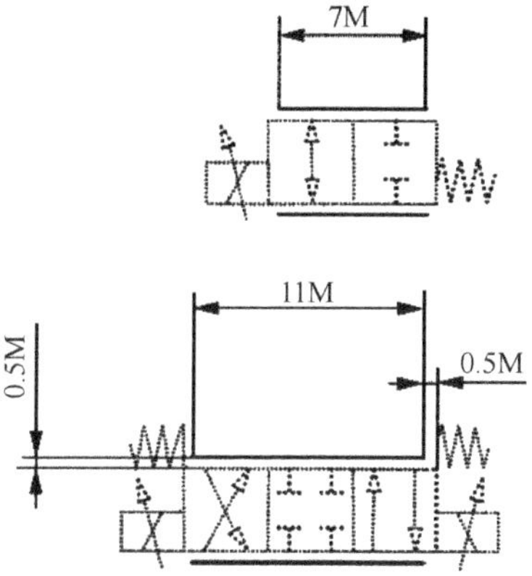 7M 11M 0.5M 0.5M	有两个及以上机能位且连续控制的阀，应沿符号画两条平行线	两平行线长度短于机能位长度
9.3.1	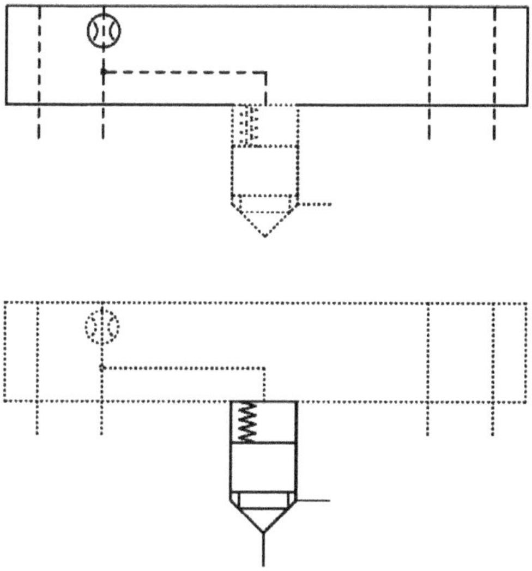	符号包括两个部分：控制盖板和插装阀芯（插装阀芯与/或控制盖板可包含更基础的要素或符号）	—
9.3.2	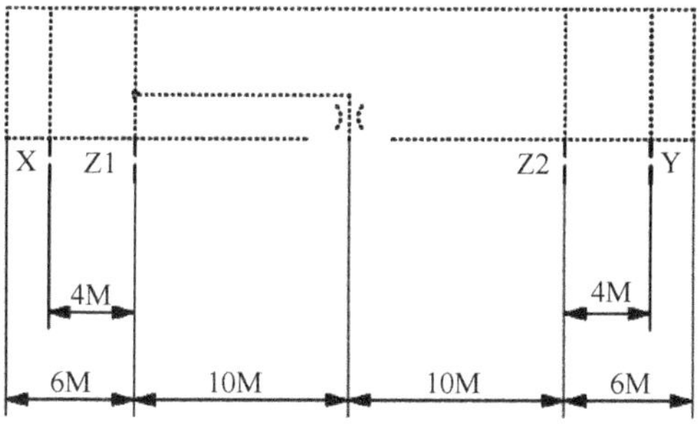 X Z1 Z2 Y 4M 4M 6M 10M 10M 6M	控制盖板的连接端口应位于框线中网格上，位置固定	—

（续）

条目号	图形	描述	应用说明
9.3.3	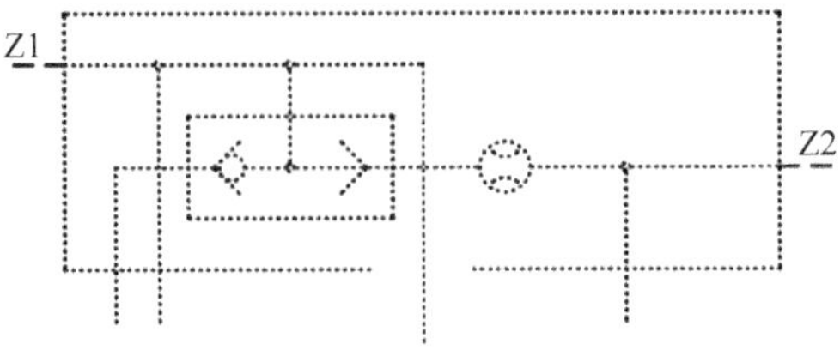 Z1 Z2	外部连接端口应画在两侧	—
9.3.4	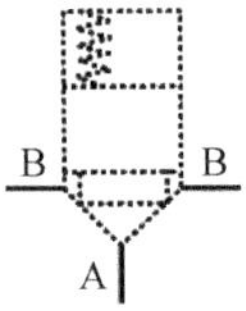 B B A	工作端口位于底部和符号侧边 A 口位于底部，B 口可在右边，或者左边，或两边都有	—
9.3.5	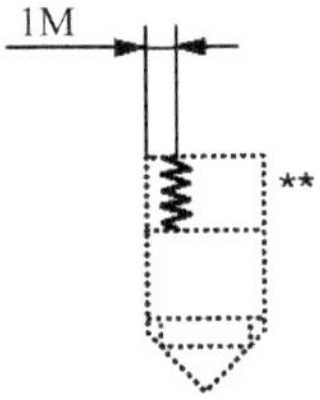 1M **	开启压力应在符号旁边标明（＊＊处）	使用控制型弹簧
9.3.6	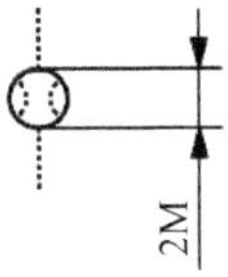 2M	如果节流可更换，其符号应画一个圆	—
9.3.7	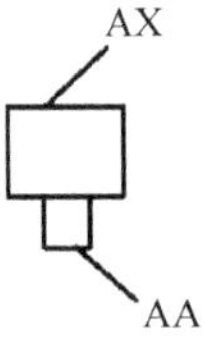 AX AA	锥阀结构，阀芯面积比 $\frac{AA}{AX} \leqslant 0.7$	—
9.3.8	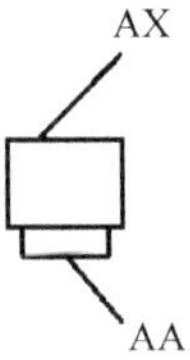 AX AA	锥阀结构，阀芯面积比 $1 > \frac{AA}{AX} > 0.7$	—
9.3.9		有节流功能的，应按图示涂黑	—

（续）

条目号	图形	描述	应用说明
9. 6. 1. 4	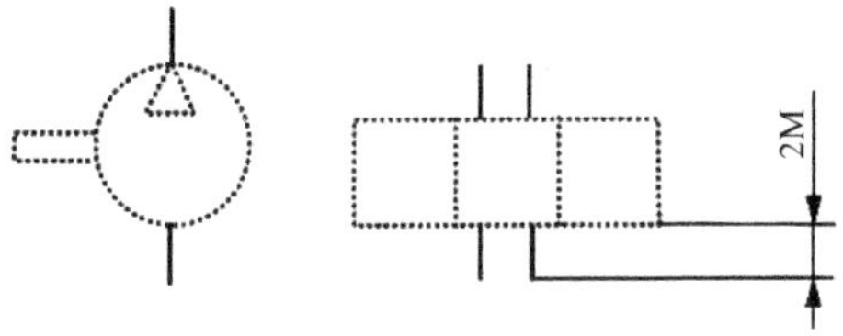	符号的所有端口应标出	长度均为 2M
9. 6. 1. 5	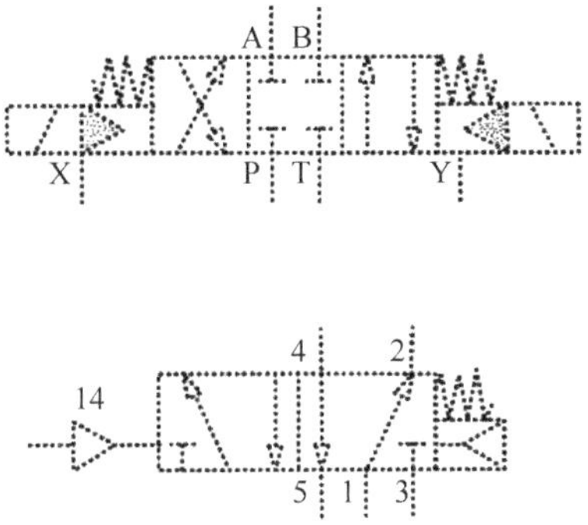	各种端口的标注示例： A—油口 B—油口 P—供油口 T—回油口 X—先导供油口 Y—先导泄油口 3，5—排气口 2，4—工作口 1—供气口 14—控制口 在每个端口的上方或者左边必须留出充足的空间进行标注。每个端口的字母/数字标注液压符合 ISO 9461、气动符合 ISO 11727	—

ISO 9461 对液压符号端口标注的规定。见表 4-7，ISO 11727 对气动符号端口标注的规定见表 4-8。

表 4-7　ISO 9461 对液压符号端口标注的规定

主油口数量		2		3	4
液压阀类型		减压阀	其他阀	流量控制阀	直控阀和功能块
主油口	进口	P	P	P	P
	出口 1	—	A	A	A
	出口 2	—	—	—	B
	回油口	T	—	T	T
辅助油口	先导口 1	—	X	—	X
	先导口 2	—	—	—	Y
	先导（低压）	V	V	V	—
	泄漏口	L	L	L	L
	分接口	M	M	M	M

注：本表不涉及 ISO 5781、ISO 6263 和 ISO 6264 标准化的部件。

表 4-8 ISO 11727 对气动符号端口标注的规定

气动阀类型①	描述	主要气口			控制机构 先导控制口 电磁铁和电线
		进气口	出气口	排气口	
2/2	两口	1	2	—	12，10
3/2 NC	三口常闭	1	2	3	12，10
3/2 NO	三口常开	1	2	3	12，10
3/2 NO	可选②	3	2	1	12，10
3/2	分流	2	1，3	—	12，10
3/2	选择	1，3	2	—	12，10
4/2 & 4/3	四口	1	2，4	3	12，14
5/2 & 5/3	五口	1	2，4	3，5	12，14
5/2 & 5/3	五口（可选双压）②	3，5	2，4	1	12，14

① 第一个数字指主气口数量，第二个数字指机能位数量。例如，2/2 阀指的是一个有 2 个主气口、2 个机能位的阀，4/3 阀指的是一个有 4 个主气口、3 个机能位的阀。词语“路”也用来描述阀，比如三路阀或四路阀也比较常用。四路四口和四路五口可能会出现混淆，每个都有两个或三个位置。因此，不推荐使用“路”描述阀。

② 可选择的配置可从图形符号或阀包装中的说明确定。

4.2.3 应用示例

作为示例，标准中列出了若干可以全面展示基本要素和应用规则常用附件图形符号（表 4-9~表 4-25），应当注意并不是（也不可能）包含全部阀类元件的符号；编入了若干典型实物图片供读者参考。

表 4-9 控制机构（液压）

条目号	图形	描述	典型实物
6.1.1.1		带有可拆卸把手和锁定要素的控制机构	

（续）

条目号	图形	描述	典型实物
6. 1. 1. 2	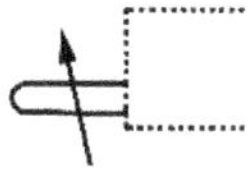	带有可调行程限位的推杆	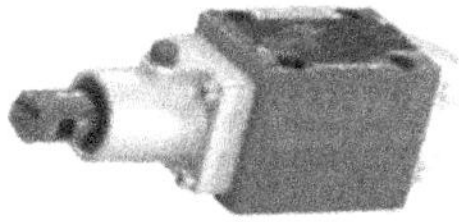 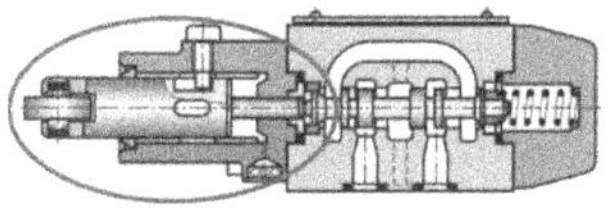
6. 1. 1. 3	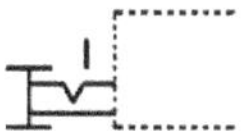	带有定位的推/拉控制机构	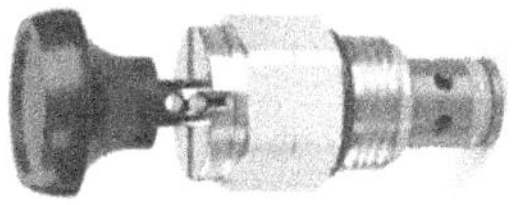 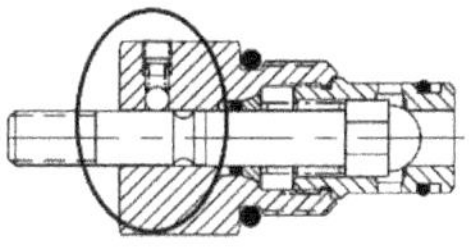
6. 1. 1. 4	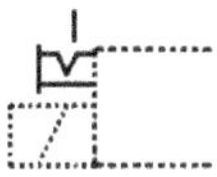	带有手动越权锁定的控制机构	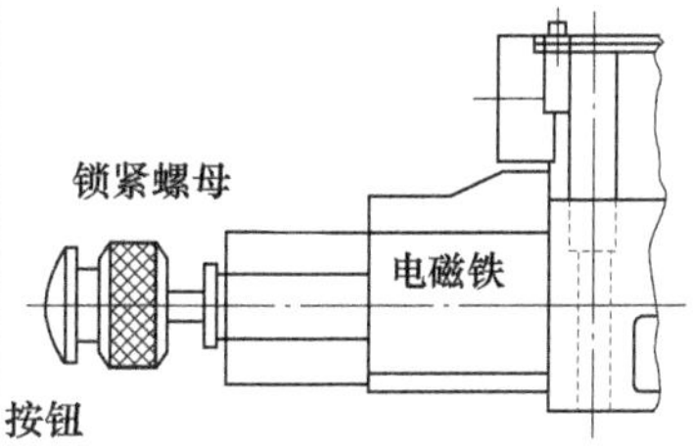
6. 1. 1. 5	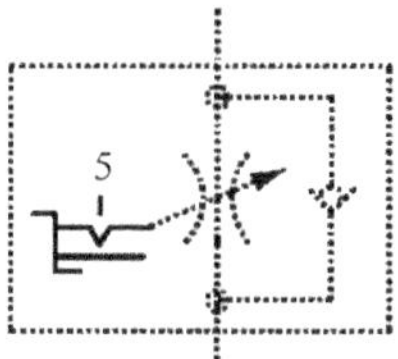	带有 5 个锁定位置的旋转控制机构	
6. 1. 1. 6	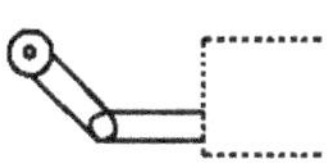	用于单向行程控制的滚轮杠杆	 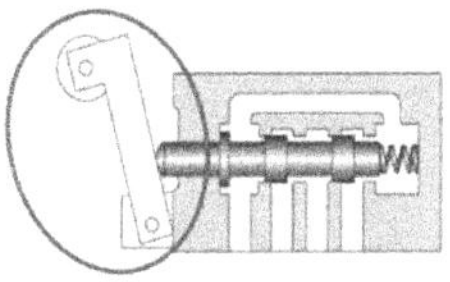

（续）

条目号	图形	描述	典型实物
6.1.1.7	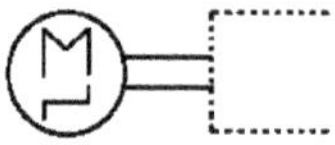	使用步进电动机的控制机构	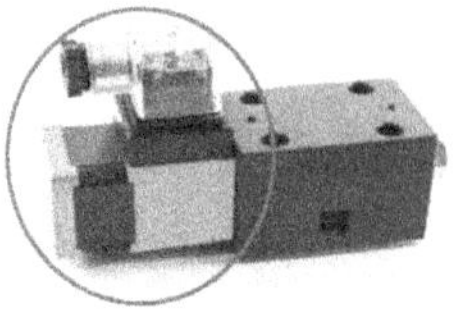
6.1.1.8		带有一个线圈的电磁铁（动作指向阀芯）	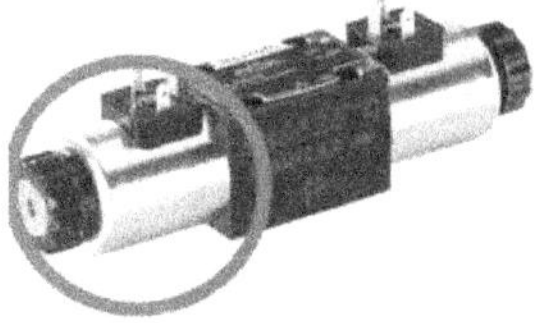
6.1.1.9	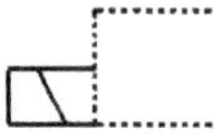	带有一个线圈的电磁铁（动作背离阀芯）	外形与6.1.1.8近似，略
6.1.1.10	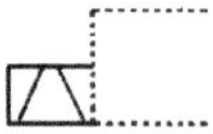	带有两个线圈的电气控制装置（一个动作指向阀芯，另一个动作背离阀芯）	 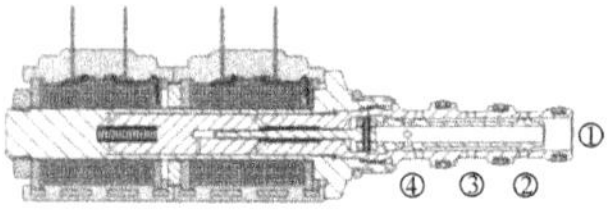 ① ④ ③ ②
6.1.1.11	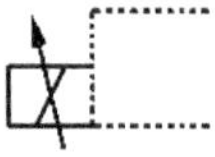	带有一个线圈的电磁铁（动作指向阀芯，连续控制）	
6.1.1.12	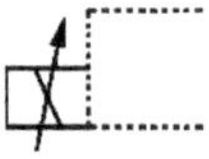	带有一个线圈的电磁铁（动作背离阀芯，连续控制）	 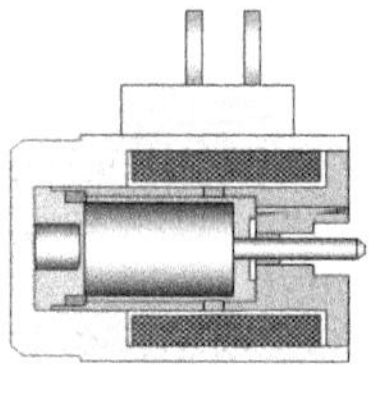 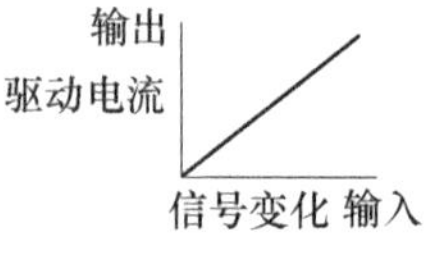 输出 驱动电流 信号变化 输入

（续）

条目号	图形	描述	典型实物
6.1.1.13	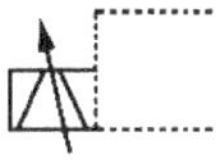	带两个线圈的电气控制装置（一个动作指向阀芯，另一个动作背离阀芯，连续控制）	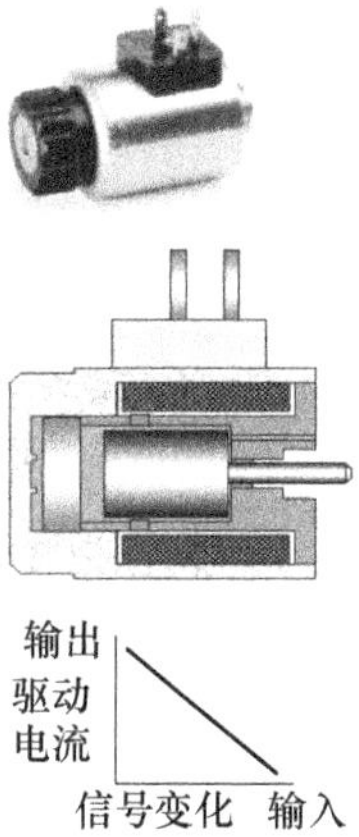 输出驱动电流 信号变化 输入
6.1.1.14	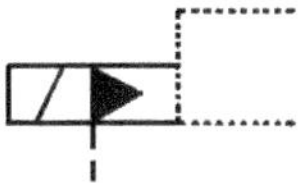	外部供油的电液先导控制机构	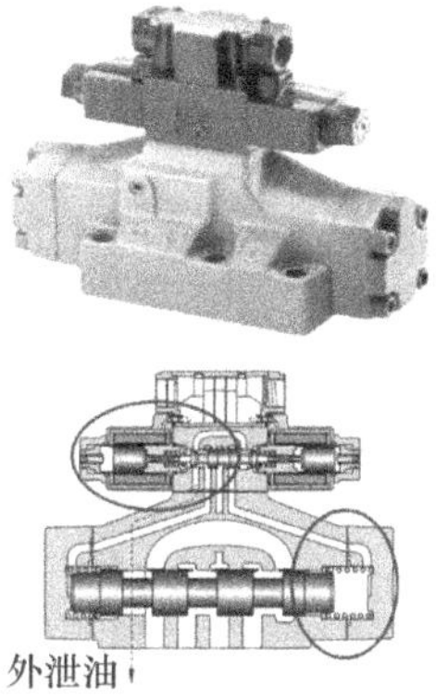 外泄油
6.1.1.15	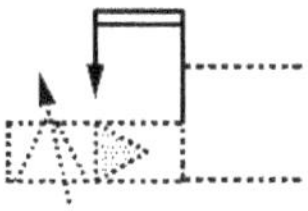	机械反馈	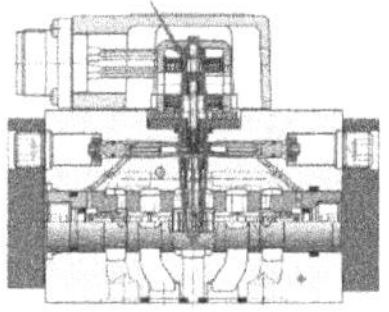
6.1.1.16	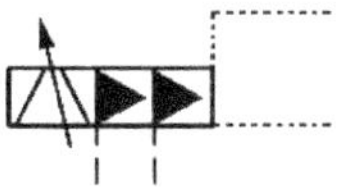	外部供油的带有两个线圈的电液两级先导控制机构（双向工作，连续控制）	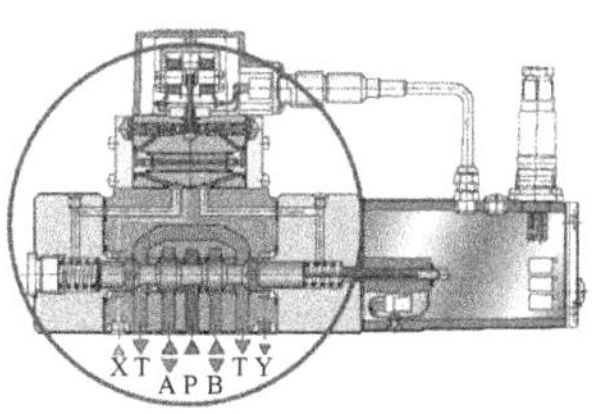 X T A P B T Y

表 4-10　方向控制阀（液压）

条目号	图形	描述	典型实物
6. 1. 2. 1	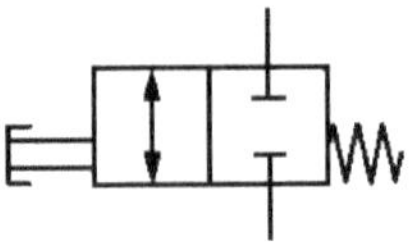	二位二通方向控制阀（双向流动，推压控制，弹簧复位，常闭）	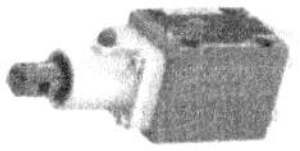 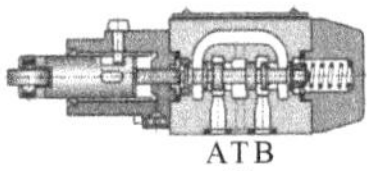 ATB (P)
6. 1. 2. 2	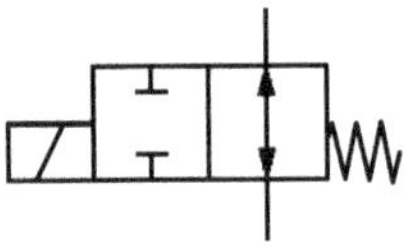	二位二通方向控制阀（单电磁铁控制，弹簧复位，常开）	
6. 1. 2. 3	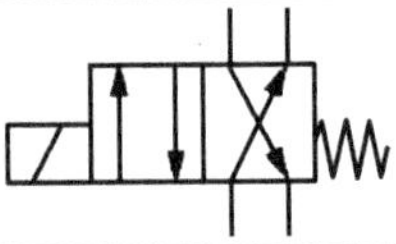	二位四通方向控制阀（单电磁铁控制，弹簧复位）	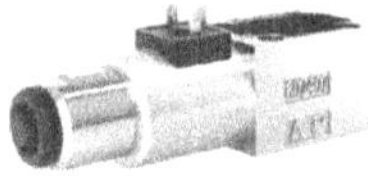
6. 1. 2. 4	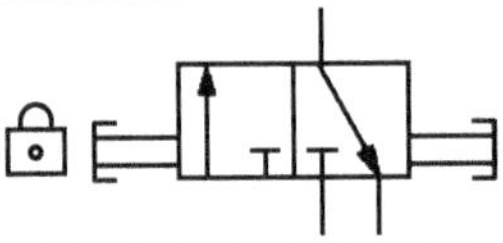	二位三通方向控制阀（带有挂锁）	
6. 1. 2. 5	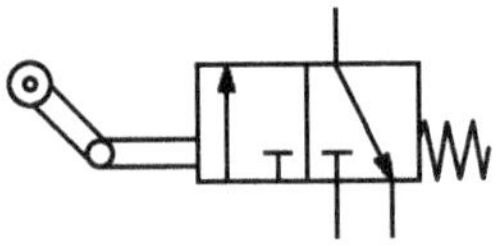	二位三通方向控制阀（单向行程的滚轮杠杆控制，弹簧复位）	
6. 1. 2. 6	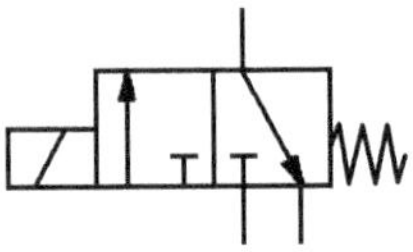	二位三通方向控制阀（单电磁铁控制，弹簧复位）	
6. 1. 2. 7	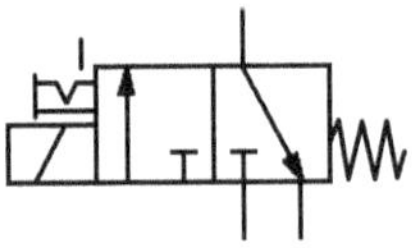	二位三通方向控制阀（单电磁铁控制，弹簧复位，手动越权锁定）	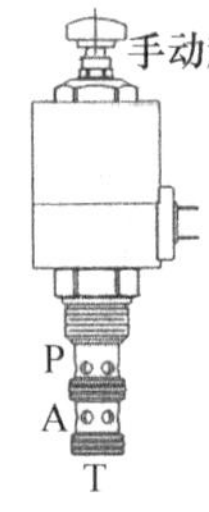 手动越权锁定 P A T

（续）

条目号	图形	描述	典型实物
6.1.2.8	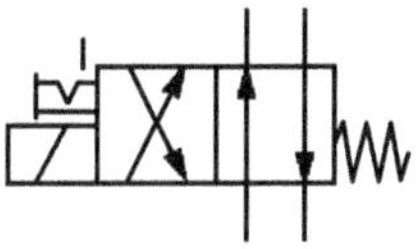	二位四通方向控制阀（单电磁铁控制，弹簧复位，手动越权锁定）	外形与6.1.2.7近似，略
6.1.2.9	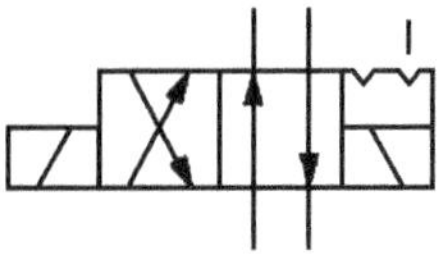	二位四通方向控制阀（双电磁铁控制，带有锁定机构，也称脉冲阀）	
6.1.2.10	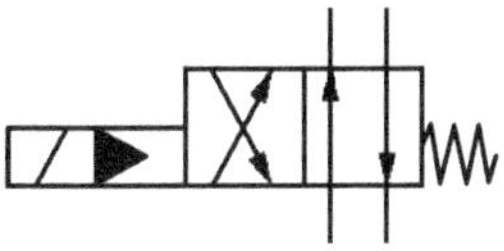	二位四通方向控制阀（电液先导控制，弹簧复位）	 
6.1.2.11	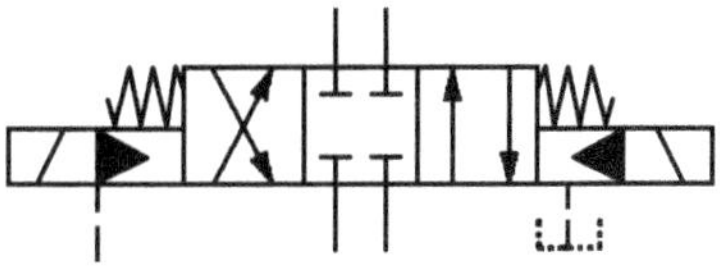	三位四通方向控制阀（电液先导控制，先导级电气控制，主级液压控制，先导级和主级弹簧对中，外部先导供油，外部先导回油）	 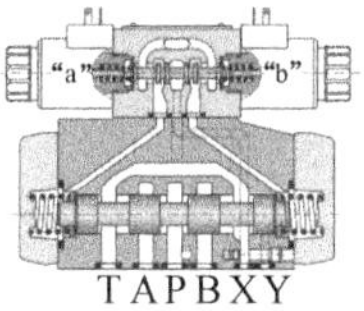
6.1.2.12	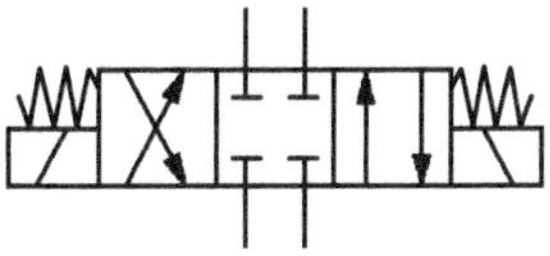	三位四通方向控制阀（双电磁铁控制，弹簧对中）	 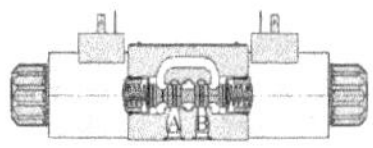

（续）

条目号	图形	描述	典型实物
6.1.2.13	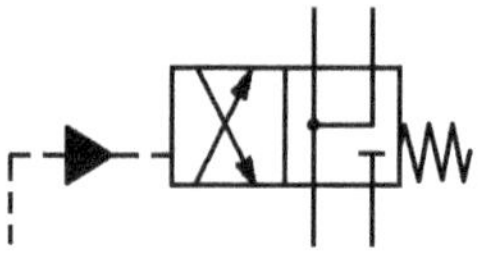	二位四通方向控制阀（液压控制，弹簧复位）	
6.1.2.14	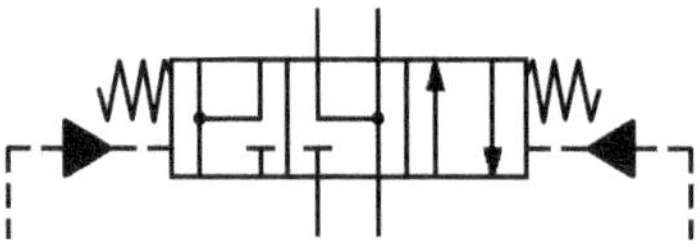	三位四通方向控制阀（液压控制，弹簧对中）	 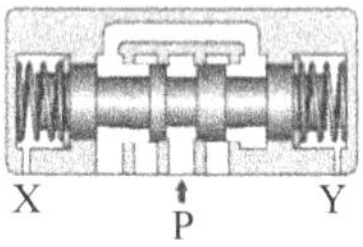 X P Y
6.1.2.15	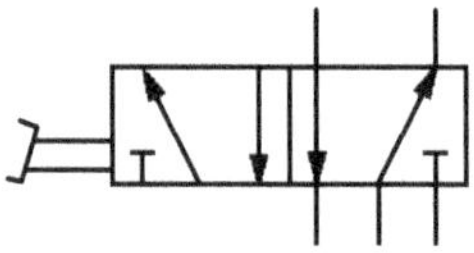	二位五通方向控制阀（双向踏板控制）	
6.1.2.16	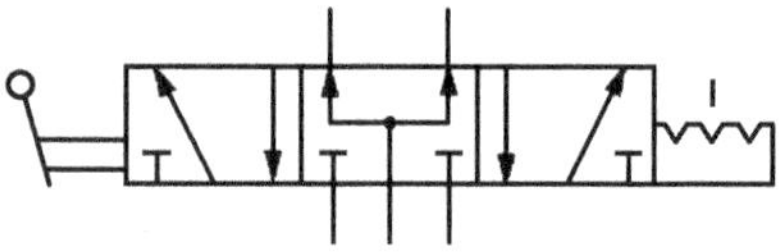	三位五通方向控制阀（手柄控制，带有定位机构）	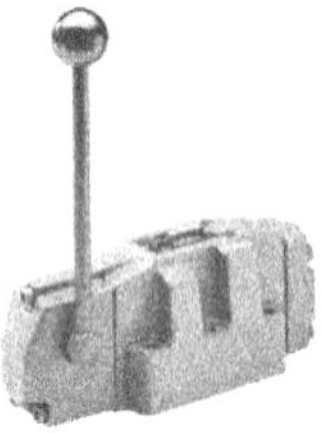
6.1.2.17	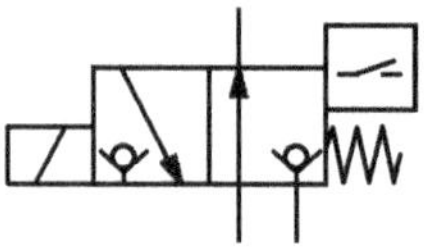	二位三通方向控制阀（电磁控制，无泄漏，带有位置开关）	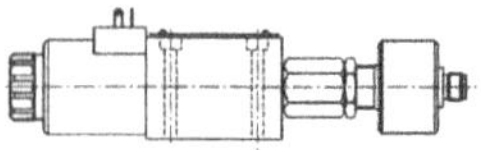
6.1.2.18	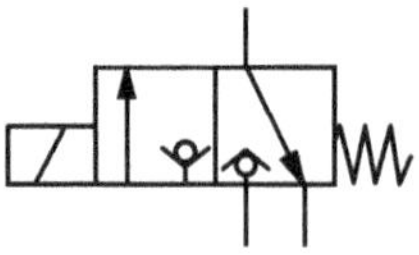	二位三通方向控制阀（电磁控制，无泄漏）	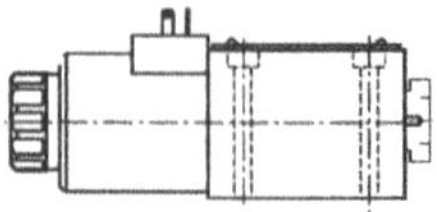

表 4-11　压力控制阀（液压）

条目号	图形	描述	典型实物
6.1.3.1	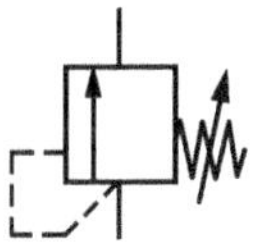	溢流阀（直动式，开启压力由弹簧调节）	 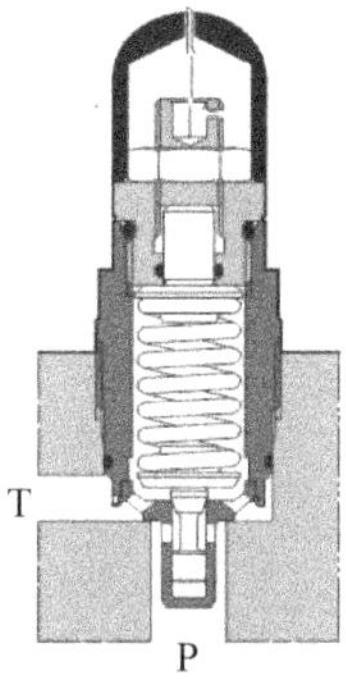 T P
6.1.3.2	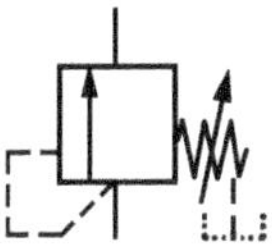	顺序阀（直动式，手动调节设定值）	 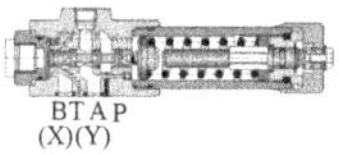 B T A P (X)(Y)
6.1.3.3	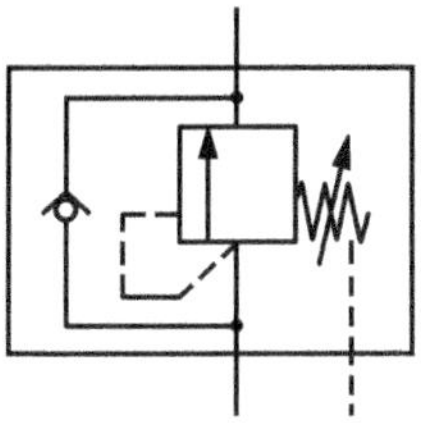	顺序阀（带有旁通单向阀）	 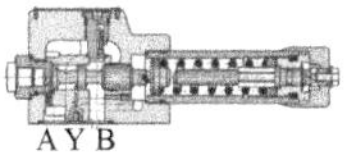 A Y B
6.1.3.4	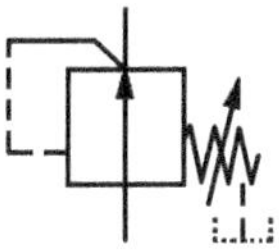	二通减压阀（直动式，外泄型）	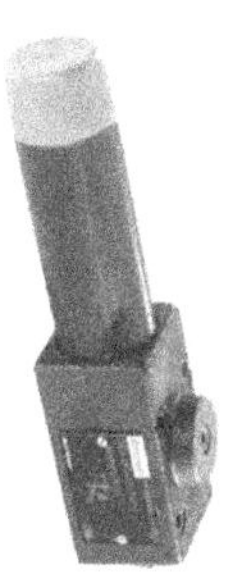

（续）

条目号	图形	描述	典型实物
6.1.3.4	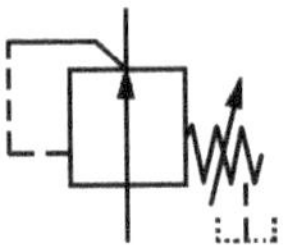	二通减压阀（直动式，外泄型）	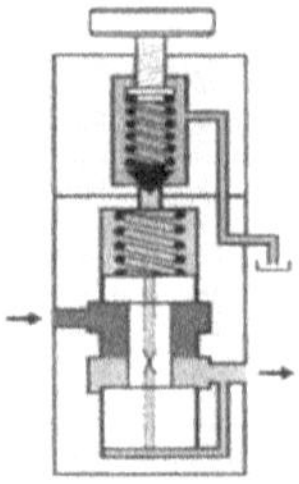
6.1.3.5	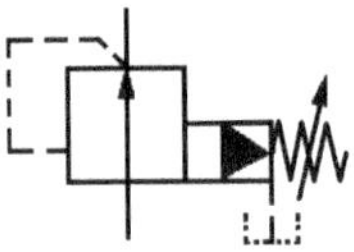	二通减压阀（先导式，外泄型）	 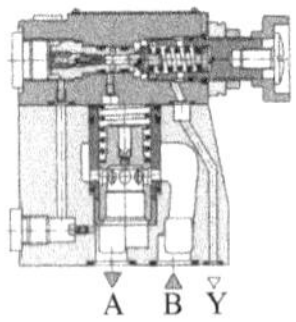 A B Y
6.1.3.6	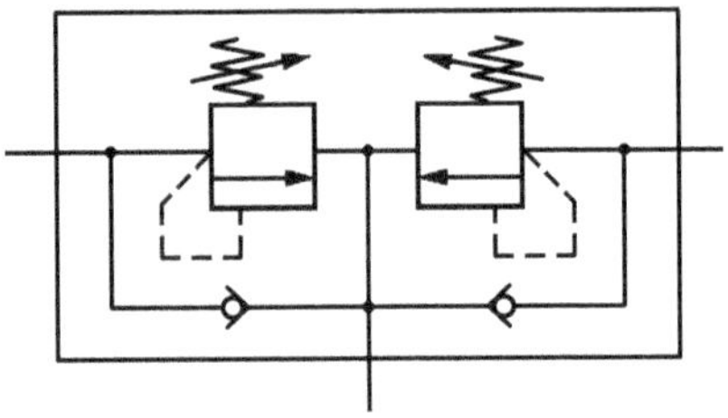	防气蚀溢流阀（用来保护两条供压管路）	
6.1.3.7	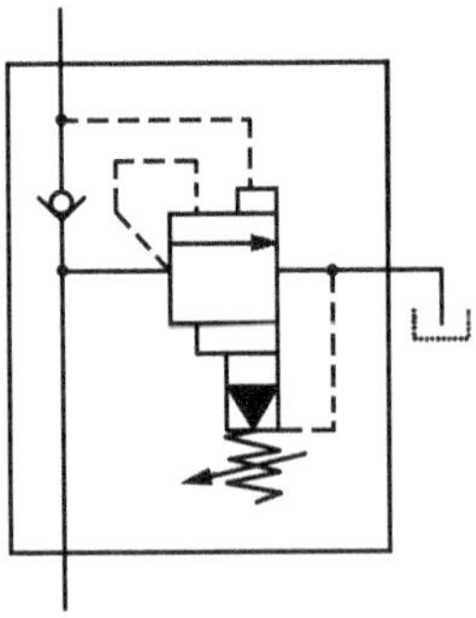	蓄能器充液阀	

（续）

条目号	图形	描述	典型实物
6.1.3.8	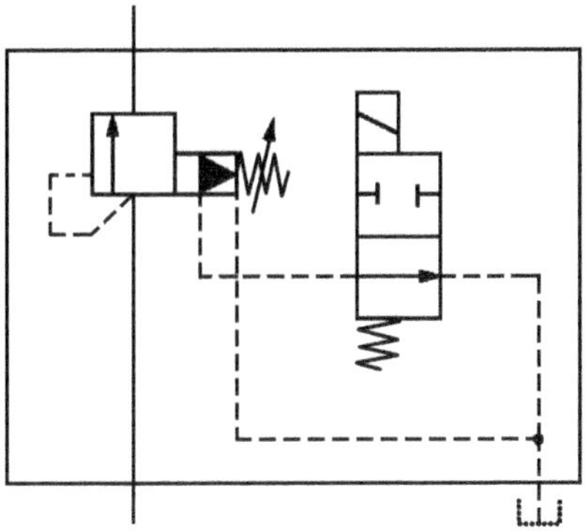	电磁溢流阀（由先导式溢流阀与电磁换向阀组成，通电建立压力，断电卸荷）	 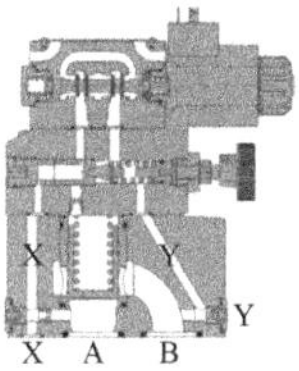 X Y Y X A B
6.1.3.9	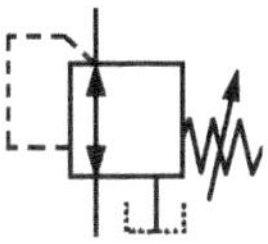	三通减压阀（超过设定压力时，通向油箱的出口开启）	 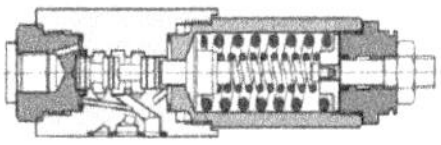

表 4-12　流量控制阀（液压）

条目号	图形	描述	典型实物
6.1.4.1		节流阀	 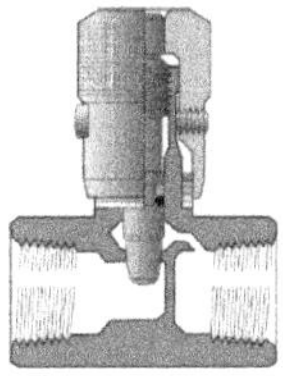

（续）

条目号	图形	描述	典型实物
6.1.4.2	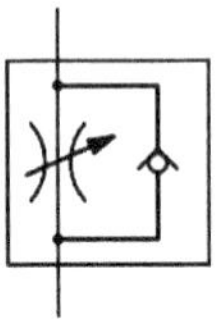	单向节流阀	 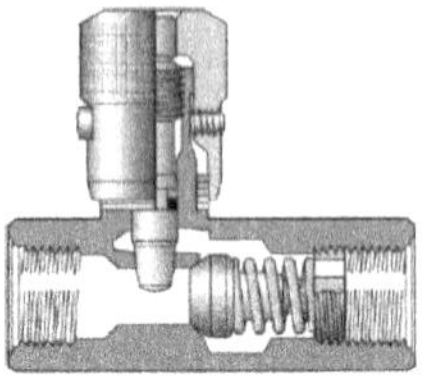
6.1.4.3	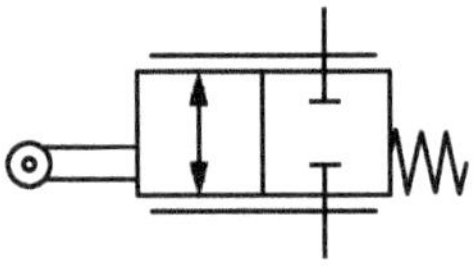	流量控制阀（滚轮连杆控制，弹簧复位）	 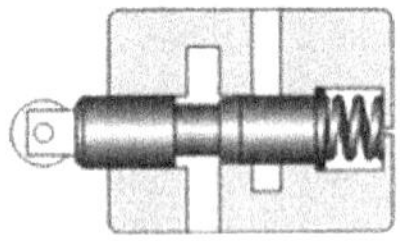
6.1.4.4	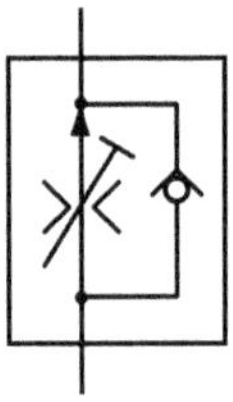	二通流量控制阀（开口度预设置，单向流动，流量特性基本与压降和黏度无关，带有旁路单向阀）	 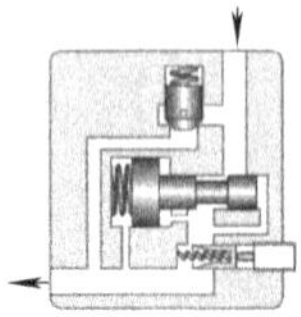
6.1.4.5	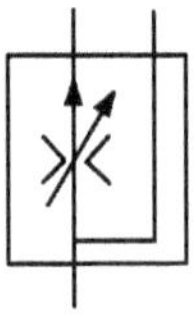	三通流量控制阀（开口度可调节，将输入流量分成固定流量和剩余流量）	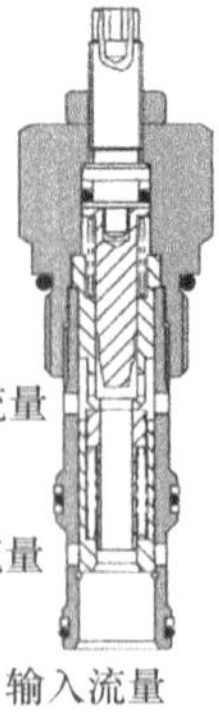 剩余流量 固定流量 输入流量

（续）

条目号	图形	描述	典型实物
6.1.4.6	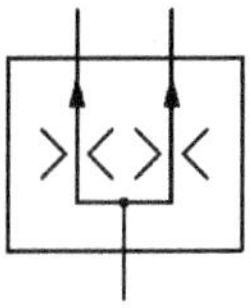	分流阀（将输入流量分成两路输出流量）	 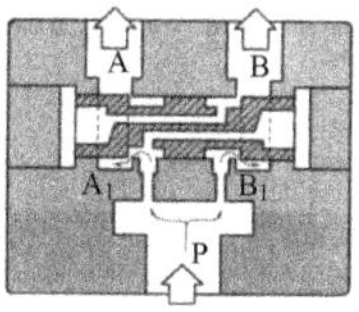
6.1.4.7	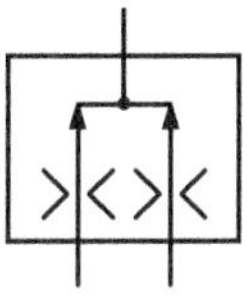	集流阀（将两路输入流量合成一路输出流量）	

表4-13　单向阀和梭阀（液压）

条目号	图形	描述	典型实物
6.1.5.1		单向阀（只能在一个方向自由流动）	
6.1.5.2		单向阀（带有弹簧，只能在一个方向自由流动，常闭）	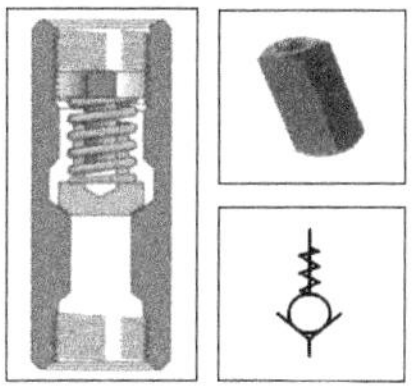
6.1.5.3	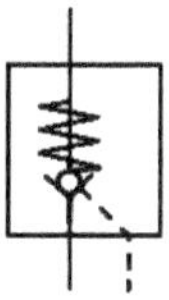	液控单向阀（带有弹簧，先导压力控制，双向流动）	 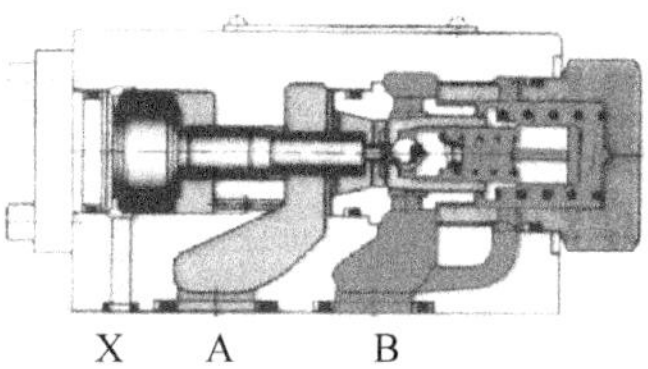

（续）

条目号	图形	描述	典型实物
6.1.5.4	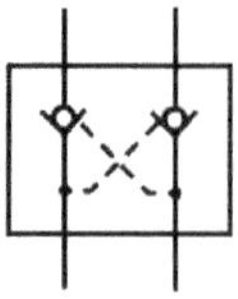	双液控单向阀	
6.1.5.5	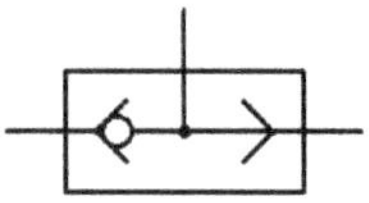	梭阀（逻辑为“或”，压力高的入口自动与出口接通）	 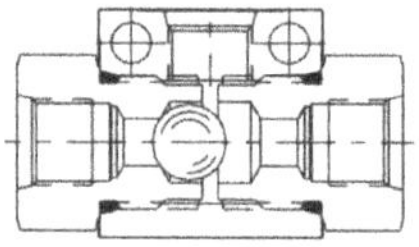

表 4-14 比例方向控制阀（液压）

条目号	图形	描述	典型实物
6.1.6.1	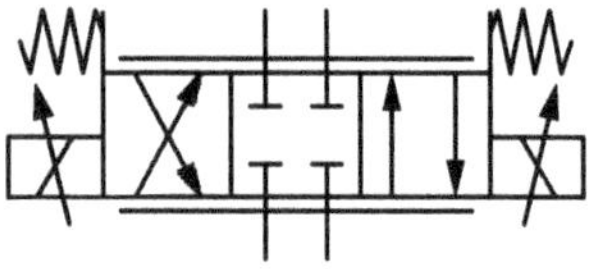	比例方向控制阀（直动式）	 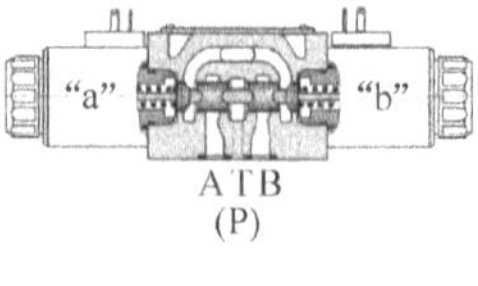 “a” “b” ATB (P)
6.1.6.2	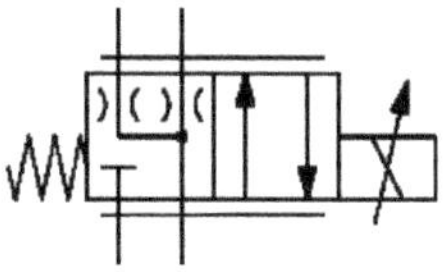	比例方向控制阀（直动式）	
6.1.6.3	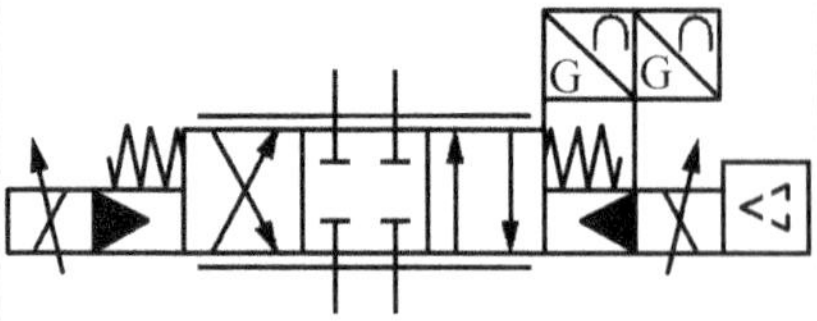 G G	比例方向控制阀（主级和先导级位置闭环控制，集成电子器件）	

（续）

条目号	图形	描述	典型实物
6.1.6.4	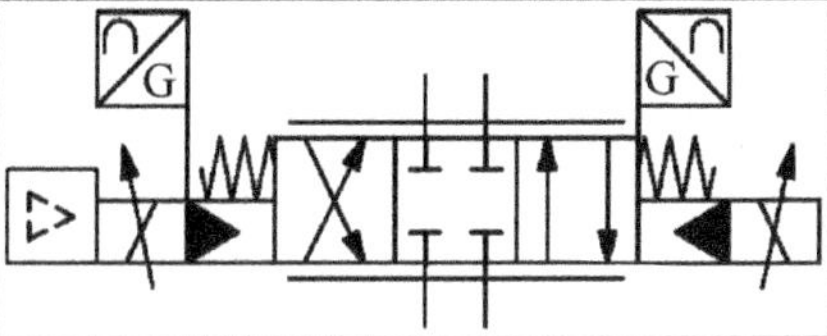	伺服阀（主级和先导级位置闭环控制，集成电子器件）	外形与6.1.6.3近似，略
6.1.6.5	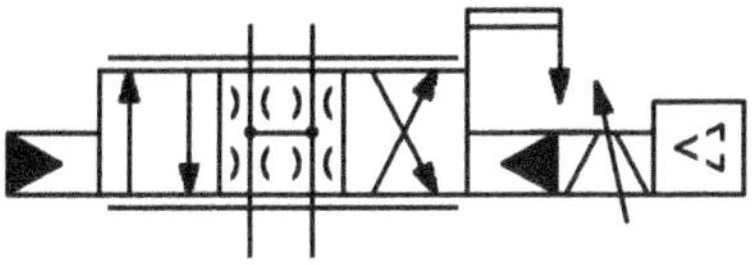	伺服阀（先导级带双线圈电气控制机构，双向连续控制，阀芯位置机械反馈到先导级，集成电子器件）	 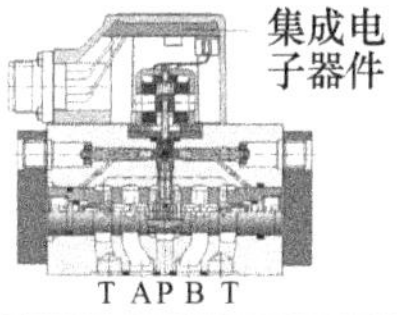 集成电子器件 T AP B T
6.1.6.6	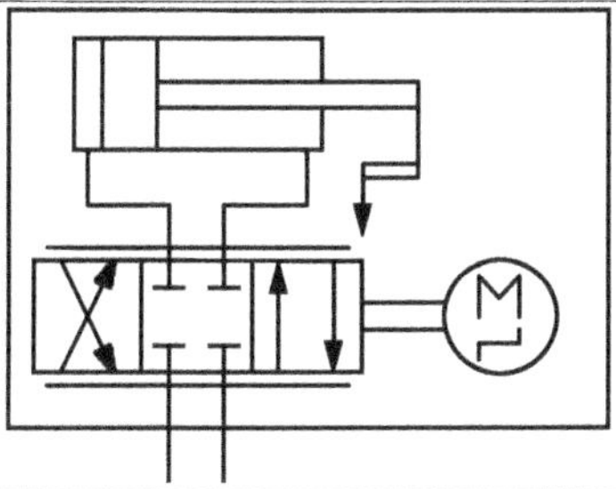	伺服阀控缸（伺服阀由步进电动机控制，液压缸带有机械位置反馈）	步进电动机、伺服阀与液压缸的组合，外形多样
6.1.6.7	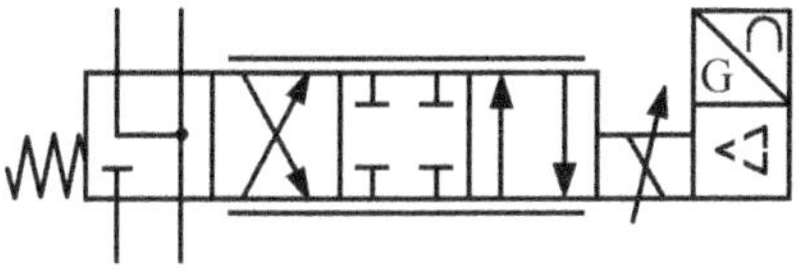	伺服阀（带有电源失效情况下的预留位置，电反馈，集成电子器件）	

表4-15 比例压力控制阀（液压）

条目号	图形	描述	典型实物
6.1.7.1	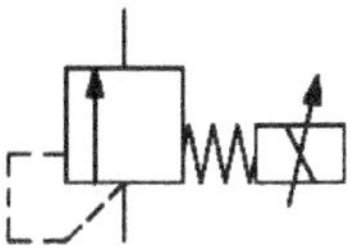	比例溢流阀（直动式，通过电磁铁控制弹簧来控制）	 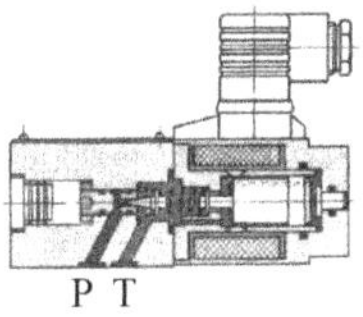 P T

（续）

条目号	图形	描述	典型实物
6.1.7.2	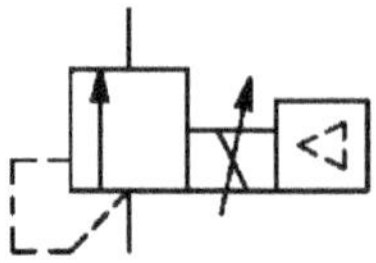	比例溢流阀（直动式，电磁铁直接控制，集成电子器件）	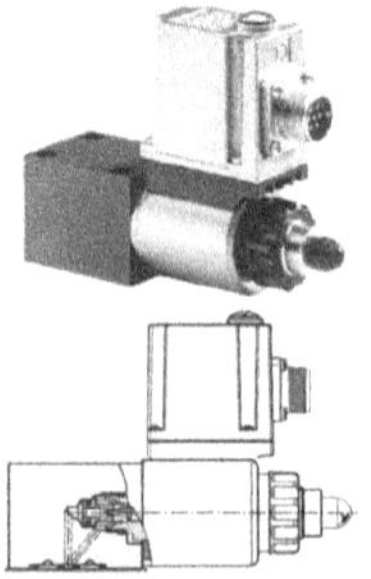
6.1.7.3	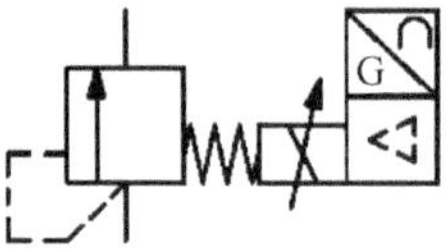	比例溢流阀（直动式，带有电磁铁位置闭环控制，集成电子器件）	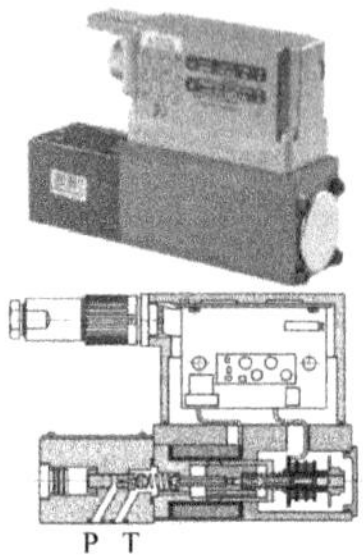 P T
6.1.7.4	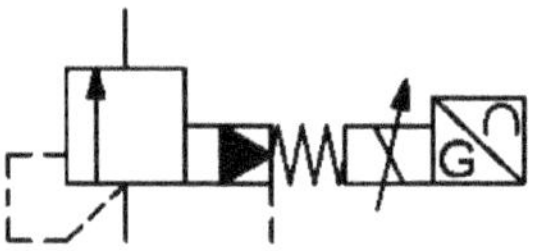	比例溢流阀（带有电磁铁位置反馈的先导控制，外泄型）	
6.1.7.5	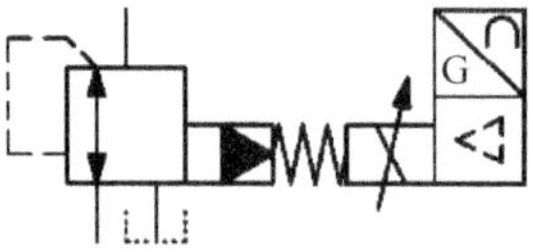	三通比例减压阀（带有电磁铁位置闭环控制，集成电子器件）	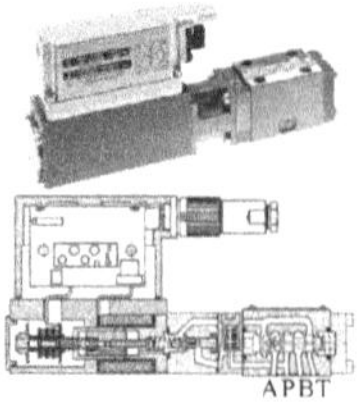 APBT
6.1.7.6	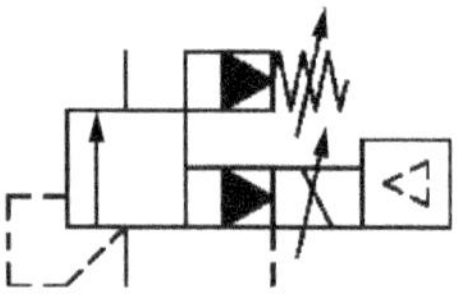	比例溢流阀（先导式，外泄型，带有集成电子器件，附加先导级以实现手动调节压力或最高压力下溢流功能）	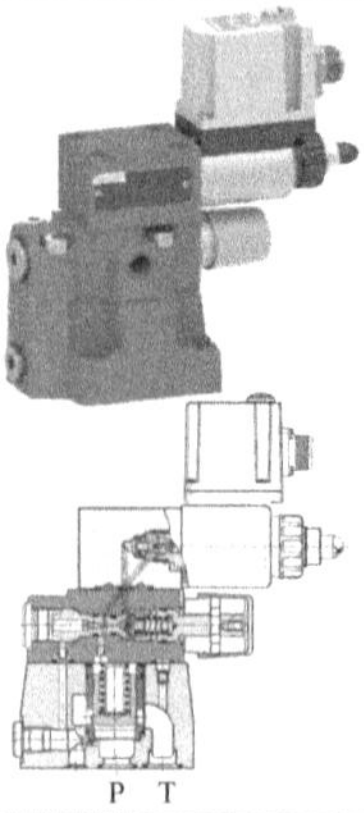 P T

表 4-16　比例流量控制阀（液压）

条目号	图形	描述	典型实物
6.1.8.1		比例流量控制阀（直动式）	
6.1.8.2	G	比例流量控制阀（直动式，带有电磁铁位置闭环控制，集成电子器件）	A P B T
6.1.8.3	G G	比例流量控制阀（先导式，主级和先导级位置控制，集成电子器件）	

（续）

条目号	图形	描述	典型实物
6.1.8.4		比例节流阀（不受黏度变化影响）	

表 4-17　二通盖板式插装阀（液压）

条目号	图形	描述
6.1.9.1	B A	压力控制和方向控制插装阀插件（锥阀结构，面积比 1∶1）
6.1.9.2	B A	压力控制和方向控制插装阀插件（锥阀结构，常开，面积比 1∶1）
6.1.9.3	B A	方向控制插装阀插件（带节流端的锥阀结构，面积比≤0.7）
6.1.9.4	B A	方向控制插装阀插件（带节流端的锥阀结构，面积比>0.7）

（续）

条目号	图形	描述
6.1.9.5	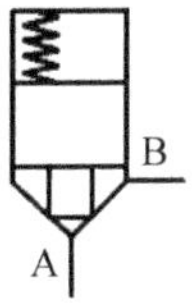	方向控制插装阀插件（锥阀结构，面积比≤0.7）
6.1.9.6	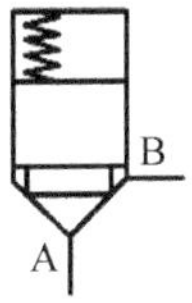	方向控制插装阀插件（锥阀结构，面积比>0.7）
6.1.9.7	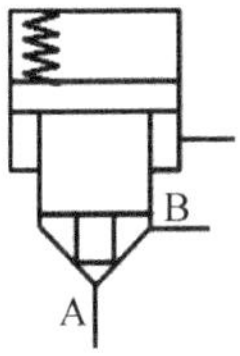	主动方向控制插装阀插件（锥阀结构，先导压力控制）
6.1.9.8	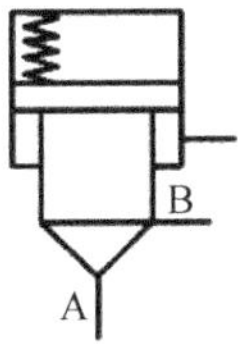	主动方向控制插装阀插件（B端无面积差）
6.1.9.9	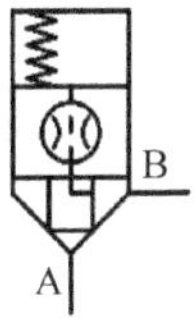	方向控制插装阀插件（单向流动，锥阀结构，内部先导供油，带有可替换的节流孔）
6.1.9.10	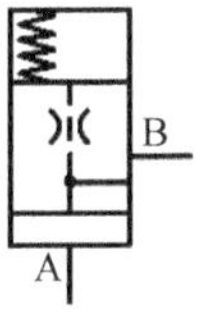	溢流插装阀插件（滑阀结构，常闭）
6.1.9.11	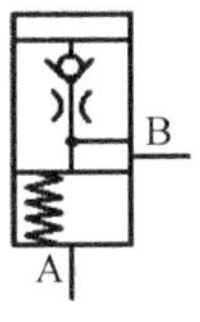	减压插装阀插件（滑阀结构，常闭，带有集成的单向阀）

（续）

条目号	图形	描述
6.1.9.12	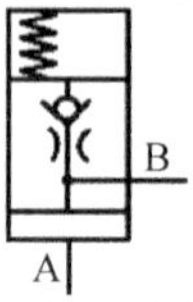 B A	减压插装阀插件（滑阀结构，常开，带有集成的单向阀）
6.1.9.13	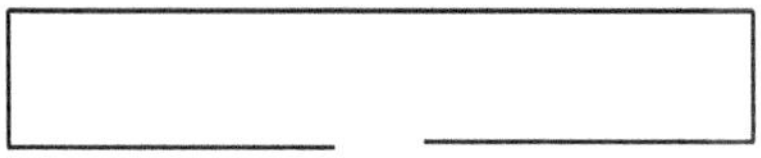	无端口控制盖板
6.1.9.14	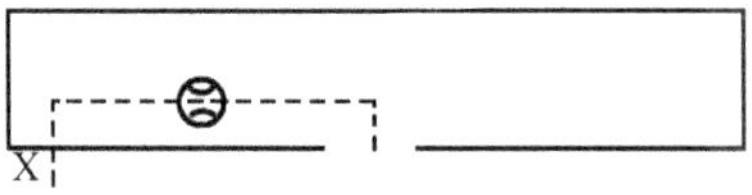 X	带有先导端口的控制盖板
6.1.9.15	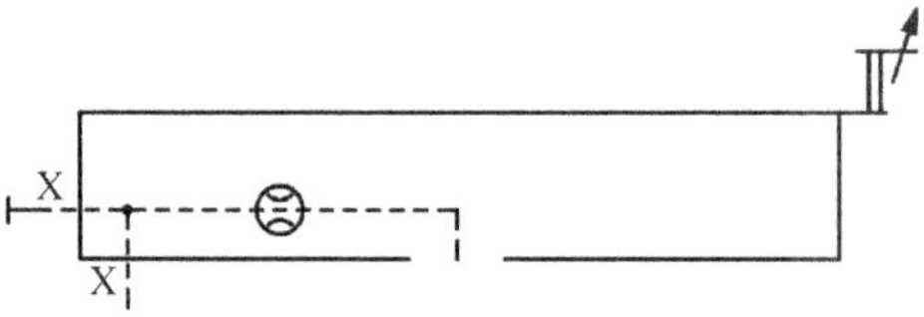 X X	带有先导端口的控制盖板（带有可调行程限制装置和遥控端口）
6.1.9.16	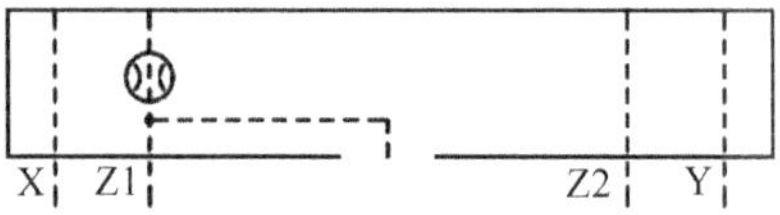 X Z1 Z2 Y	可安装附加元件的控制盖板
6.1.9.17	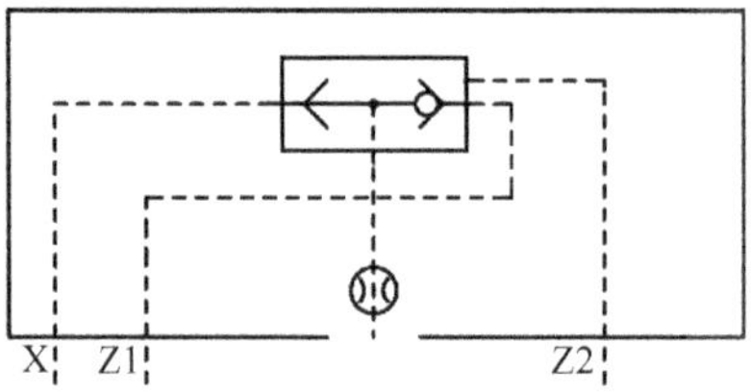 X Z1 Z2	带有梭阀的控制盖板，梭阀液压控制
6.1.9.18	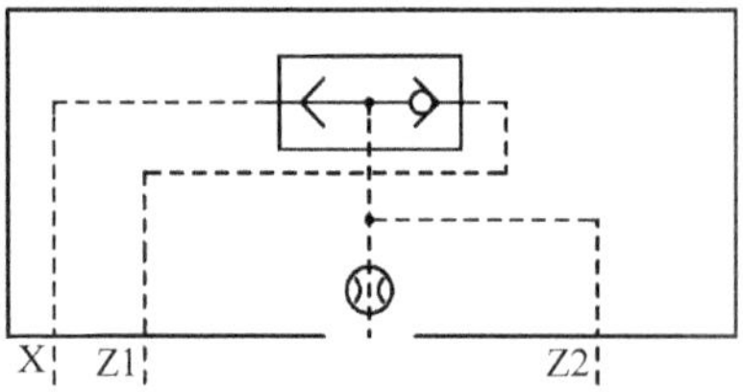 X Z1 Z2	带有梭阀的控制盖板
6.1.9.19	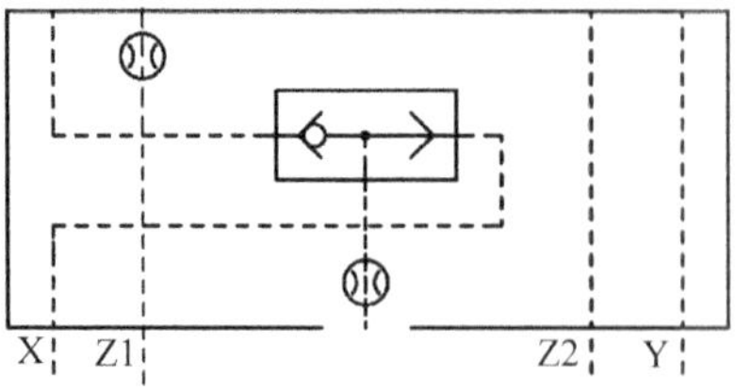 X Z1 Z2 Y	带有梭阀的控制盖板（可安装附加元件）

（续）

条目号	图形	描述
6. 1. 9. 20	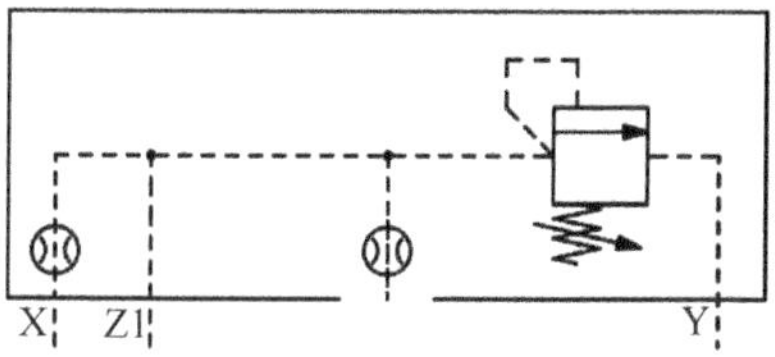	带有溢流功能的控制盖板
6. 1. 9. 21	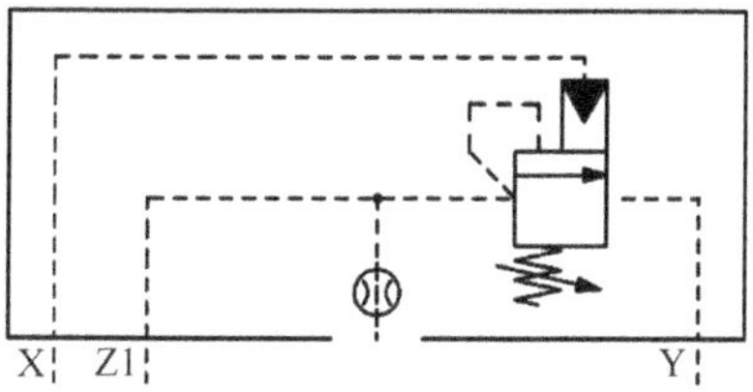	带有溢流功能和液压卸荷的控制盖板
6. 1. 9. 22	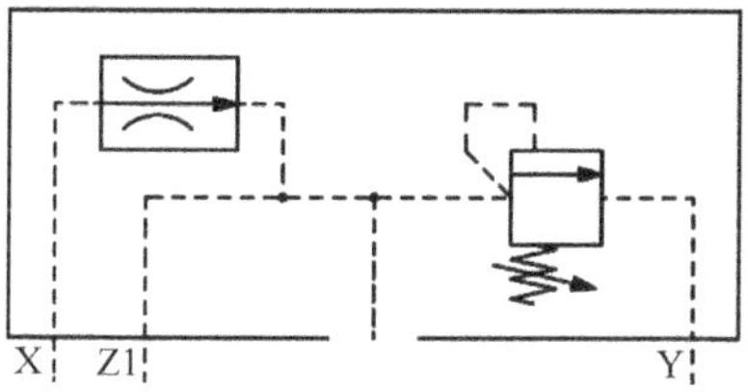	带有溢流功能的控制盖板（带有流量控制阀用来限制先导级流量）
6. 1. 9. 23	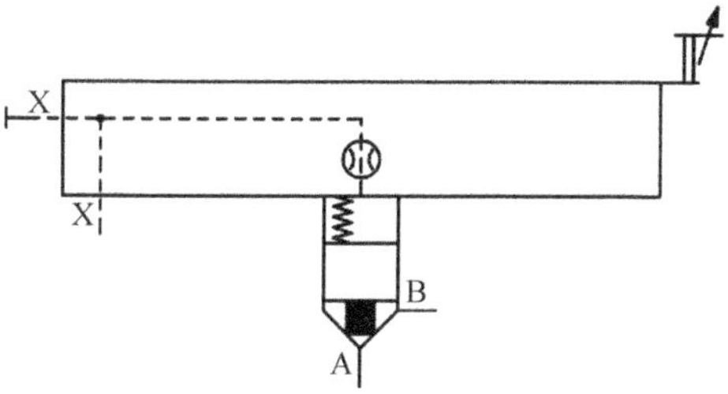	二通插装阀（带有行程限制装置）
6. 1. 9. 24	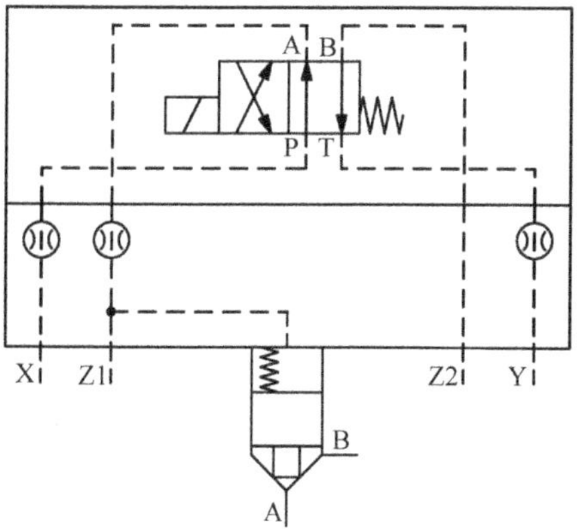	二通插装阀（带有内置方向控制阀）

（续）

条目号	图形	描述
6.1.9.25	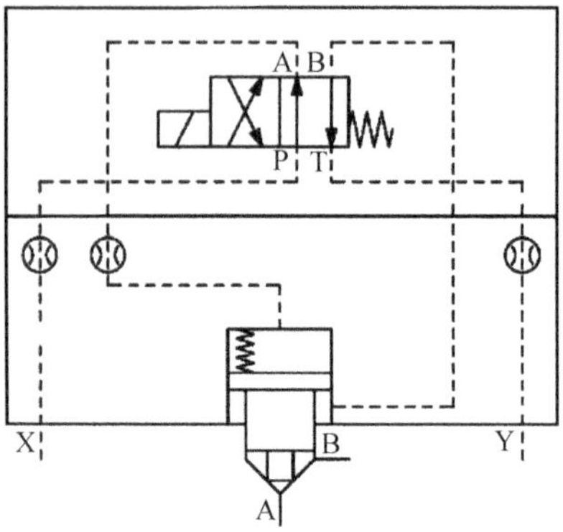 A B P T X B Y A	二通插装阀（带有内置方向控制阀，主动控制）
6.1.9.26	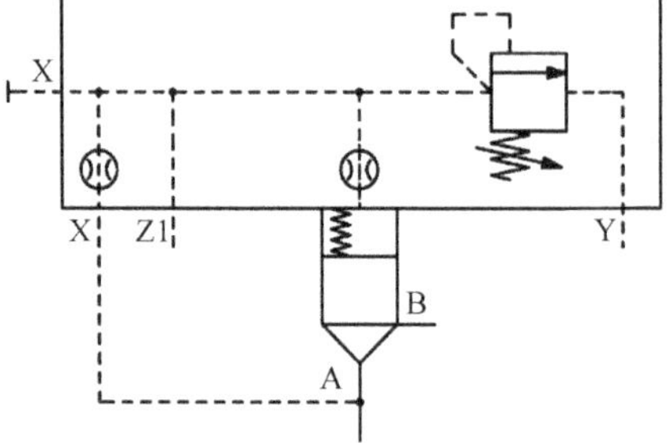 X X Z1 Y B A	二通插装阀（带有溢流功能）
6.1.9.27	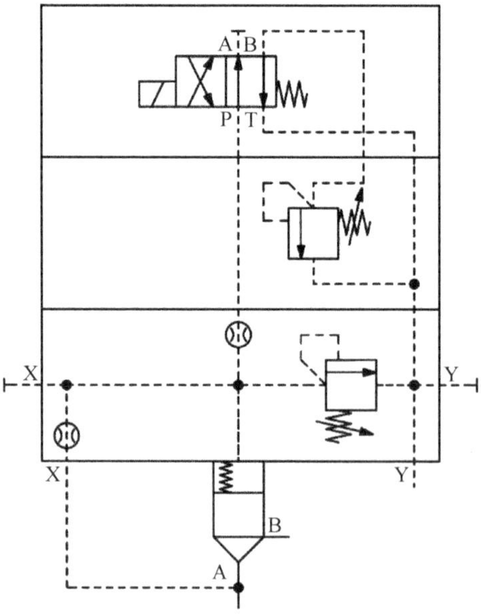 A B P T X Y X Y B A	二通插装阀（带有溢流功能，两种调节压力可选择）

（续）

条目号	图形	描述
6.1.9.28	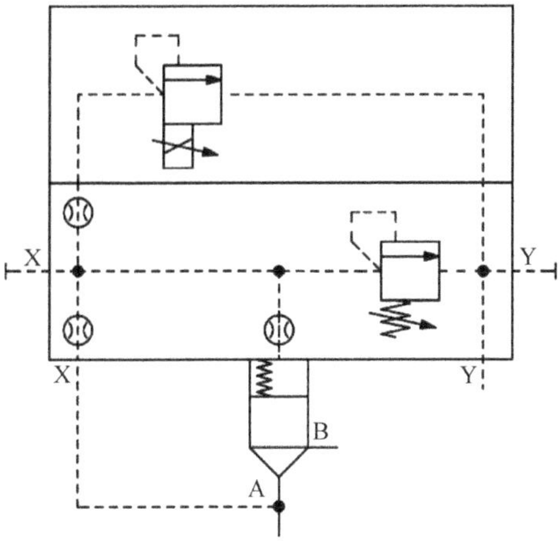 X Y X Y B A	二通插装阀（带有比例压力调节和手动最高压力设定功能）
6.1.9.29	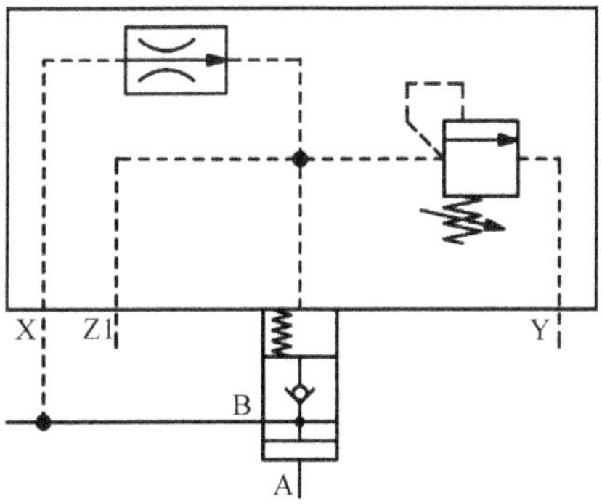 X Z1 Y B A	二通插装阀（带有减压功能，先导流量控制，高压控制）
6.1.9.30	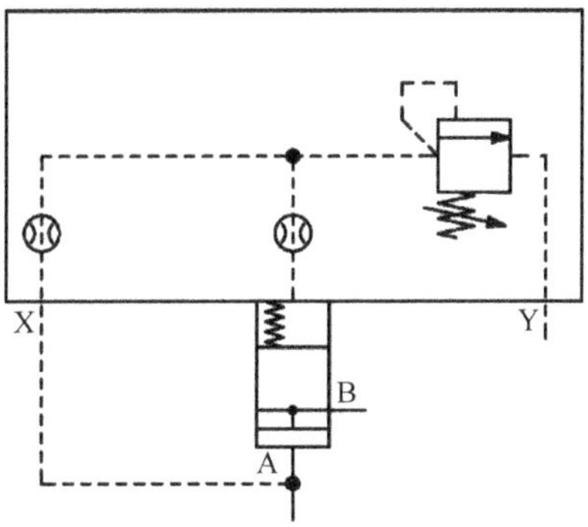 X Y B A	二通插装阀（带有减压功能，低压控制）

表 4-18 控制机构（气动）

条目号	图形	描述	实物/说明
7.1.1.1		带有可拆卸把手和锁定要素的控制机构	控制方式，外形多样
7.1.1.2	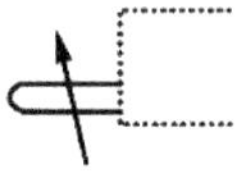	带有可调行程限位的推杆	控制方式，外形多样
7.1.1.3	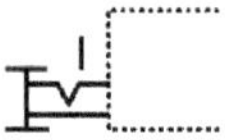	带有定位的推/拉控制机构	 MOV-03
7.1.1.4	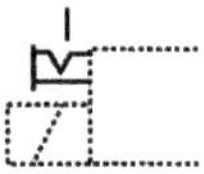	带有手动越权锁定的控制机构	
7.1.1.5	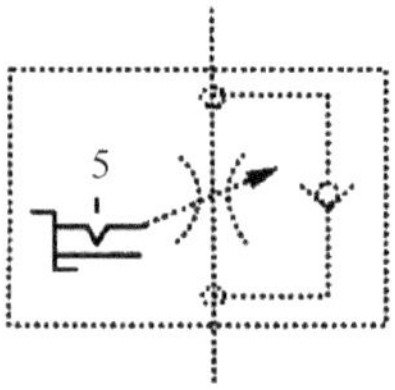 5	带有 5 个锁定位置的旋转控制机构	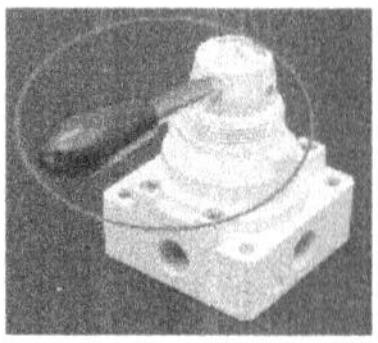
7.1.1.6	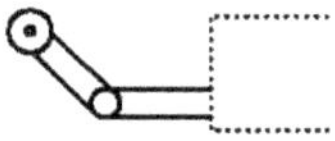	用于单向行程控制的滚轮杠杆	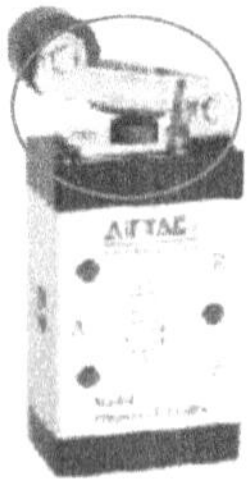 AIRTAC
7.1.1.7	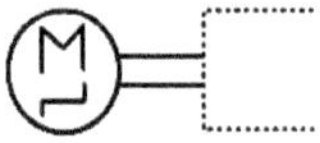 M	使用步进电动机的控制机构	

（续）

条目号	图形	描述	实物/说明
7.1.1.8	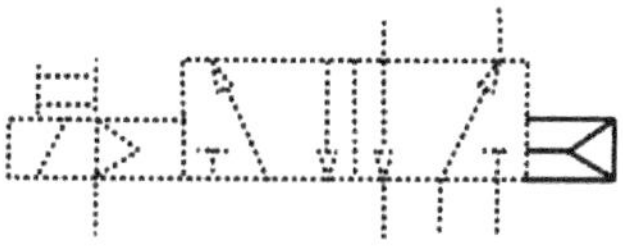	气压复位（从阀进气口提供内部压力）	气体通过阀内部通道作用于阀芯
7.1.1.9	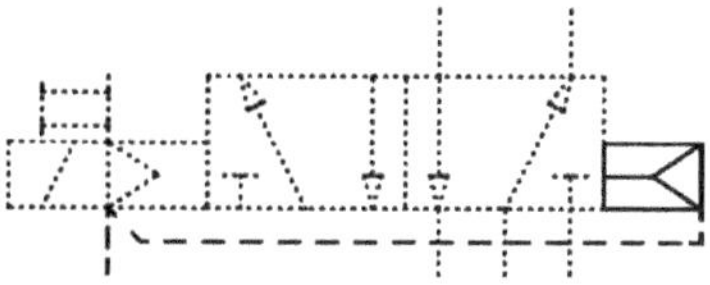	气压复位（从先导口提供内部压力） 注：为更易理解，图中标识出外部先导线	气体通过阀内部通道作用于阀芯
7.1.1.10		气压复位（外部压力源）	气体通过阀内部通道作用于阀芯
7.1.1.11	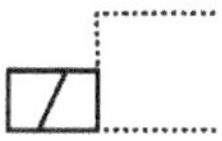	带有一个线圈的电磁铁（动作指向阀芯）	  DC24V 5.0W Voltage range: DC21.6V-26.4V 100%ED IP65 CE
7.1.1.12	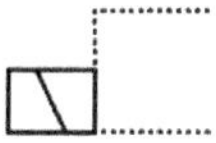	带有一个线圈的电磁铁（动作背离阀芯）	外形与7.1.1.11近似，略
7.1.1.13	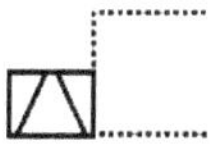	带有两个线圈的电气控制装置（动作指向或背离阀芯）	外形与7.1.1.11近似，略
7.1.1.14	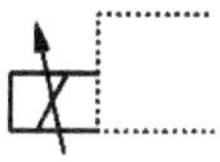	带有一个线圈的电磁铁（动作指向阀芯，连续控制）	
7.1.1.15	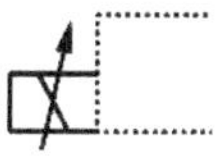	带有一个线圈的电磁铁（动作背离阀芯，连续控制）	外形与7.1.1.14近似，略

（续）

条目号	图形	描述	实物/说明
7.1.1.16	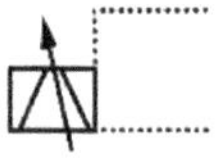	带两个线圈的电气控制装置（一个动作指向阀芯，另一个动作背离阀芯，连续控制）	外形与7.1.1.14近似，略
7.1.1.17	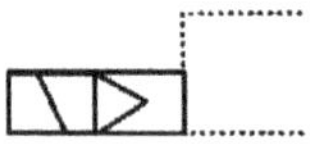	电控气动先导控制机构	

表4-19 方向控制阀（气动）

条目号	图形	描述	典型实物
7.1.2.1	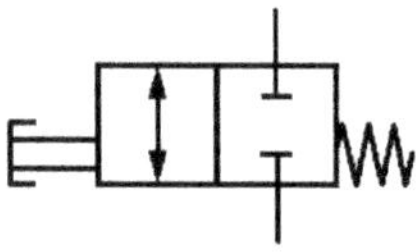	二位二通方向控制阀（推压控制，弹簧复位，常闭）	
7.1.2.2	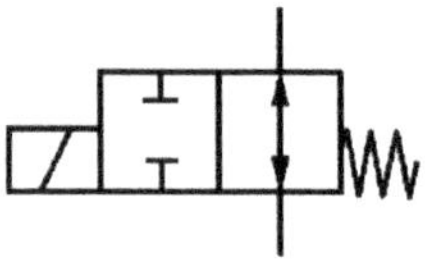	二位二通方向控制阀（电磁铁控制，弹簧复位，常开）	
7.1.2.3	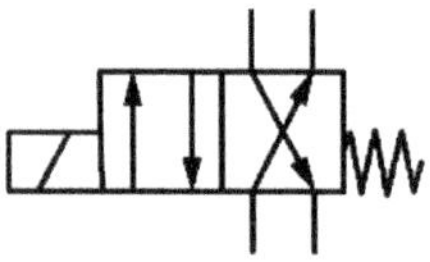	二位四通方向控制阀（电磁铁控制，弹簧复位）	

（续）

条目号	图形	描述	典型实物
7.1.2.4	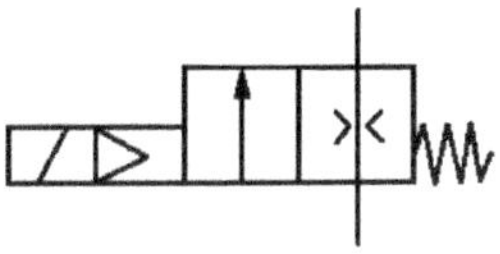	气动软启动阀（电磁铁控制内部先导控制）	
7.1.2.5	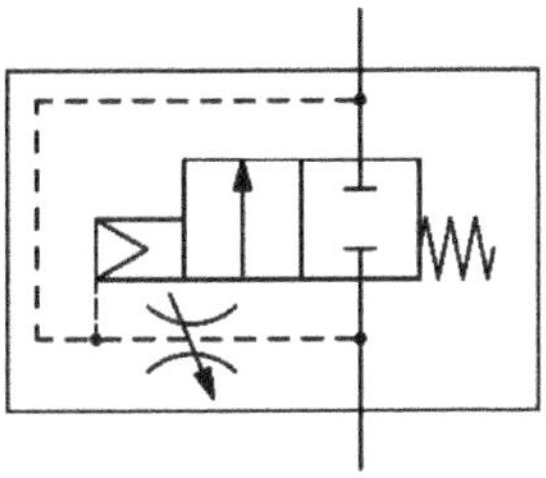	延时控制气动阀（其入口接入一个系统，使得气体低速流入直至达到预设压力才使阀口全开）	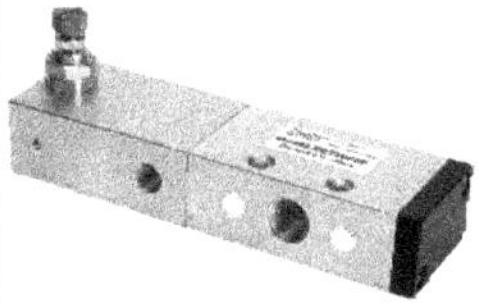
7.1.2.6	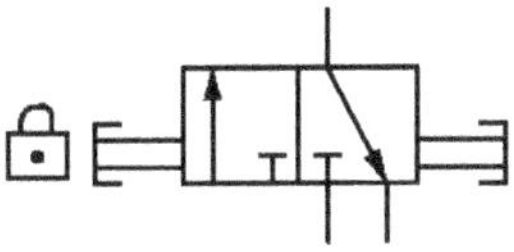	二位三通锁定阀（带有挂锁）	带锁控制方式，外形多样
7.1.2.7	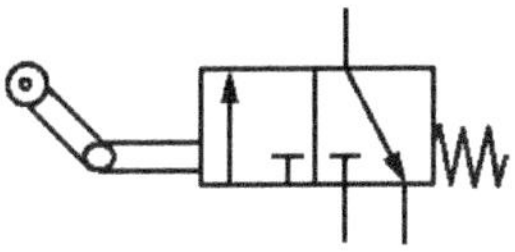	二位三通方向控制阀（滚轮杠杆控制，弹簧复位）	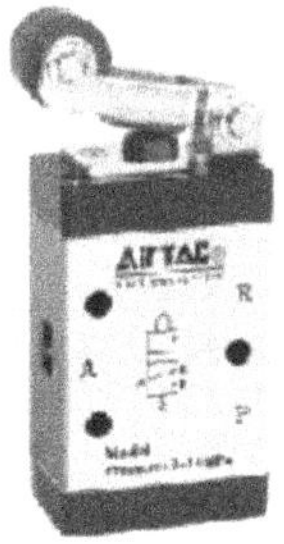
7.1.2.8	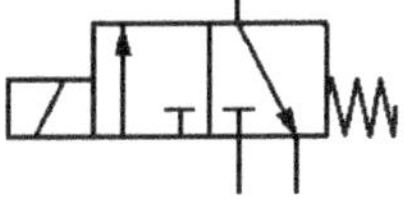	二位三通方向控制阀（单电磁铁控制，弹簧复位，常闭）	
7.1.2.9	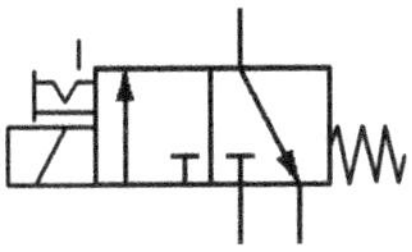	二位三通方向控制阀（单电磁铁控制，弹簧复位，手动锁定）	

（续）

条目号	图形	描述	典型实物
7.1.2.10	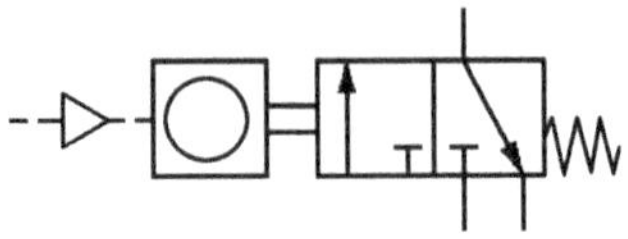	脉冲计数器（带有气动输出信号）	
7.1.2.11	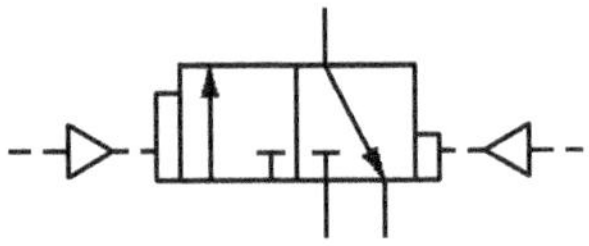	二位三通方向控制阀（差动先导控制）	
7.1.2.12	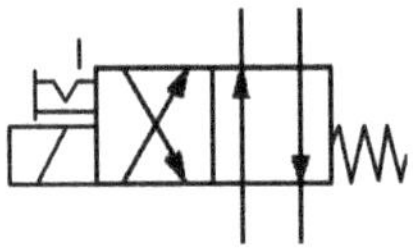	二位四通方向控制阀（单电磁铁控制，弹簧复位，手动锁定）	
7.1.2.13	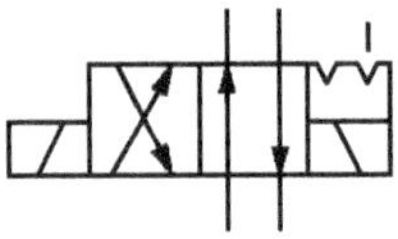	二位四通方向控制阀（双电磁铁控制，手动锁定，也称脉冲阀）	
7.1.2.14	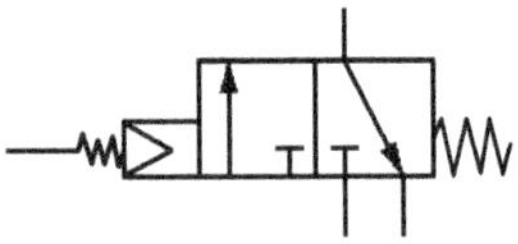	二位三通方向控制阀（气动先导和扭力杆控制，弹簧复位）	

（续）

条目号	图形	描述	典型实物
7.1.2.15	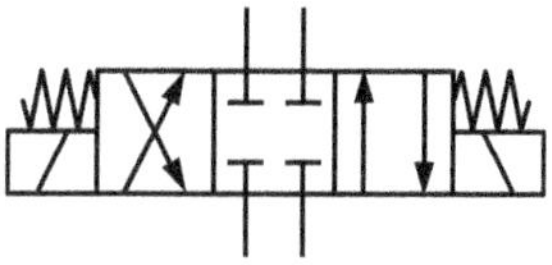	三位四通方向控制阀（弹簧对中，双电磁铁控制）	
7.1.2.16	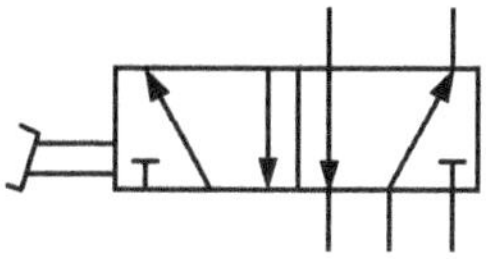	二位五通方向控制阀（踏板控制）	
7.1.2.17	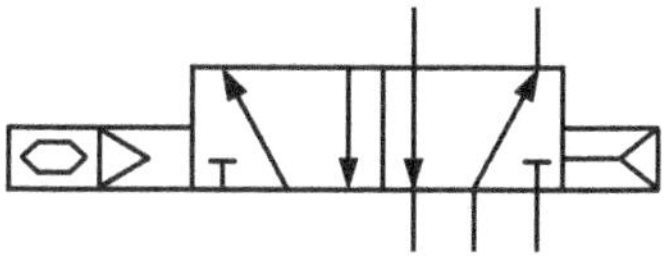	二位五通气动方向控制阀（先导式压电控制，气压复位）	
7.1.2.18	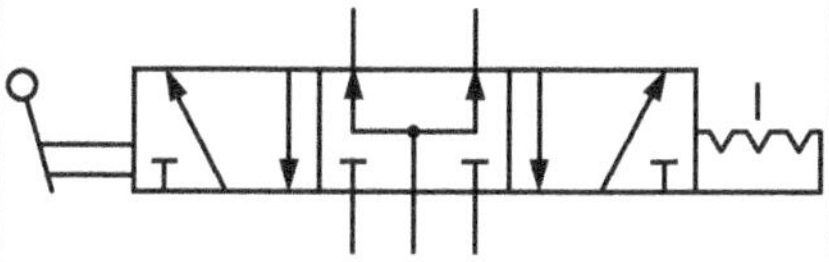	三位五通方向控制阀（手柄控制，带有定位机构）	
7.1.2.19	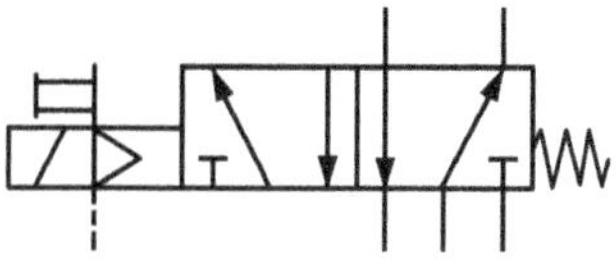	二位五通方向控制阀（单电磁铁控制，外部先导供气，手动辅助控制，弹簧复位）	
7.1.2.20	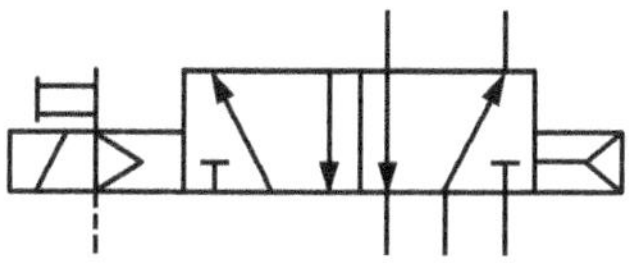 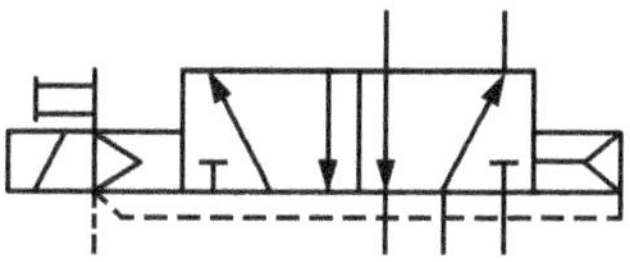 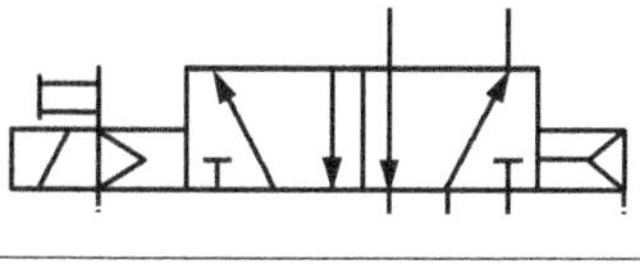	二位五通气动方向控制阀（电磁铁气动先导控制，外部先导供气，气压复位，手动辅助控制） 气压复位供压具有如下可能： —从阀进气口提供内部压力（X10440） —从先导口提供内部压力（X10441） —外部压力源（X10442）	外形与7.1.2.19近似，略

（续）

条目号	图形	描述	典型实物
7.1.2.21	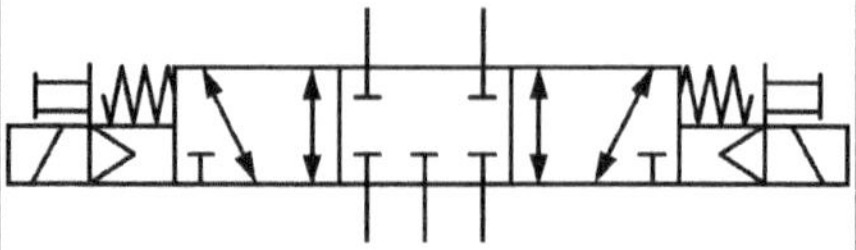	三位五通气动方向控制阀（中位断开，两侧电磁铁与内部气动先导和手动辅助控制，弹簧复位至中位）	
7.1.2.22	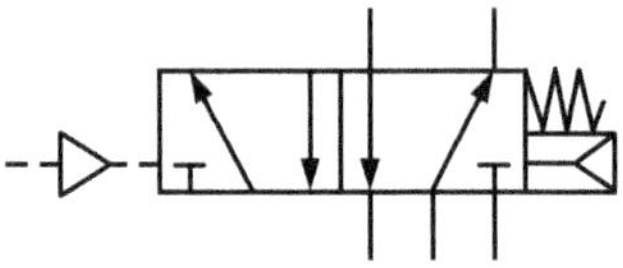	二位五通直动式气动方向控制阀（机械弹簧与气压复位）	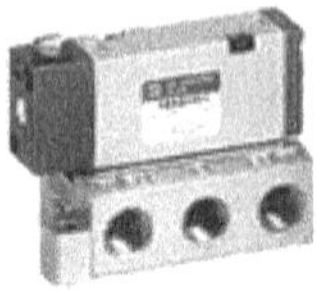
7.1.2.23	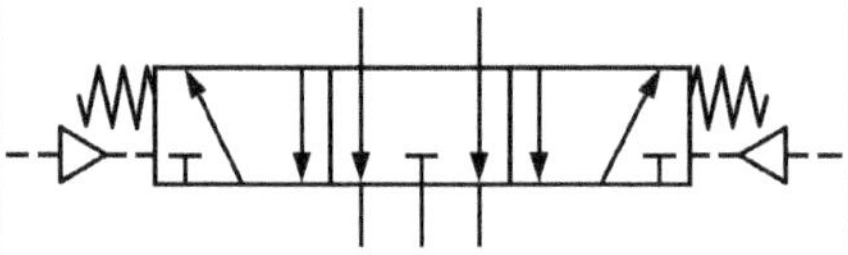	三位五通直动式气动方向控制阀（弹簧对中，中位时两出口都排气）	

表 4-20　压力控制阀（气动）

条目号	图形	描述	典型实物
7.1.3.1	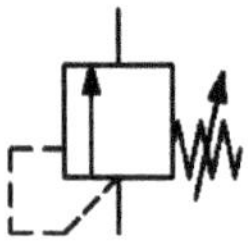	溢流阀（直动式，开启压力由弹簧调节）	
7.1.3.2	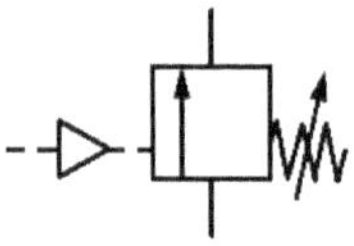	顺序阀（外部控制）	
7.1.3.3	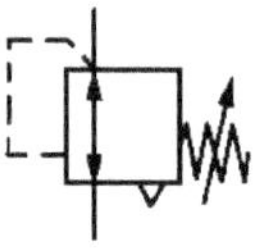	减压阀（内部流向可逆）	

（续）

条目号	图形	描述	典型实物
7. 1. 3. 4	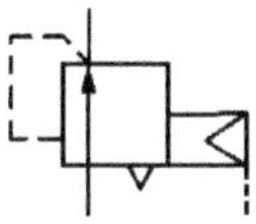	减压阀（远程先导可调，只能向前流动）	
7. 1. 3. 5	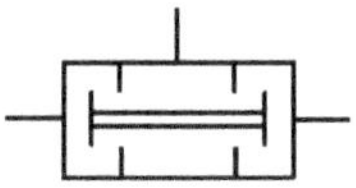	双压阀（逻辑为“与”，两进气口同时有压力时，低压力输出）	

表 4-21　流量控制阀（气动）

条目号	图形	描述	典型实物
7. 1. 4. 1		节流阀	
7. 1. 4. 2	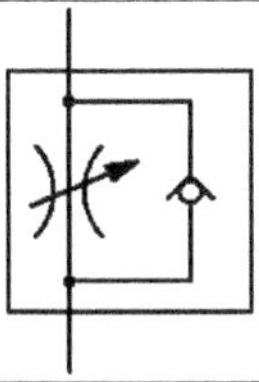	单向节流阀	外形与 7. 1. 4. 1 近似，略
7. 1. 4. 3	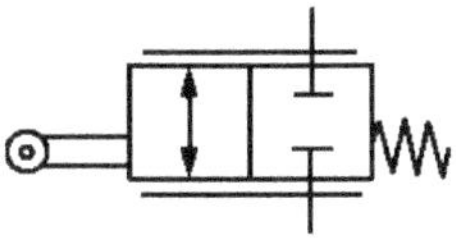	流量控制阀（带有滚轮连杆控制，弹簧复位）	

表 4-22　单向阀和梭阀（气动）

条目号	图形	描述	典型实物
7. 1. 5. 1		单向阀（只能在一个方向自由流动）	

（续）

条目号	图形	描述	典型实物
7.1.5.2		单向阀（带有弹簧，只能在一个方向自由流动，常闭）	
7.1.5.3	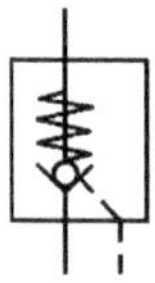	先导式单向阀（带有弹簧，先导压力控制，双向流动）	
7.1.5.4	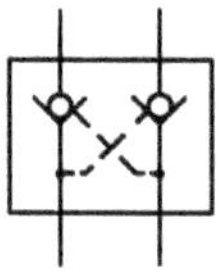	气压锁（双气控单向阀组）	
7.1.5.5	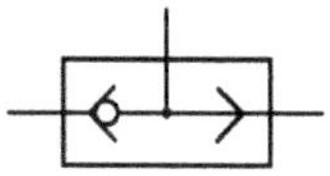	梭阀（逻辑为“或”，压力高的入口自动与出口接通）	
7.1.5.6	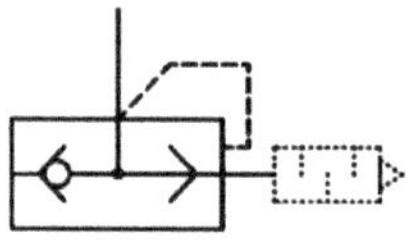	快速排气阀（带消声器）	

表 4-23　比例方向控制阀（气动）

条目号	图形	描述	典型实物
7.1.6.1	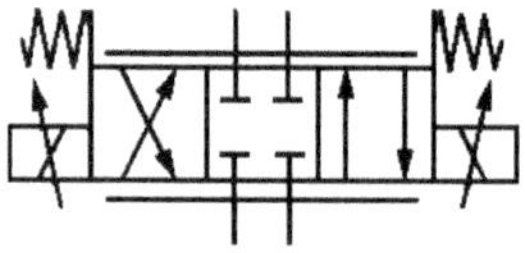	比例方向控制阀（直动式）	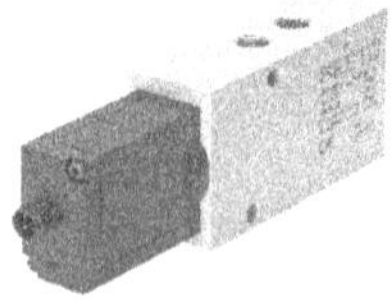

表 4-24　比例压力控制阀（气动）

条目号	图形	描述	典型实物
7.1.7.1	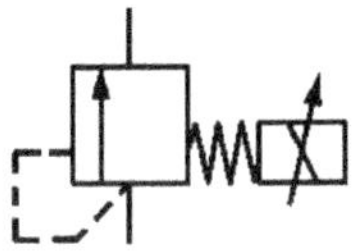	直动式比例溢流阀（通过电磁铁控制弹簧来控制）	
7.1.7.2	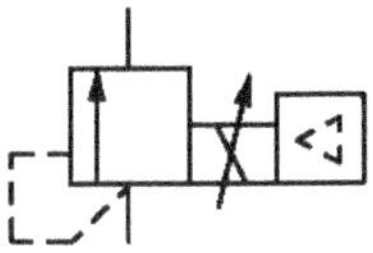	直动式比例溢流阀（电磁铁直接控制，带有集成电子器件）	外形与 7.1.7.1 近似，略
7.1.7.3	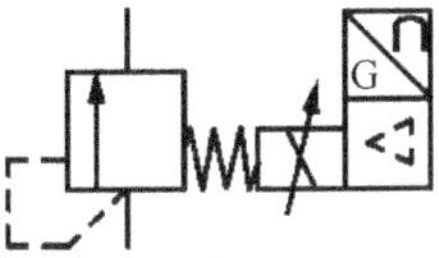 G	直动式比例溢流阀（带电磁铁位置闭环控制，集成电子器件）	外形与 7.1.7.1 近似，略

表 4-25　比例流量控制阀（气动）

条目号	图形	描述	典型实物
7.1.8.1	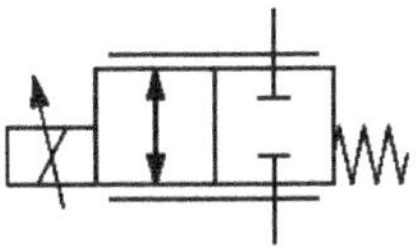	比例流量控制阀（直动式）	
7.1.8.2	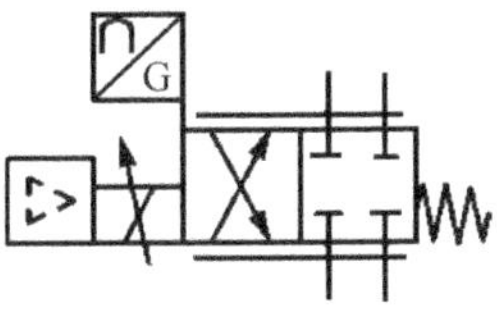 G	比例流量控制阀（直动式，带有电磁铁位置闭环控制，集成电子器件）	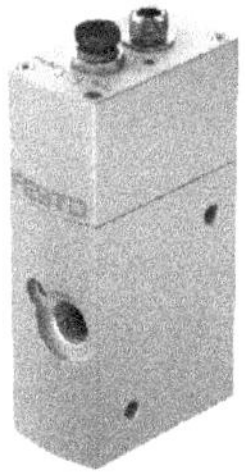

4.3　缸

包含各种类液压缸、气缸、气爪等符号绘制所需的基本要素、应用规则以及应用示例，并根据基本要素及应用设计了若干标准中未给出的行业新产品的图形符号供参考使用。

4.3.1 基本要素（见表 4-26）

表 4-26 基本要素

条目号	图形	描述	应用说明
8.2.3	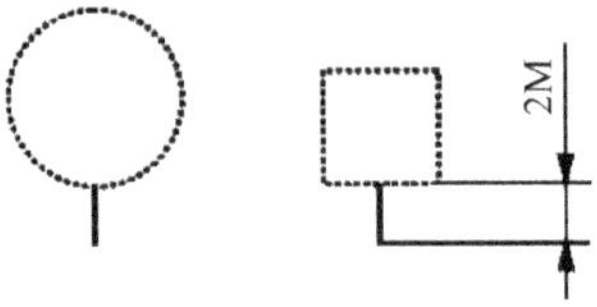 2M	端口 （油/气）口	元件的全部油口或气口均使用长度为 2M 的实线或虚线标示
8.4.16	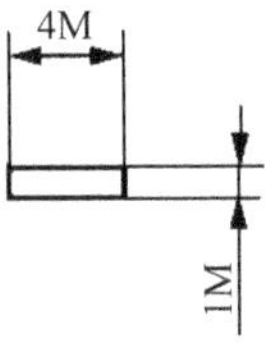 4M 1M	无杆缸的滑块	用于带式、绳索式等无杆缸外部滑块
8.4.18	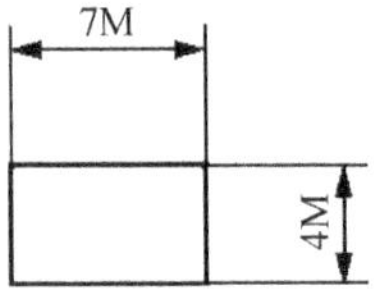 7M 4M	气爪的框线	相比于普通缸筒 8.4.20 的长度短
8.4.19	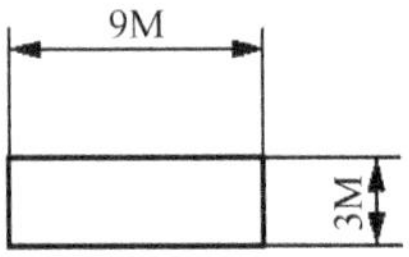 9M 3M	柱塞缸的活塞杆	与 8.4.21 多级缸缸筒配套使用
8.4.20	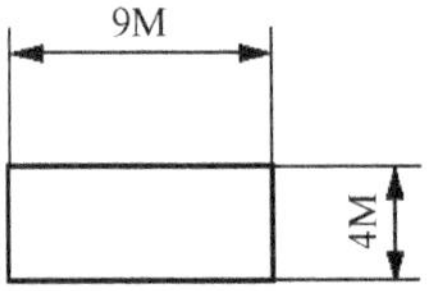 9M 4M	缸筒	用于多类普通液压缸、气缸的缸筒等
8.4.21	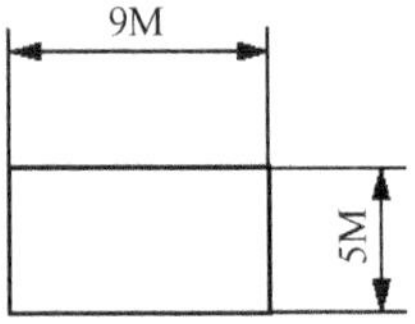 9M 5M	多级缸的缸筒	用于多级缸或柱塞缸的缸筒等
8.4.22	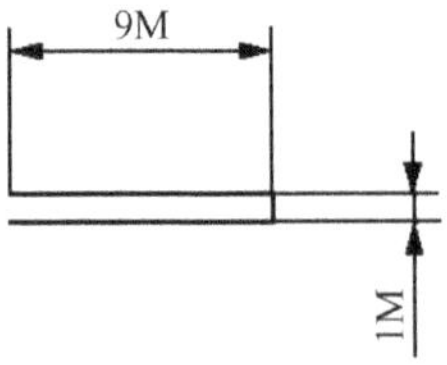 9M 1M	活塞杆	用于各类普通液压缸、气缸的活塞缸等

（续）

条目号	图形	描述	应用说明
8.4.23	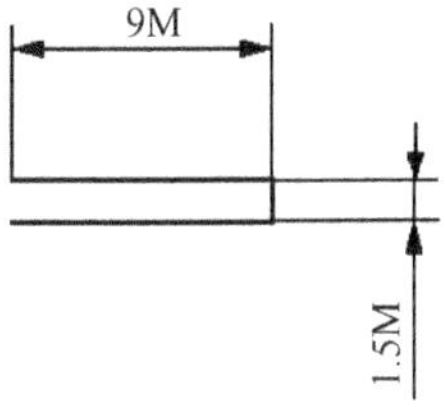	大直径活塞杆	用于活塞缸直径不等的双杆缸的大直径活塞杆等
8.4.24	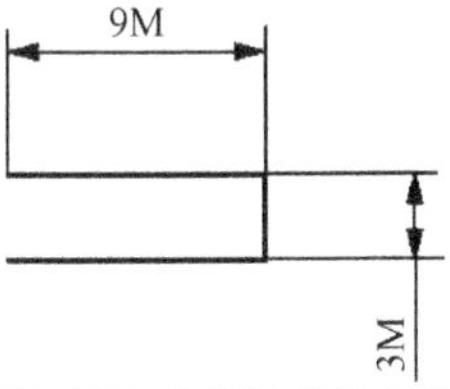	多级缸的活塞杆	用于单作用多级缸活塞杆
8.4.25	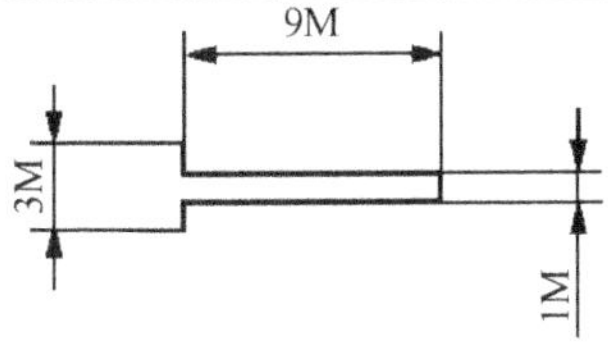	双作用多级缸的活塞杆	多级缸第二级
8.4.26	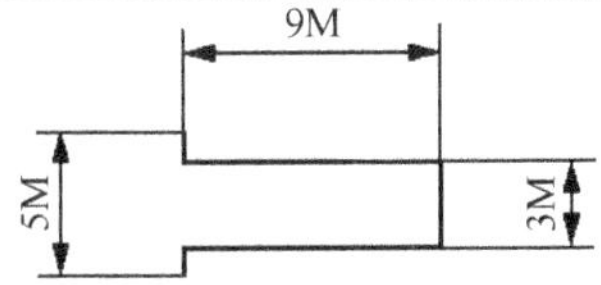	双作用多级缸的活塞杆	多级缸第一级，在第二级下部
8.4.27	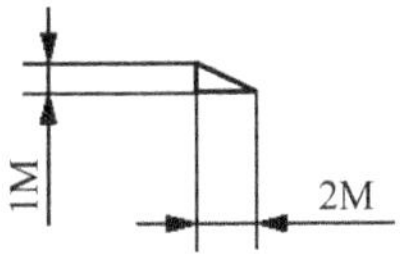	使用独立控制元件解锁的锁定装置	至于杠杆延长位置处，实现位置锁定
8.4.28	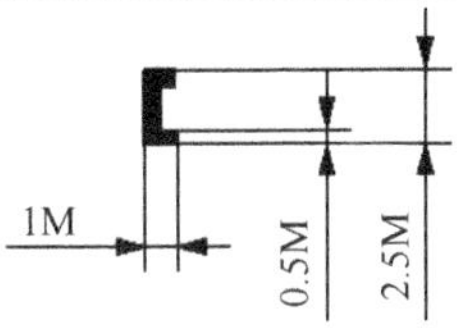	永磁铁	用于表示含有永磁的液压缸/气缸活塞、过滤器等
8.4.29	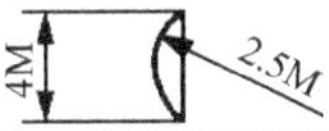	膜片，囊	用于膜片缸等
8.4.30	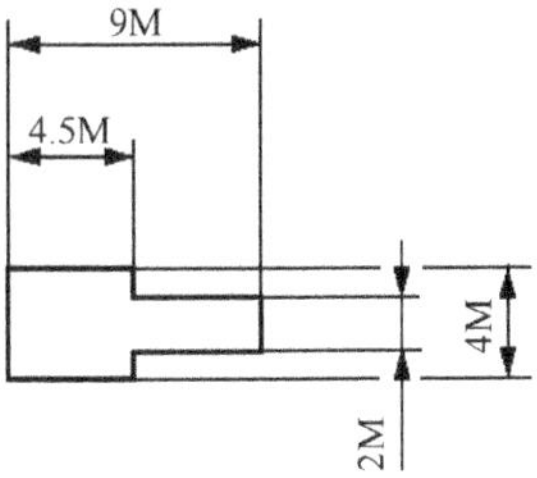	增压器的壳体	与8.4.31共同构成单作用增压器

（续）

条目号	图形	描述	应用说明
8.4.31		增压器的活塞	与 8.4.30 共同构成单作用增压器
8.4.32		向内作用的气爪	向内夹取
8.4.33		向外作用的气爪	向外抓取
8.4.34		排气口	用于单作用膜片缸、气动减压阀等
8.4.35		缸内缓冲	绘制于活塞两侧

（续）

条目号	图形	描述	应用说明
8. 4. 36	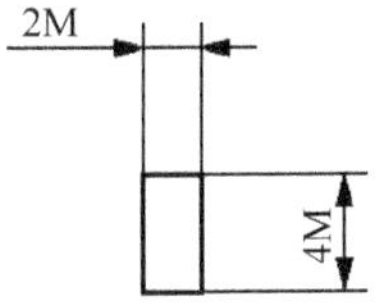 2M 4M	缸的活塞	用于表示液压缸/气缸、活塞式蓄能器的活塞等
8. 4. 55	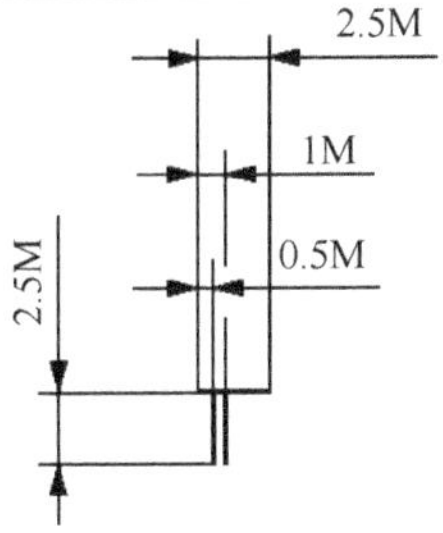 2.5M 1M 0.5M 2.5M	机械行程限位	用于表示泵、缸、盖板式插装阀控制盖板的机械行程限位等
8. 4. 61	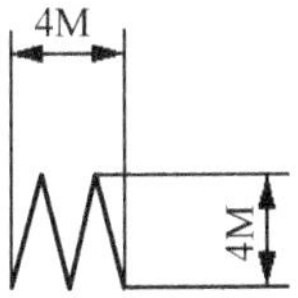 4M 4M	弹簧（气爪用）	相比于液压缸/气缸用弹簧短
8. 4. 62	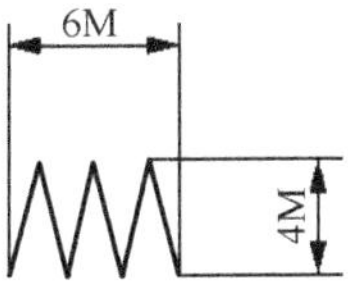 6M 4M	弹簧（缸用）	相比于气爪用弹簧长
8. 4. 63	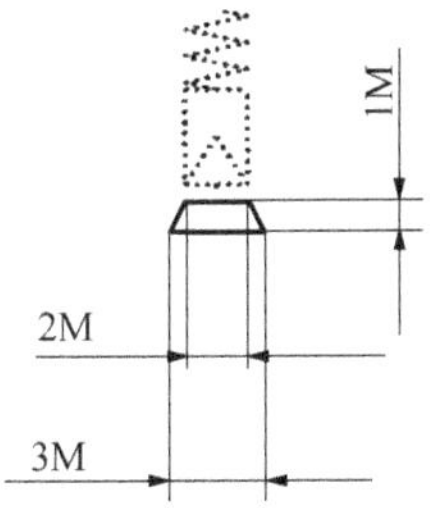 1M 2M 3M	活塞杆制动器	实现活塞杆任意位置加压制动
8. 4. 64	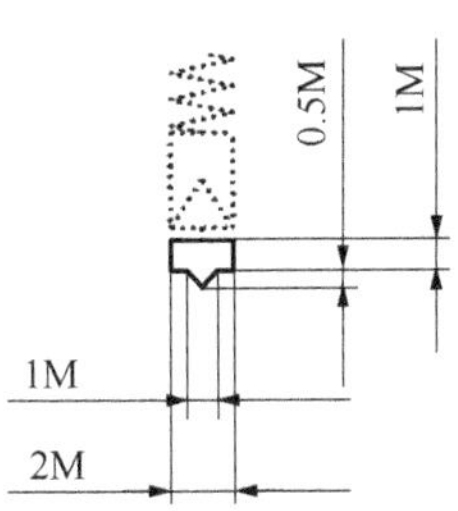 0.5M 1M 1M 2M	活塞杆锁定机构	实现活塞杆任意位置加压锁定

（续）

条目号	图形	描述	应用说明
8.6.1	30° 1M 3M 1M	可调节（如：行程限制）	用于表示机械行程限位的可调节等
8.6.2	1M 1.5M 3M	预设置（如：行程限制）	用于表示机械行程限位的预设置等
8.6.7	30° 1M 7.5M 2M	可调节（末端缓冲）	用于表示液压缸末端缓冲的可调节

注：在设计中如需使用泵、马达、阀、附件等元件辅助缸实现特定功能，所需基本要素及应用规则可参见相应章节，不做重复编排。

4.3.2 应用规则（见表4-27）

表4-27 应用规则

条目号	图形	描述	应用说明
9.5.1	1M 0.5M 0.5M 8M	活塞应距离缸端盖1M以上。连接端口距离缸的末端应当在0.5M以上	端口长度应为2M

（续）

条目号	图形	描述	应用说明
9.5.2	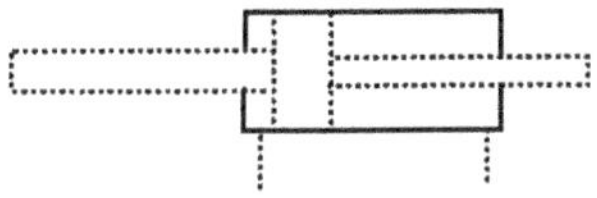	缸筒应与活塞杆要素相匹配	在活塞杆穿过处的缸筒线条擦去
9.5.3	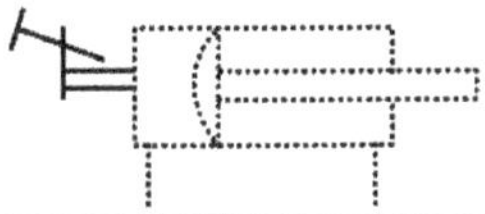	行程限位应在缸筒末端标出	—
9.5.4	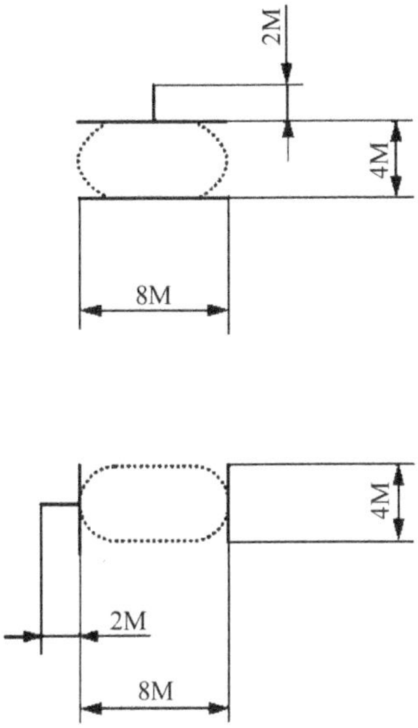	机械限位应以对称方式标出	波纹管缸、软管缸绘制规则
9.5.5	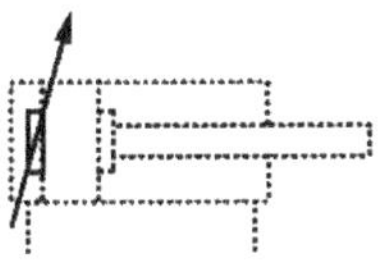	可调节机能由标识在调节要素中的箭头表示。如果有两个可调节要素，可调节机能应表示在其中间位置	末端缓冲的调节箭头。如果活塞两端缓冲均可调节，则箭头绘制于活塞中部

4.3.3 应用示例（见表4-28）

作为示例，标准中列出了若干可以全面展示基本要素和应用规则常用附件图形符号，应当注意并不是（也不可能）包含全部缸类元件的符号。

表4-28 应用示例

条目号	图形	描述	典型实物
6.3.1	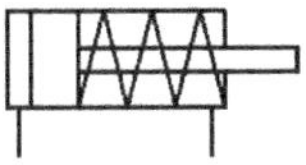	单作用单杆缸（靠弹簧力回程，弹簧腔带连接油口）	

（续）

条目号	图形	描述	典型实物
6.3.2	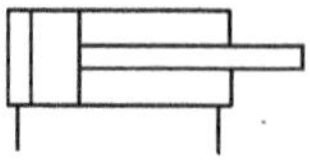	双作用单杆缸	外形与6.3.1近似，略
6.3.3	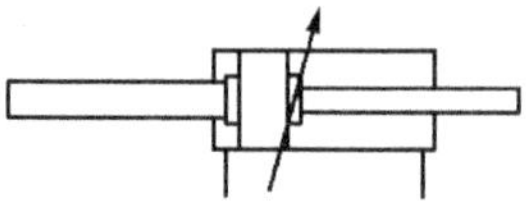	双作用双杆缸（活塞杆直径不同，双侧缓冲，右侧缓冲带调节）	
6.3.4	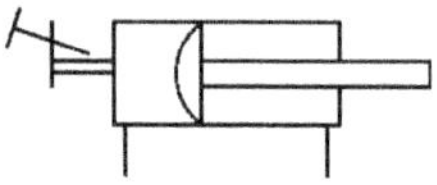	双作用膜片缸（带有预定行程限位器）	未见该例液压实物，气动中较多
6.3.5	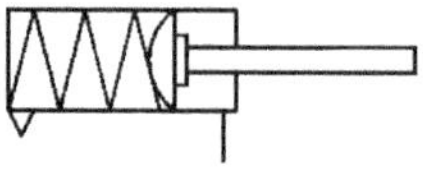	单作用膜片缸（活塞杆终端带有缓冲，带排气口）	未见该例液压实物，气动中较多
6.3.6	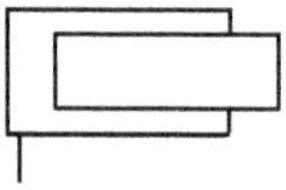	单作用柱塞缸	
6.3.7	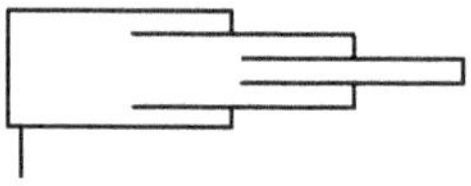	单作用多级缸	
6.3.8	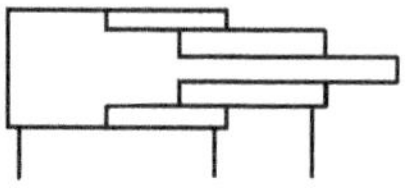	双作用多级缸	外形与6.3.7近似，略
6.3.9	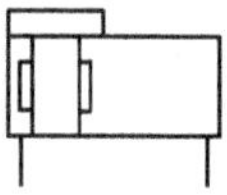	双作用带式无杆缸（活塞两端带有位置缓冲）	未见该例液压实物，气动中较多
6.3.10	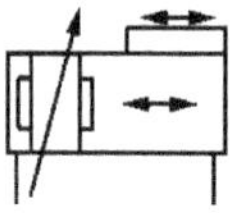	双作用绳索式无杆缸（活塞两端带有可调节位置缓冲）	未见该例液压实物，气动中较多
6.3.11	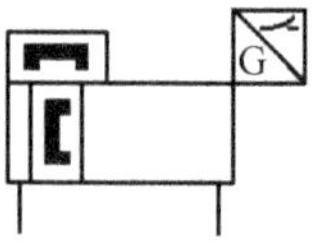	双作用磁性无杆缸（仅右边终端带有位置开关）	未见该例液压实物，气动中较多
6.3.12	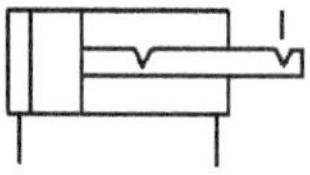	行程两端带有定位的双作用缸	外形与普通单出杆液压缸近似，略

（续）

条目号	图形	描述	典型实物
6.3.13	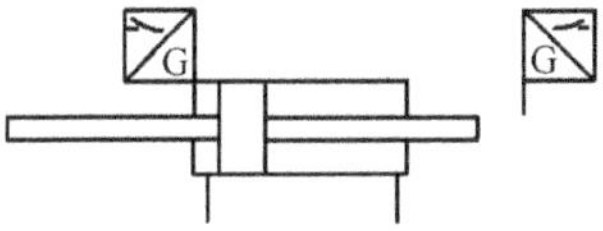 G G	双作用双杆缸（左终点带有内部限位开关，内部机械控制，右终点带有外部限位开关，由活塞杆触发）	外形与普通双出杆液压缸近似，略
6.3.14	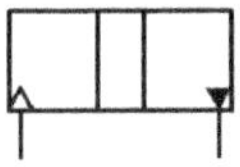	单作用气-液压力转换器（将气体压力转换为等值的液体压力）	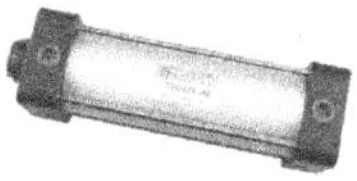
6.3.15	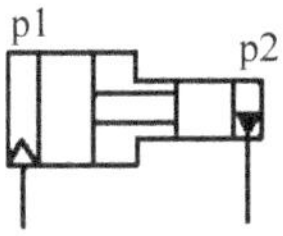 p1 p2	单作用增压器（将气体压力p1转换为更高的液体压力p2）	
7.3.1	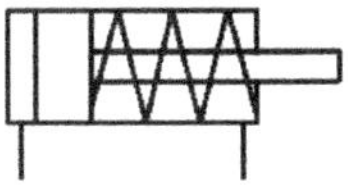	单作用单杆缸（弹簧复位，弹簧腔带连接气口）	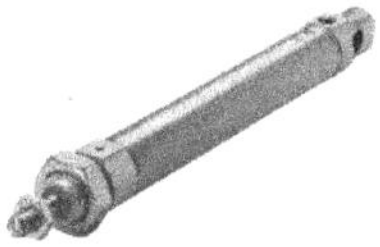  第二个为插装式气缸
7.3.2	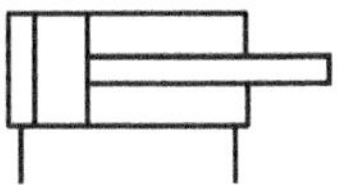	双作用单杆缸	

（续）

条目号	图形	描述	典型实物
7.3.3	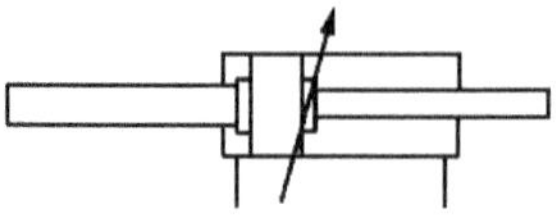	双作用双杆缸（活塞杆直径不同，双侧缓冲，右侧缓冲带调节）	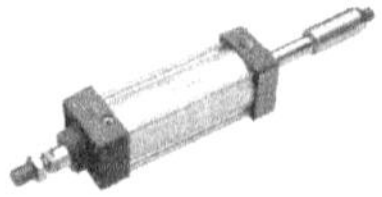
7.3.4	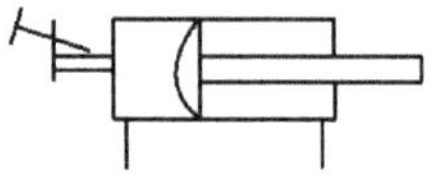	双作用膜片缸（带有预定行程限位器）	
7.3.5	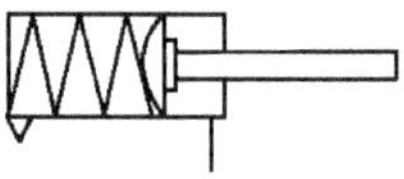	单作用膜片缸（活塞杆终端带缓冲，带排气口）	 
7.3.6	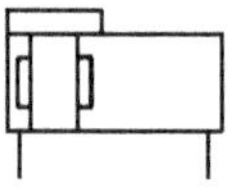	双作用带式无杆缸（活塞两端带有位置缓冲）	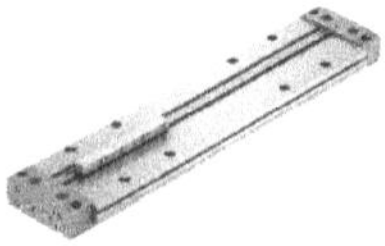
7.3.7	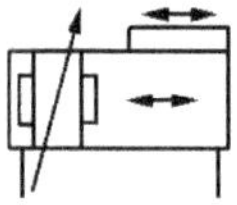	双作用缆索式无杆缸（活塞两端带有可调节位置缓冲）	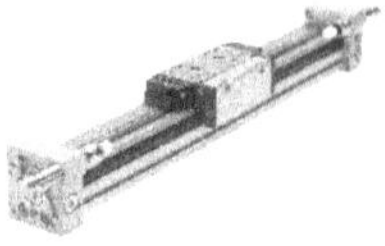
7.3.8	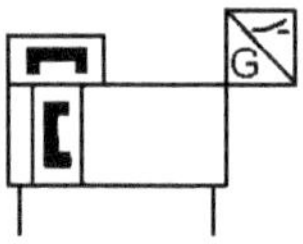 G	双作用磁性无杆缸（仅右边终端带有位置开关）	
7.3.9	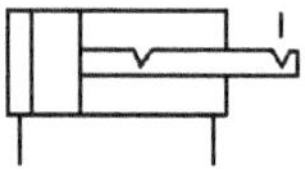	行程两端定位的双作用缸	外形与普通单出杆气缸近似，略
7.3.10	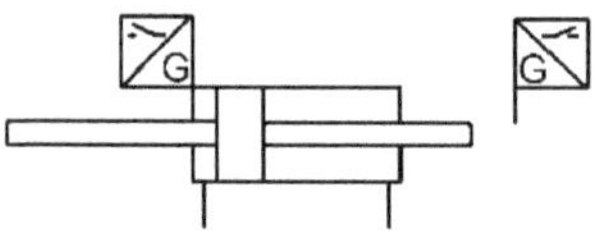 G G	双作用双杆缸（左终点带有内部限位开关，内部机械控制；右终点带有外部限位开关，由活塞杆触发）	外形与普通双出杆气缸近似，略

（续）

条目号	图形	描述	典型实物
7.3.11	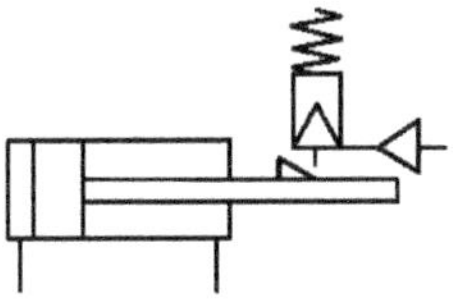	双作用单出杆缸（带有用于锁定活塞杆并通过在预定位置加压解锁的机构）	
7.3.12	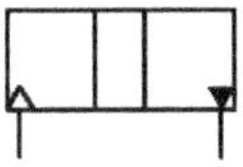	单作用压力气液转换器（将气体压力转换为等值的液体压力）	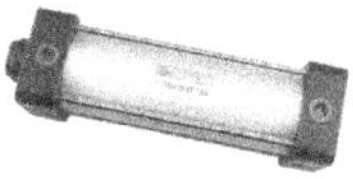
7.3.13	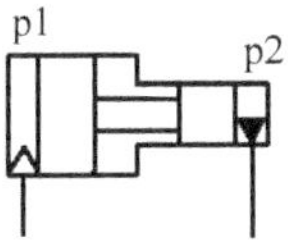 p1 p2	单作用增压器（将气体压力p1转换为更高的液体压力p2）	
7.3.14	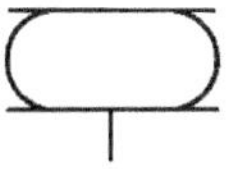	波纹管缸	
7.3.15	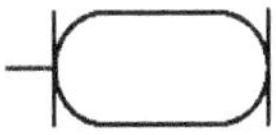	软管缸	
7.3.16	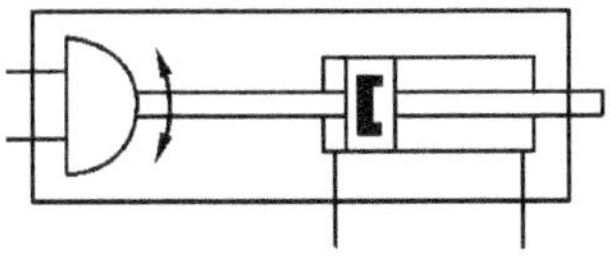	半回转线性驱动（永磁活塞双作用缸）	

（续）

条目号	图形	描述	典型实物
7.3.17		永磁活塞双作用夹具	
7.3.18		永磁活塞双作用夹具	外形与 7.3.17 类似，略
7.3.19		永磁活塞单作用夹具	外形与 7.3.17 类似，略
7.3.20		永磁活塞单作用夹具	
7.3.21		双作用气缸（带有可在任意位置加压解锁活塞杆的锁定机构）	外形与 7.3.11 近似，略
7.3.22		双作用气缸（带有活塞杆制动和加压释放装置）	外形与 7.3.11 近似，略

4.4 附件

包含各种液压与气动中应用的连接、管接头、电气装置、测试仪表、过滤器、热交换器、蓄能器、润滑点、真空发生器、吸盘等辅件类符号绘制所需的基本要素、应用规则以及应用示例，并根据基本要素及应用设计了若干标准中未给出的行业新产品的图形符号供参考使用。多数要素和元件符号还可应用于泵和马达、阀、缸等几类主要元件的辅助功能的表示。

4.4.1 基本要素（见表4-29）

表4-29　基本要素

条目号	图形	描述	应用说明
8.7.1	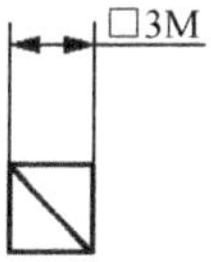 □3M	信号转换器（常规） 测量传感器	配套阀等元件的控制机构
8.7.2	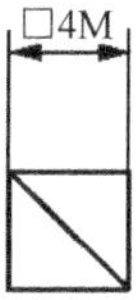 □4M	信号转换器（常规） 测量传感器	用于独立的信号转换元件
8.7.3	 * * *	* 输入信号 * * 输出信号	左下角为输入，右上角为输出，可根据需要旋转
8.7.4	F—流量 G—位置或长度 L—液位 P—压力或真空度 S—速度或频率 T—温度 W—重量或力	输入信号	其他类型输入信号可以参考引用标准的规定或自行定义
8.7.5	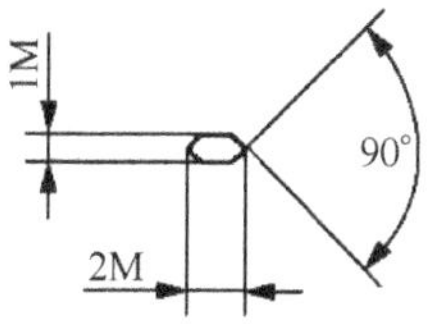 1M 90° 2M	压电控制机构的元件	气动阀压电控制机构要素
8.7.6	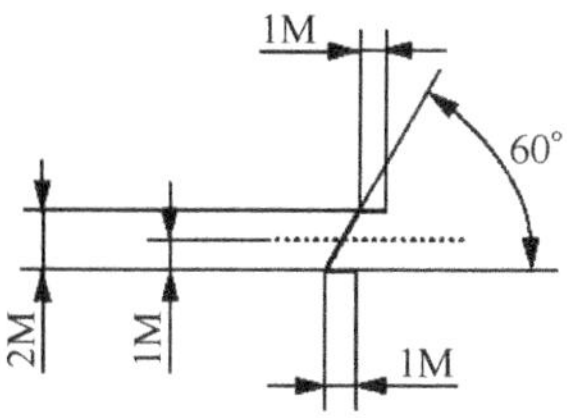 1M 60° 2M　1M　1M	电线	回路中使用

（续）

条目号	图形	描述	应用说明
8.7.7	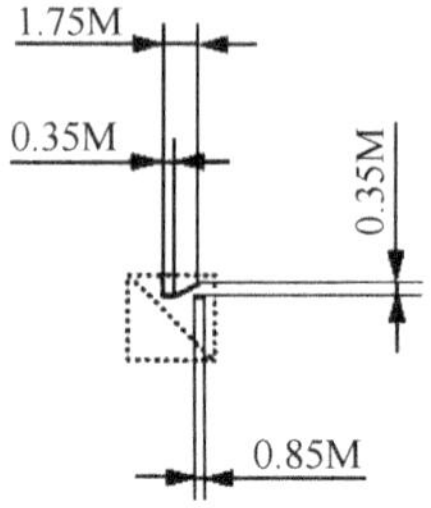 1.75M 0.35M 0.35M 0.85M	输出信号（电气开关信号）	—
8.7.8	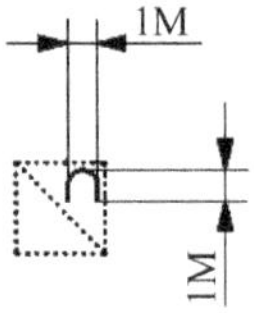 1M 1M	输出信号（电气模拟信号）	—
8.7.9	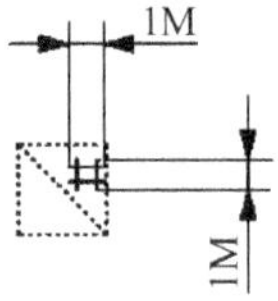 1M 1M	输出信号（电气数字信号）	—
8.7.10	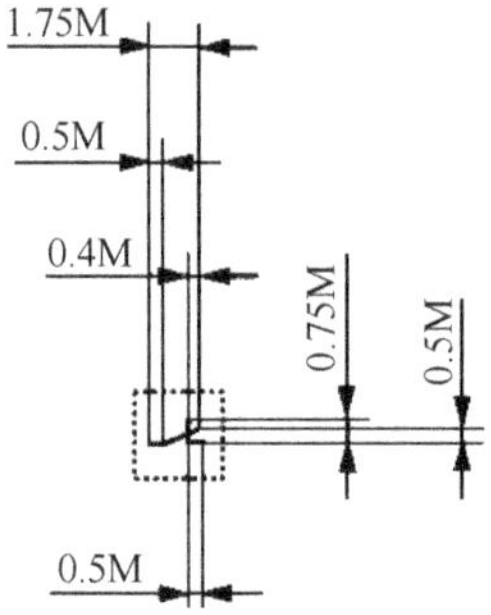 1.75M 0.5M 0.4M 0.75M 0.5M 0.5M	电气常闭触点	—
8.7.11	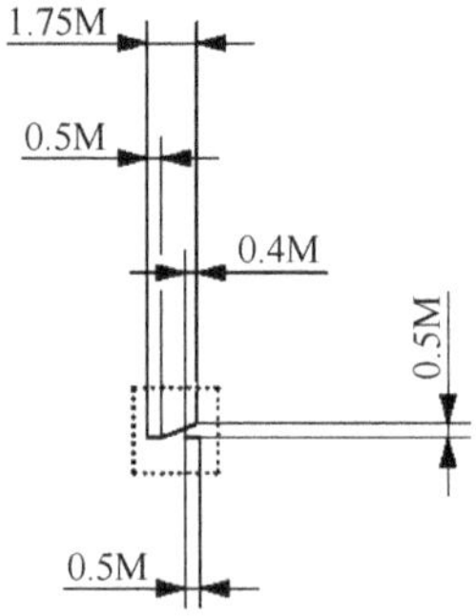 1.75M 0.5M 0.4M 0.5M 0.5M	电气常开触点	—

（续）

条目号	图形	描述	应用说明
8. 7. 12	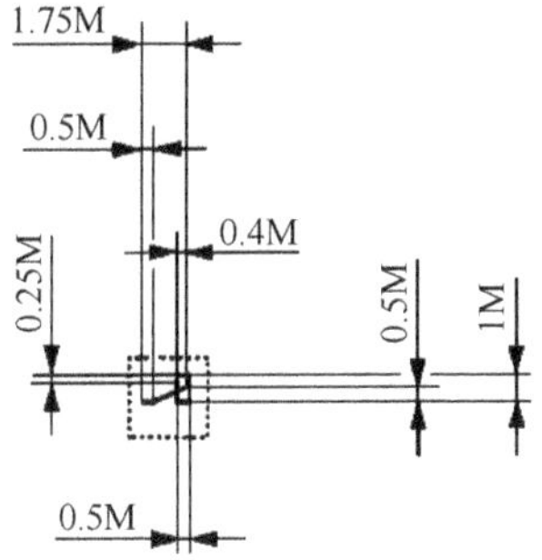 1.75M 0.5M 0.4M 0.25M 0.5M 1M 0.5M	电气转换开关	—
8. 7. 13	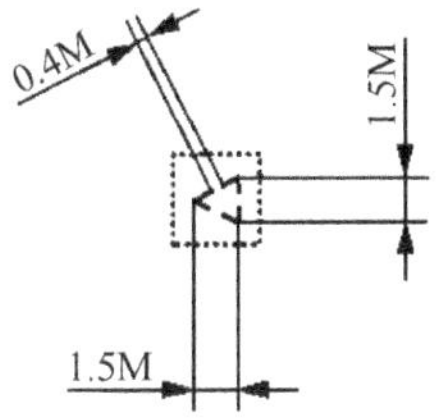 0.4M 1.5M 1.5M	集成电子器件	—
8. 7. 14	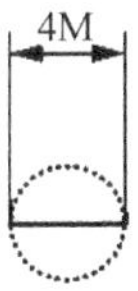 4M	液位指示	液位指示器要素
8. 7. 15	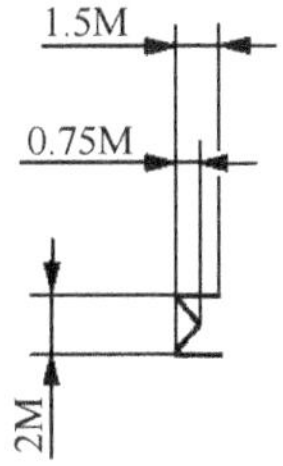 1.5M 0.75M 2M	加法器	—
8. 7. 16	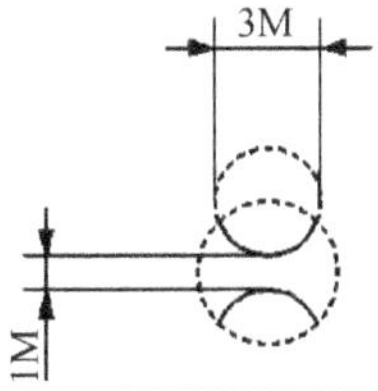 3M 1M	流量指示	—
8. 7. 17	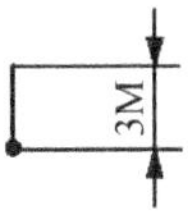 3M	温度指示	—

（续）

条目号	图形	描述	应用说明
8.7.18	1.5M	光学指示要素	—
8.7.19	1M 2M 0.5M 1M	声音指示要素	—
8.7.20	1.8M 0.35M 0.6M	浮子开关要素	—
8.7.21	0.75M 0.75M 1.5M	时间控制要素	—
8.7.22	3M	计数器要素	—
8.7.23	1.5M 4M	截止阀	—
8.7.24	5.65M	滤芯	—

（续）

条目号	图形	描述	应用说明
8. 7. 25	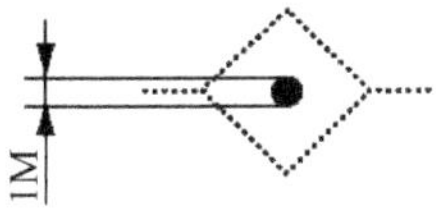	过滤器聚结功能	—
8. 7. 26	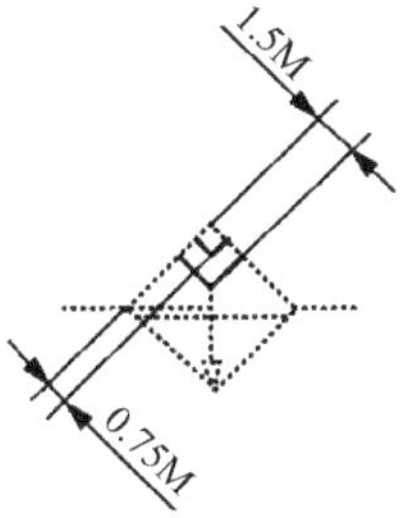	过滤器真空功能	—
8. 7. 27	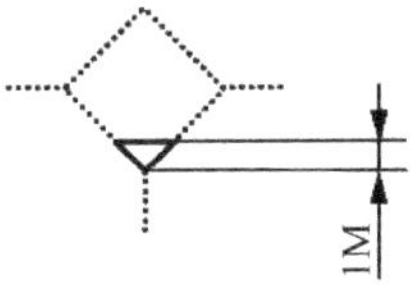	流体分离器要素（手动排水）	—
8. 7. 28	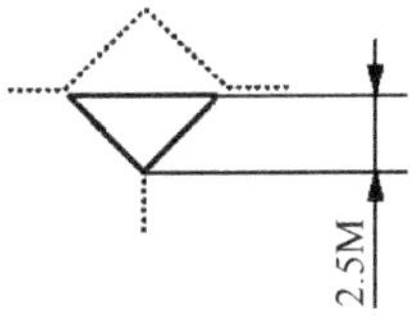	分离器要素	—
8. 7. 29	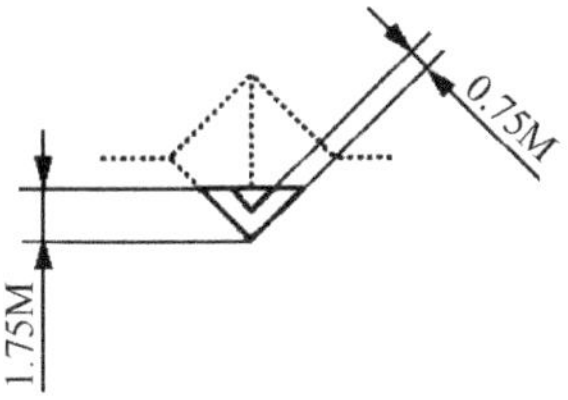	流体分离器要素（自动排水）	—
8. 7. 30	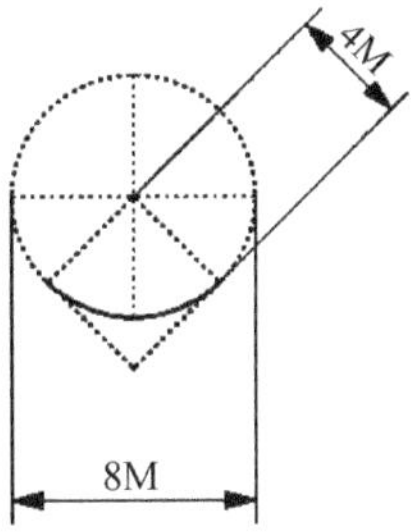	过滤器要素（离心式）	—

（续）

条目号	图形	描述	应用说明
8.7.31	4M	热交换器要素	—
8.7.32	n2M 1M 6M+nM	油箱	—
8.7.33	1M 2M	回油箱	—
8.7.34	8M 4M	下列元件的要素： —压力容器 —压缩空气储气罐 —蓄能器 —气瓶 —波纹管执行器 —软管缸	—
8.7.35	2M 2M 2M 4M	气源	—
8.7.36	2M 2M 2M 4M	液压油源	—

（续）

条目号	图形	描述	应用说明
8. 7. 37	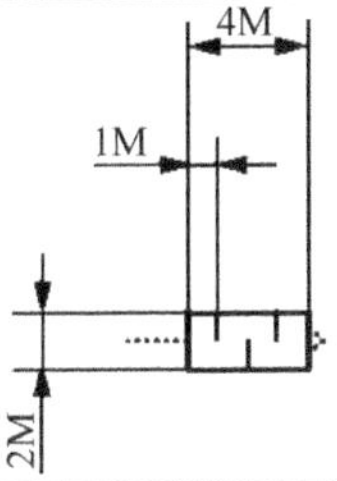 4M 1M 2M	消声器	—
8. 7. 38	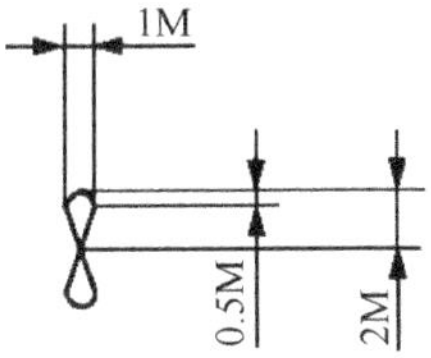 1M 0.5M 2M	风扇	—
8. 7. 39	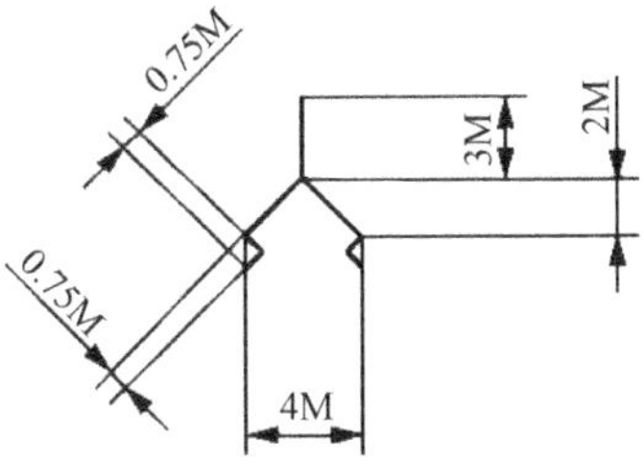 0.75M 0.75M 3M 2M 4M	吸盘	—

4. 4. 2　应用规则（见表 4-30～表 4-33）

表 4-30　管接头

条目号	图形	描述
9. 6. 1. 1	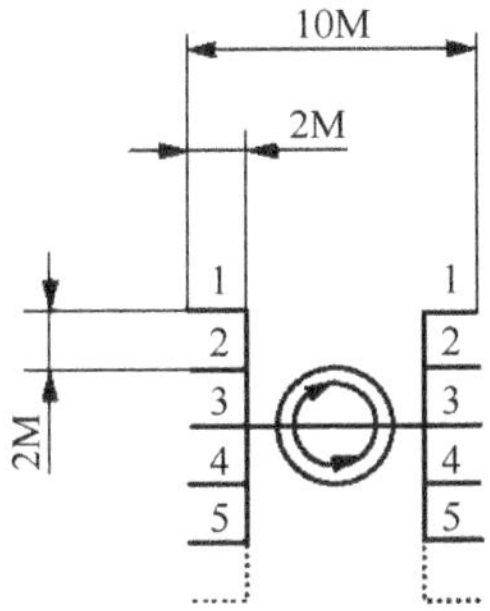 10M 2M 2M 1 2 3 4 5 1 2 3 4 5	多路旋转管接头两边的接口都有 2M 间隔。数字可自定义并扩展。接口标号表示在接口符号上方 流道的汇集线应居中绘制
9. 6. 1. 2	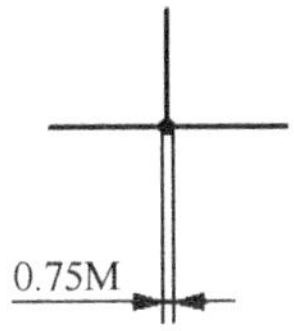 0.75M	两条管路的连接应标出连接点

（续）

条目号	图形	描述
9.6.1.3		两条管路交叉但没有连接点，表明它们之间没有连接
9.6.1.4	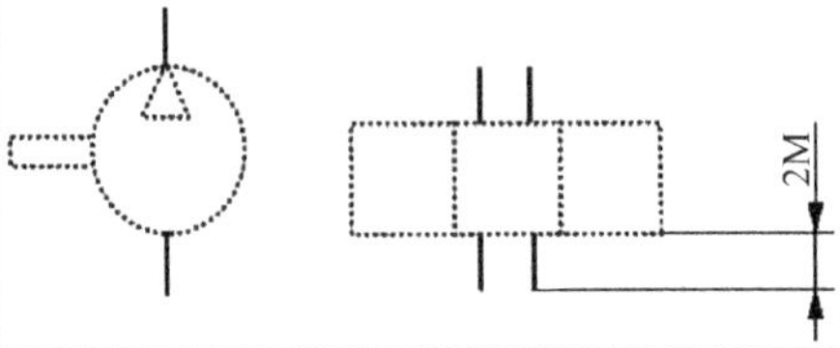 2M	符号的所有端口应标出

表 4-31 电气装置

条目号	图形	描述	应用说明
9.6.2.1	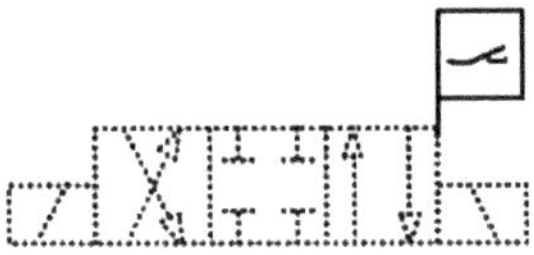	机电式位置开关（如：阀芯位置）	引出需绘制延长线
9.6.2.2	 G	带开关量输出信号的接近开关（如：监视方向控制阀中的阀芯位置）	引出需绘制延长线
9.6.2.3	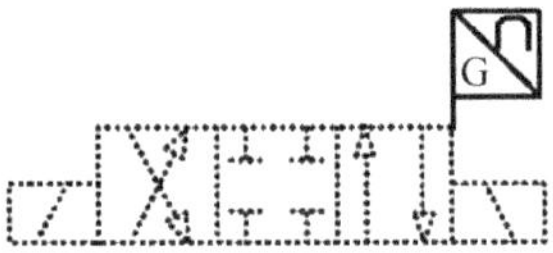 G	带模拟信号输出的位置信号转换器	引出需绘制延长线
9.6.2.4	 4	两个及以上触点可以画在一个框内，每一个触点可有不同功能（常闭触点、常开触点、开关触点） 如果多于三个触点，可用数字标注在触点上方 0.5M 位置	压力表等元件触点

表 4-32　测量设备和指示器

条目号	图形	描述	应用说明
9. 6. 3. 1	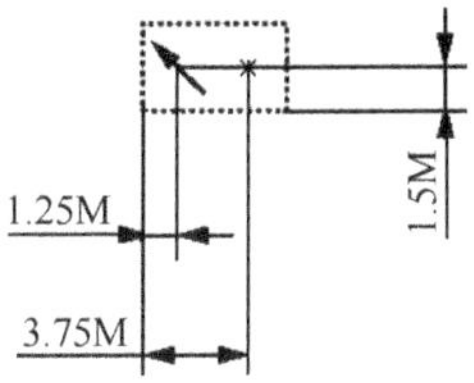 1.25M 3.75M 1.5M	指示器中箭头和星号的绘制位置 * 处为指示要素的位置	* 处可用表示数字、声音、光学等指示要素

表 4-33　能量源

条目号	图形	描述	应用说明
9. 6. 4. 1	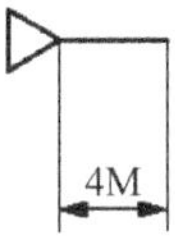 4M	气源	简化表示
9. 6. 4. 2	 4M	液压油源	简化表示

4. 4. 3　应用示例（见表 4-34~表 4-47）

作为示例，标准中列出了若干可以全面展示基本要素和应用规则常用附件图形符号，应当注意并不是（也不可能）包含全部附件类元件的符号。

表 4-34　连接和管接头

条目号	图形	描述	典型实物
6. 4. 1. 1		软管总成	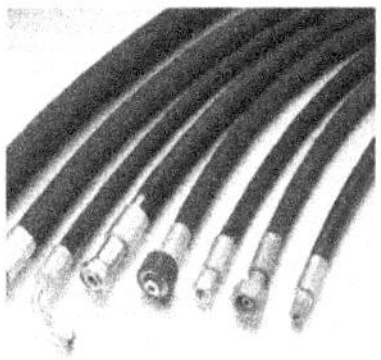
6. 4. 1. 2	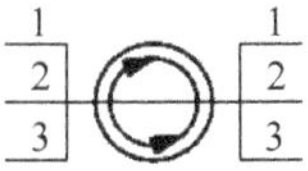 1 2 3　1 2 3	三通旋转式接头	

（续）

条目号	图形	描述	典型实物
6.4.1.3		快换接头（不带有单向阀，断开状态）	
6.4.1.4	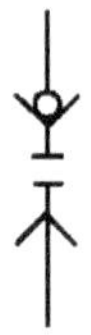	快换接头（带有一个单向阀，断开状态）	外形与 6.4.1.3 近似，略
6.4.1.5		快换接头（带有两个单向阀，断开状态）	外形与 6.4.1.3 近似，略
6.4.1.6		快换接头（不带有单向阀，连接状态）	
6.4.1.7		快换接头（带有一个单向阀，连接状态）	外形与 6.4.1.6 近似，略
6.4.1.8		快换接头（带有两个单向阀，连接状态）	外形与 6.4.1.6 近似，略

表 4-35　电气装置

条目号	图形	描述	典型实物
6.4.2.1	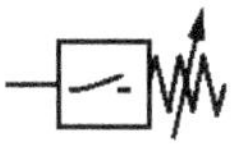	压力开关（机械电子控制，可调节）	
6.4.2.2		电调节压力开关（输出开关信号）	
6.4.2.3		压力传感器（输出模拟信号）	

表 4-36　测量仪和指示器

条目号	图形	描述	典型实物
6.4.3.1		光学指示器	
6.4.3.2	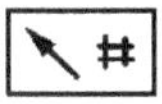	数字显示器	
6.4.3.3	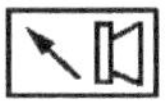	声音指示器	
6.4.3.4		压力表	

（续）

条目号	图形	描述	典型实物
6.4.3.5		压差表	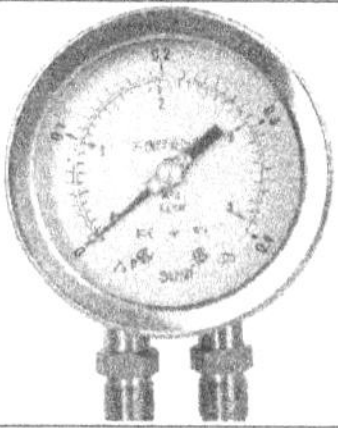
6.4.3.6	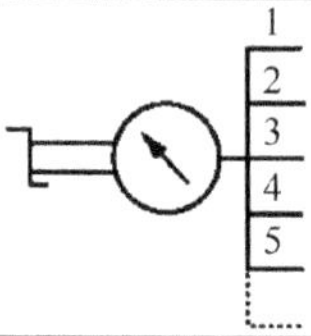 1 2 3 4 5	带有选择功能的多点压力表	外形与 6.4.3.4 近似，含控制线路，略
6.4.3.7	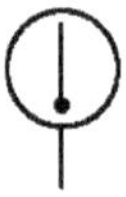	温度计	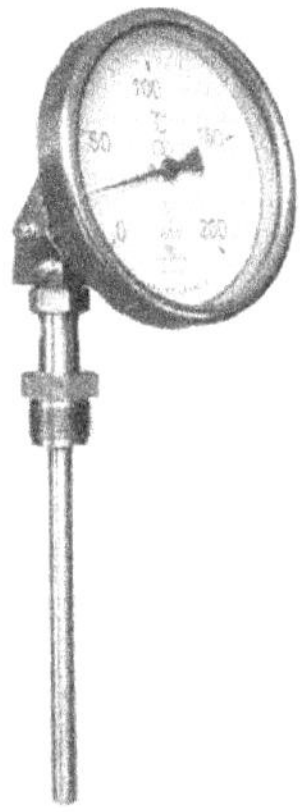
6.4.3.8	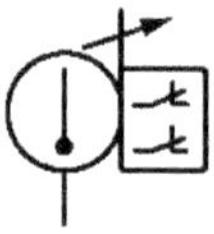	电接点温度计（带有两个可调电气常闭触点）	
6.4.3.9		液位指示器（油标）	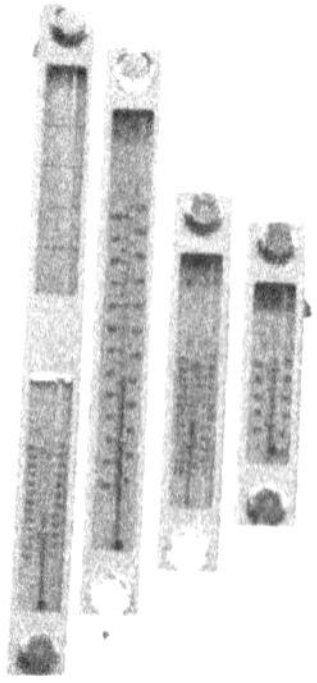

（续）

条目号	图形	描述	典型实物
6.4.3.10	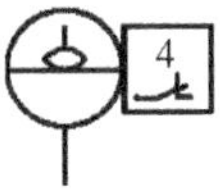	液位开关（带有四个常闭触点）	 本图触点数量为 2，可增加
6.4.3.11	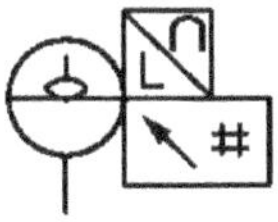	电子液位监控器（带有模拟信号输出和数字显示功能）	
6.4.3.12		流量指示器	
6.4.3.13		流量计	

（续）

条目号	图形	描述	典型实物
6.4.3.14	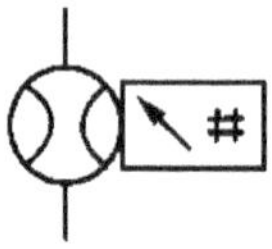	数字流量计	
6.4.3.15	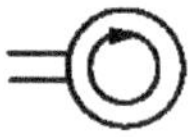	转速计	
6.4.3.16		扭矩仪	
6.4.3.17	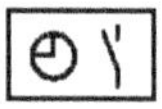	定时开关	
6.4.3.18		计数器	
6.4.3.19	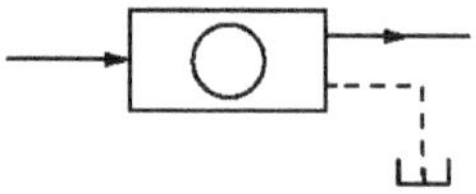	在线颗粒计数器	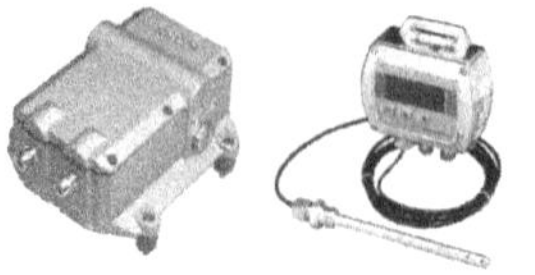

表 4-37 过滤器与分离器

条目号	图形	描述	典型实物
6.4.4.1	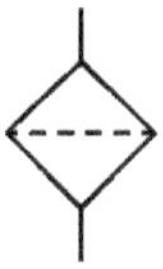	过滤器	
6.4.4.2		通气过滤器	
6.4.4.3		带有磁性滤芯的过滤器	
6.4.4.4	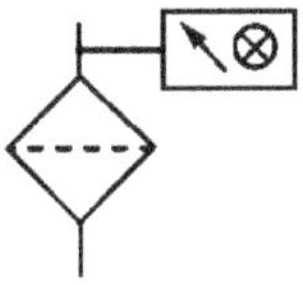	带有光学阻塞指示器的过滤器	外形与 6.4.4.1 近似，增加指示灯，略
6.4.4.5	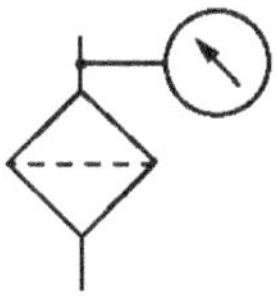	带有压力表的过滤器	
6.4.4.6	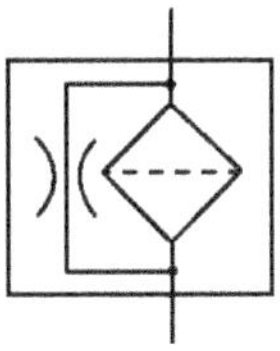	带有旁路节流的过滤器	外形与 6.4.4.5 近似，略

（续）

条目号	图形	描述	典型实物
6.4.4.7	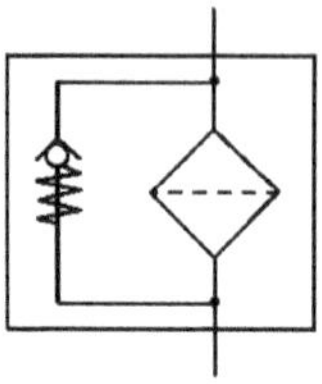	带有旁路单向阀的过滤器	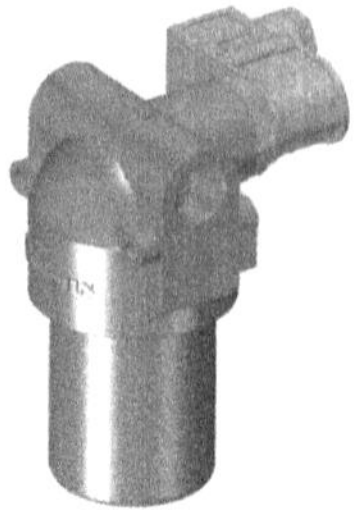
6.4.4.8	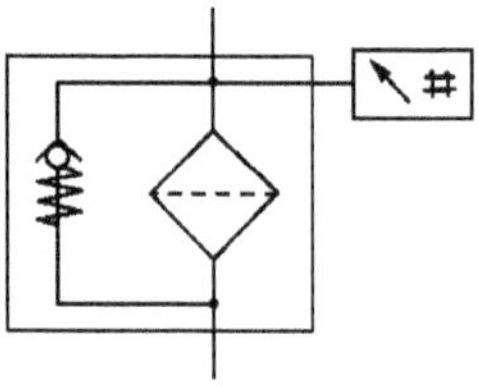	带有旁路单向阀和数字显示器的过滤器	外形与6.4.4.7近似，略
6.4.4.9	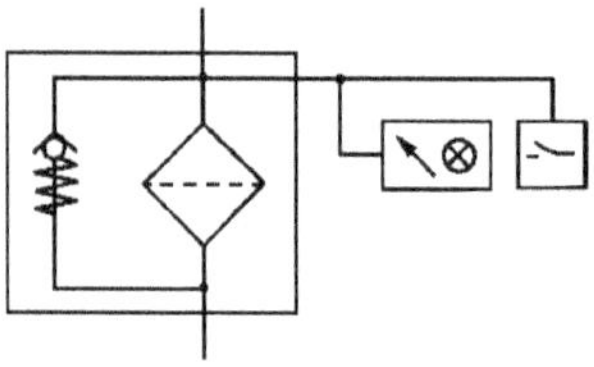	带有旁路单向阀、光学阻塞指示器和压力开关的过滤器	外形与6.4.4.7近似，略
6.4.4.10	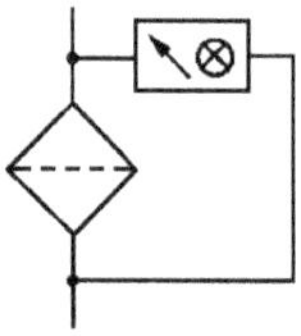	带有光学压差指示器的过滤器	外形与6.4.4.1近似，增加指示灯，略
6.4.4.11	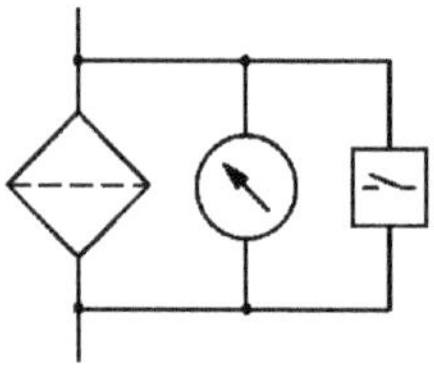	带有压差指示器和压力开关的过滤器	

（续）

条目号	图形	描述	典型实物
6.4.4.12		离心式分离器	
6.4.4.13	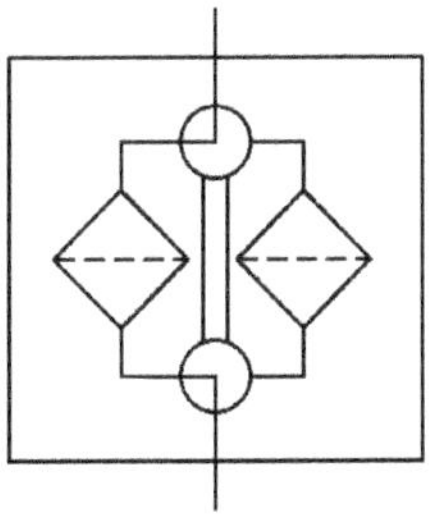	带有手动切换功能的双过滤器	 

表 4-38　热交换器

条目号	图形	描述	典型实物
6.4.5.1		不带冷却方式指示的冷却器	

（续）

条目号	图形	描述	典型实物
6.4.5.2	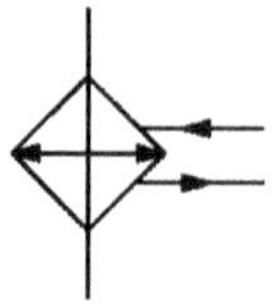	采用液体冷却的冷却器	
6.4.5.3	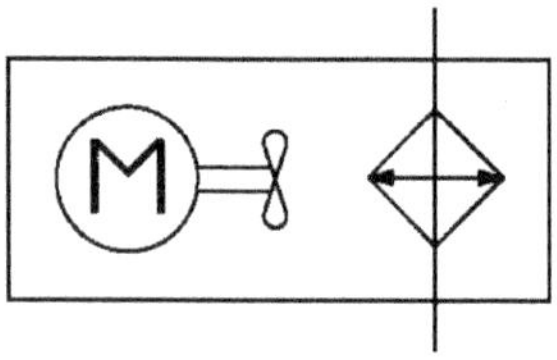	采用电动风扇冷却的冷却器	
6.4.5.4		加热器	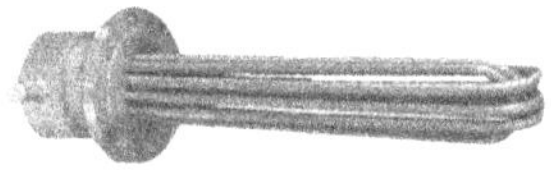
6.4.5.5	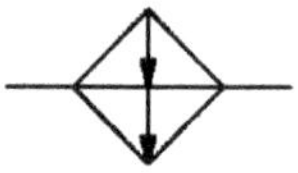	温度调节器	加热器、冷却器、传感器和控制器的组合，形式多样

表 4-39　蓄能器（压力容器，气瓶）

条目号	图形	描述	典型实物
6.4.6.1	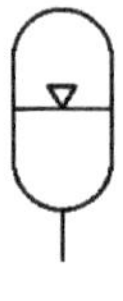	隔膜式蓄能器	
6.4.6.2	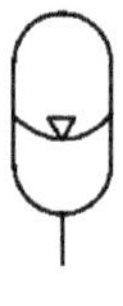	囊式蓄能器	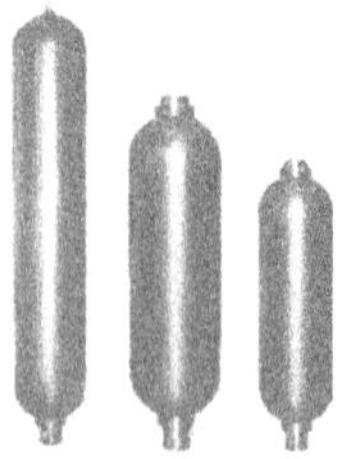

（续）

条目号	图形	描述	典型实物
6.4.6.3	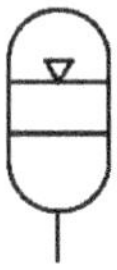	活塞式蓄能器	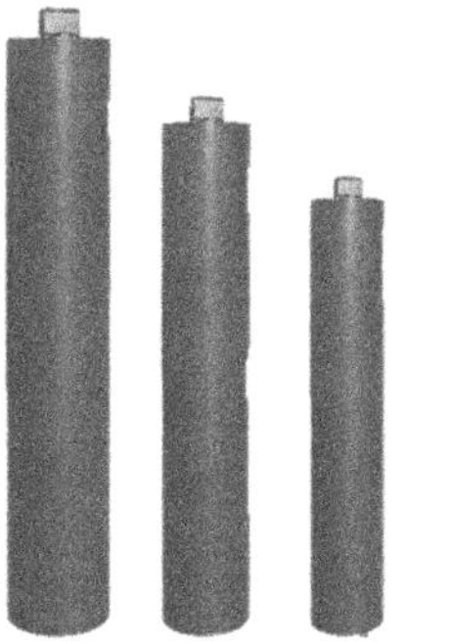
6.4.6.4		气瓶	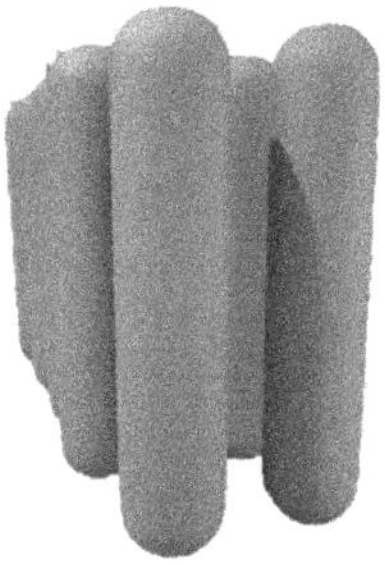
6.4.6.5	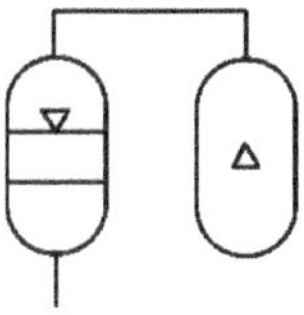	带有气瓶的活塞式蓄能器	

表4-40　润滑点

条目号	图形	描述	典型实物
6.4.7.1	■	润滑点	—

表 4-41　连接和管接头

条目号	图形	描述	典型实物
7.4.1.1		软管总成	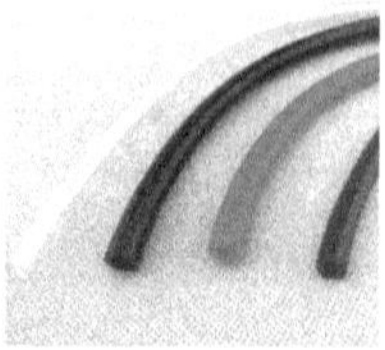
7.4.1.2	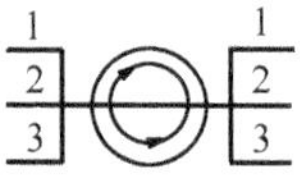 1 2 3 1 2 3	三通旋转接头	
7.4.1.3	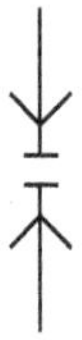	快换接头（不带有单向阀，断开状态）	
7.4.1.4		快换接头（带有一个单向阀，断开状态）	外形与 7.4.1.3 近似，略
7.4.1.5		快换接头（带有两个单向阀，断开状态）	外形与 7.4.1.3 近似，略
7.4.1.6		快换接头（不带有单向阀，连接状态）	外形与 7.4.1.3 近似，略
7.4.1.7		快换接头（带有一个单向阀，连接状态）	外形与 7.4.1.3 近似，略

（续）

条目号	图形	描述	典型实物
7.4.1.8		快换接头（带两个单向阀，连接状态）	外形与7.4.1.3近似，略

表4-42 电气装置

条目号	图形	描述	典型实物
7.4.2.1	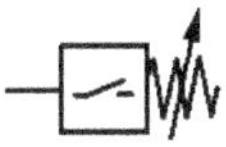	压力开关（机械电子控制）	
7.4.2.2	 P	电调节压力开关（输出开关信号）	
7.4.2.3	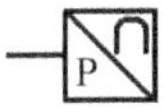 P	压力传感器（输出模拟信号）	
7.4.2.4		压电控制机构	

表4-43 测量仪和指示器

条目号	图形	描述	典型实物
7.4.3.1	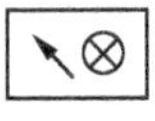	光学指示器	

（续）

条目号	图形	描述	典型实物
7.4.3.2		数字式显示器	
7.4.3.3	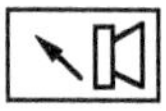	声音指示器	
7.4.3.4		压力表	
7.4.3.5		压差表	
7.4.3.6	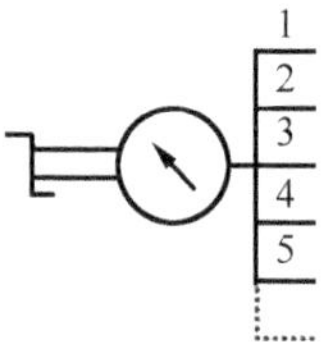 1 2 3 4 5	带有选择功能的多点压力表	
7.4.3.7	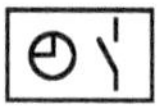	定时开关	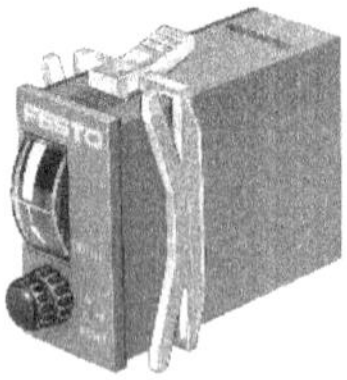
7.4.3.8		计数器	

表 4-44　过滤器和分离器

条目号	图形	描述	典型实物
7.4.4.1		过滤器	
7.4.4.2	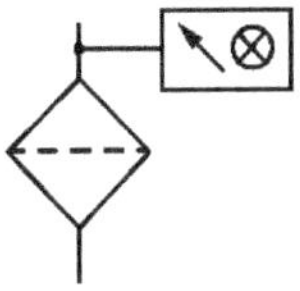	过滤器（带有光学过滤阻塞指示器）	
7.4.4.3	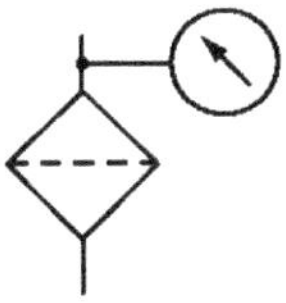	带有压力表的过滤器	
7.4.4.4	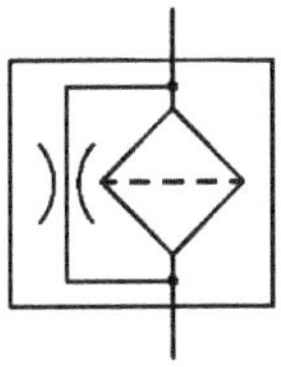	带有旁路节流的过滤器	外形与 7.4.4.1 近似，略
7.4.4.5	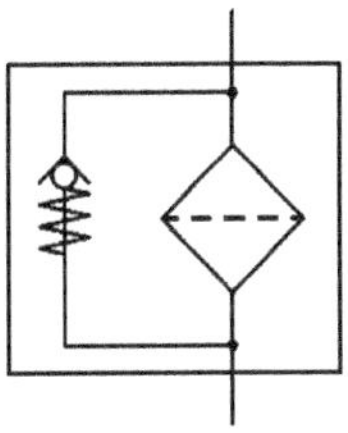	带有旁路单向阀的过滤器	外形与 7.4.4.1 近似，略

（续）

条目号	图形	描述	典型实物
7.4.4.6	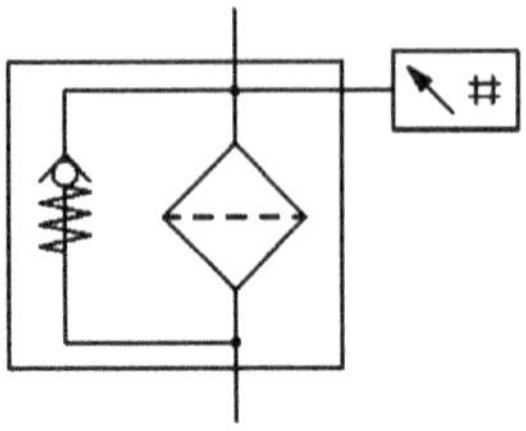	带有旁路单向阀和数字显示器的过滤器	未见实物
7.4.4.7	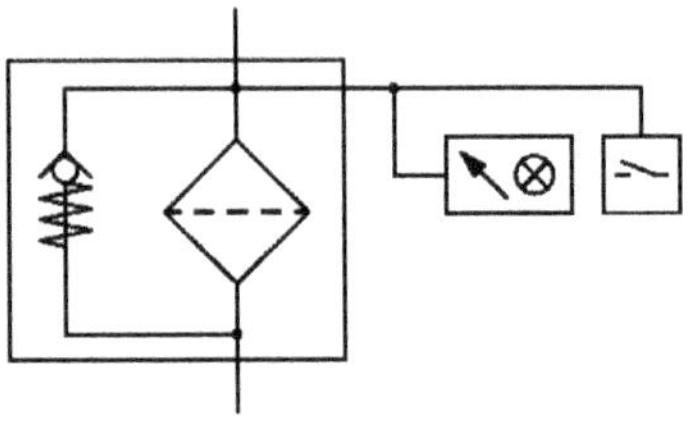	带有旁路单向阀、光学阻塞指示器和压力开关的过滤器	外形与7.4.4.2近似，略
7.4.4.8	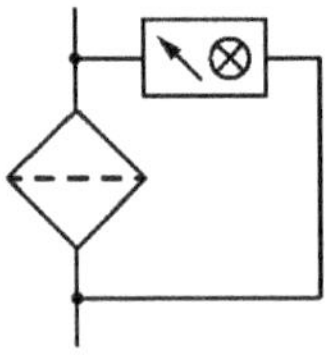	带有光学压差指示器的过滤器	外形与7.4.4.2近似，略
7.4.4.9	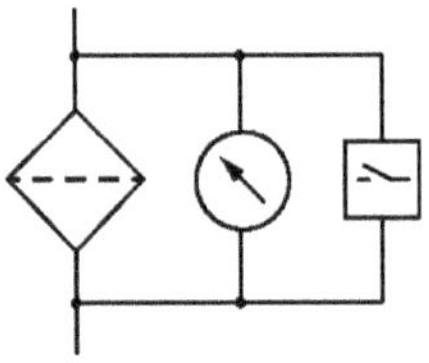	带有压差指示器和压力开关的过滤器	外形与7.4.4.3近似，略
7.4.4.10	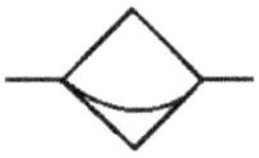	离心式分离器	分离方式示例，外形多样
7.4.4.11	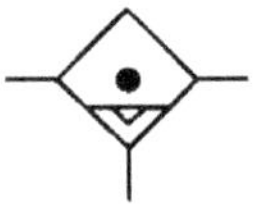	带有自动排水的聚结式过滤器	分离方式示例，外形多样
7.4.4.12	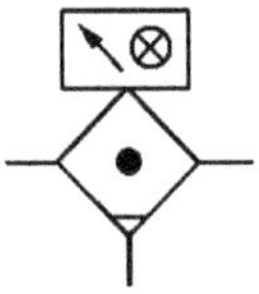	过滤器（带有手动排水和光学阻塞指示器，聚结式）	分离方式示例，外形多样

（续）

条目号	图形	描述	典型实物
7.4.4.13	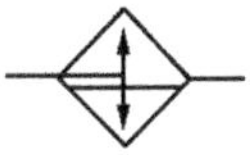	双相分离器	分离方式示例，外形多样
7.4.4.14		真空分离器	分离方式示例，外形多样
7.4.4.15		静电分离器	分离方式示例，外形多样
7.4.4.16	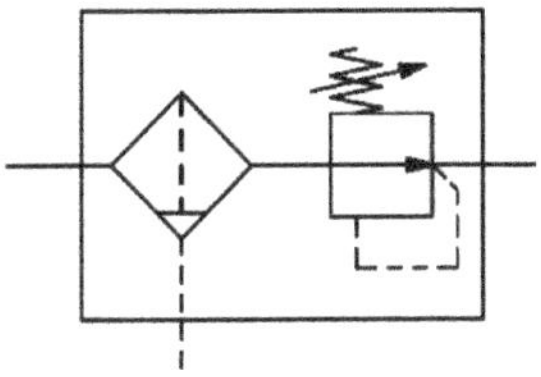	手动排水过滤器与减压阀的组合元件（通常与油雾器组成气动三联件，手动调节，不带有压力表）	
7.4.4.17	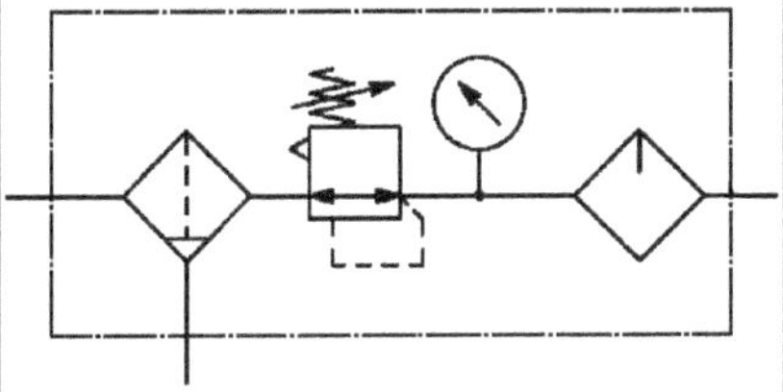 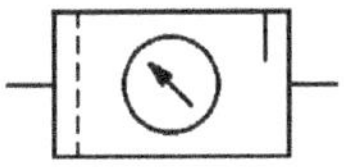	气源处理装置（FRL装置，包括手动排水过滤器、手动调节式溢流减压阀、压力表和油雾器） 第一个图为详细示意图 第二个图为简化图	
7.4.4.18	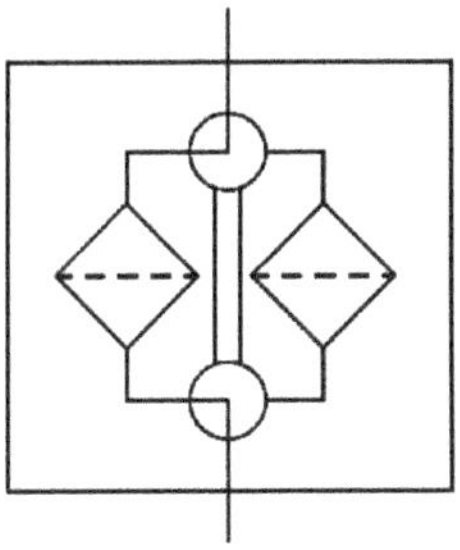	带有手动切换功能的双过滤器	两个过滤器与切换器的组合，外形多样

（续）

条目号	图形	描述	典型实物
7.4.4.19	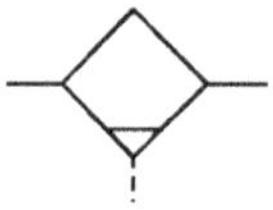	手动排水分离器	
7.4.4.20	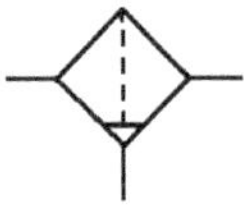	带有手动排水分离器的过滤器	外形与 7.4.4.19 近似，略
7.4.4.21	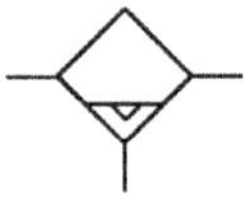	自动排水分离器	
7.4.4.22	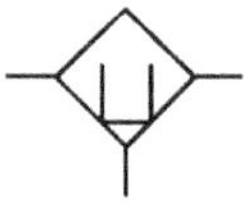	吸附式过滤器	外形与 7.4.4.19 近似，略
7.4.4.23	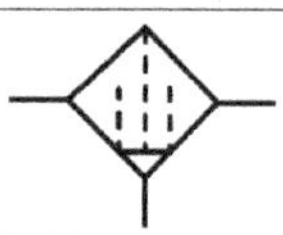	油雾分离器	外形与 7.4.4.19 近似，略
7.4.4.24	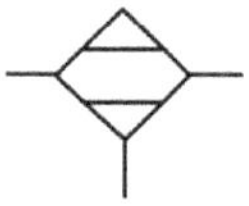	空气干燥器	

（续）

条目号	图形	描述	典型实物
7.4.4.25	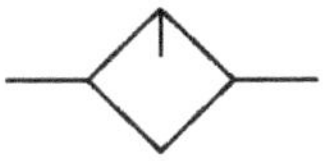	油雾器	
7.4.4.26	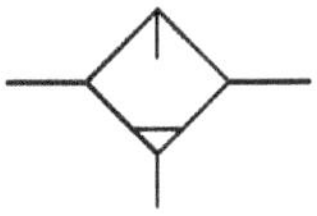	手动排水式油雾器	外形与7.4.4.25近似，略
7.4.4.27	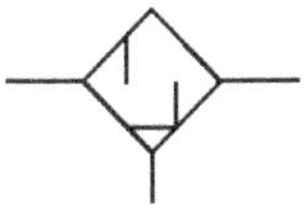	手动排水式精分离器	

表4-45　蓄能器（压力容器，气瓶）

条目号	图形	描述	典型实物
7.4.5.1		气罐	

表4-46　真空发生器

条目号	图形	描述	典型实物
7.4.6.1	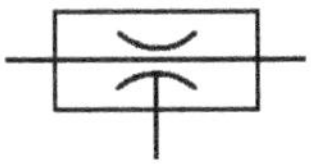	真空发生器	

（续）

条目号	图形	描述	典型实物
7.4.6.2	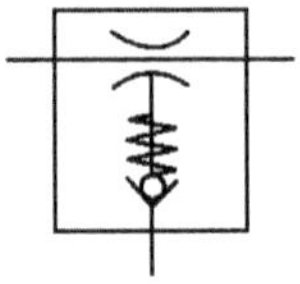	带有集成单向阀的单级真空发生器	外形与7.4.6.1近似，略
7.4.6.3	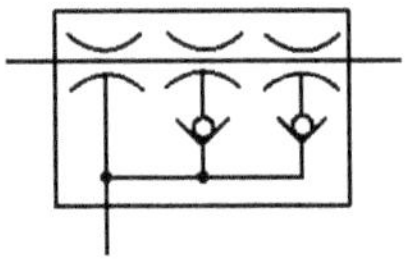	带有集成单向阀的三级真空发生器	
7.4.6.4	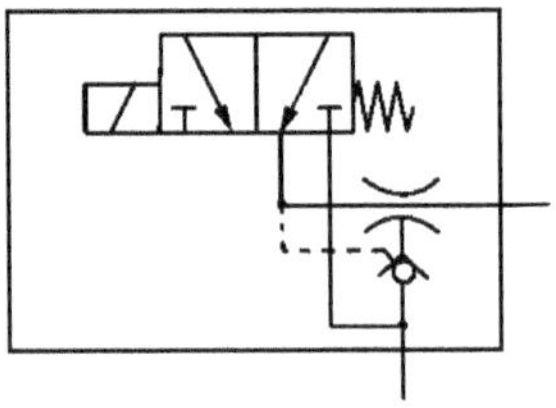	带有放气阀的单级真空发生器	

表4-47　吸盘

条目号	图形	描述	典型实物
7.4.7.1		吸盘	
7.4.7.2		带有弹簧加载杆和单向阀的吸盘	

第 5 章

回路图的绘制

回路图通过图形符号的组合与连接，表示液压和气动回路（也包含冷却系统、润滑系统、冷却润滑系统以及与流体传动相关的应用系统）的功能，具有以下基本特点：

1）按照回路能够实现系统所有的动作和控制功能。

2）能体现所有流体传动元件及其连接关系。

3）不体现元件在实际组装中的物理排列关系。

同时应注意，在采用不同类型传动介质的系统中，回路图应按照传动介质的种类设计各自独立的回路图。例如：使用气压作为动力源（如气液油箱或增压器）的液压传动系统应设计单独的气动回路图。

5.1 布局

GB/T 786.2—2018 标准中对布局的规定，基本原则是确保回路图可以准确无误地表达系统原理，并尽可能地清晰、简洁，便于阅读。本部分主要规定了回路图中的：回路交叉、元件名称及说明、代码和标识、功能模块、执行元件标记、元件布局的规则，以及多张回路图的连接标识。

【标准条款】

4.3 布局

4.3.1 不同元件之间的线连接处应使用最少的交叉点来绘制。连接处的交叉应符合 GB/T 786.1 的规定。

4.3.2 元件名称及说明不得与元件连接线及符号重叠。

4.3.3 代码和标识的位置不应与元件和连接线的预留空间重叠。

4.3.4 根据系统的复杂程度，回路图应根据其控制功能来分解成各种功能模块。一个完整的控制功能模块（包含执行元件）应尽可能体现在一张图样上，并用双点画线作为各功能模块的分界线。

4.3.5 由执行元件驱动的元件，如限位阀和限位开关，其元件的图形符号应标记在执行元件（如液压缸）运动的位置上，并标记一条标注线和其标识代码。如果执行元件是单向运动，应在标记线上加注一个箭头符号（→）。

4.3.6 回路图中，元件的图形符号应按照从底部到顶部，从左到右的顺序排列，规则如下：

a）动力源：左下角；

b）控制元件：从下向上，从左到右；

c）执行元件：顶部，从左到右。

4.3.7 如果回路图由多张图样组成，并且回路图从一张图样延续到另一张图样，则应在相应的回路图中用连接标识对其标记，使其容易识别。连接标识应位于线框内部，至少由标识代码（相应回路图中的标识代码保持一致）、“-”符号，以及关联页码组成，见图 1。如有需要，连接标识可进一步说明回路图类型（如液压回路、气动回路等）以及连接标识在图样中的网格坐标或路径，见图 2。

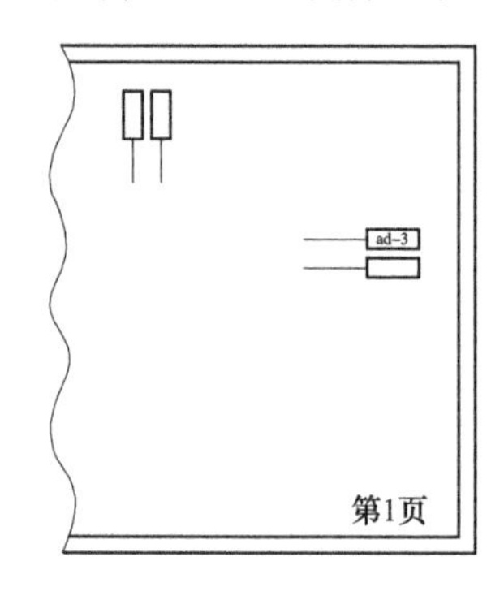

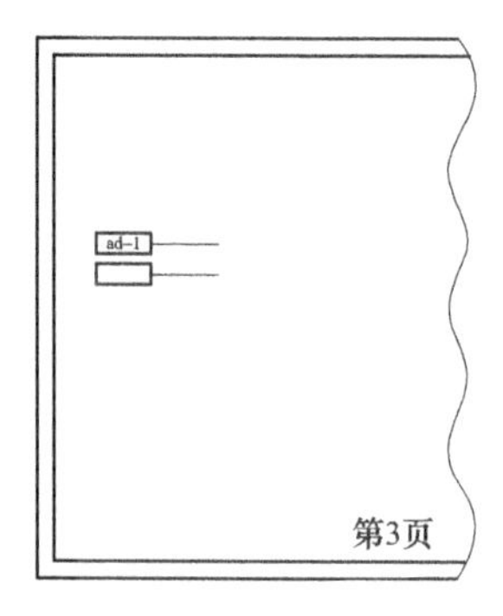

说明：

ad ——标识代码；

1，3 ——关联页码。

图 1 回路图（由多张图样组成）上连接回路的连接标识

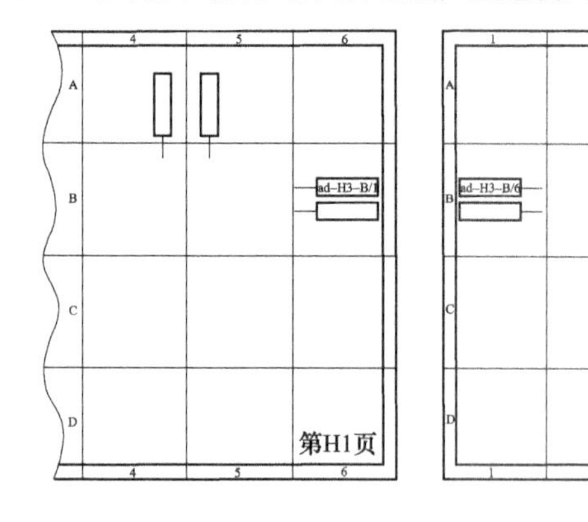

说明：

ad ——标识代码；

H ——回路类型，如液压回路；

1，3 ——关联页码；

B/1，B/6 ——关联页码上的网格坐标或路径。

图 2 回路图（由多张图样组成）上连接回路的扩展连接标识

5.2 元件

【标准条款】

> **4.4 元件**
> **4.4.1** 流体传动元件的图形符号应符合 GB/T 786.1 的规定。
> **4.4.2** 依据 GB/T 786.1 规定，回路图中元件的图形符号表示的是非工作状态。在特殊情况下，为了更好地理解回路的功能，允许使用与 GB/T 786.1 中不一致的图形符号。例如：
> ——活塞杆伸出的液压缸（待命状态）；
> ——机械控制型方向阀正在工作的状态。

标准条款的本部分首先要求回路图中的元件符号应符合 GB/T 786.1 的相关规定，其次指出，回路图中的元件符号应表示的是其在回路中的非工作状态，这就可能出现与 GB/T 786.1 的示例中不一致的图形，但这与 GB/T 786.1 的规定并不冲突。

5.3 标识

GB/T 786.2—2018 中给出了元件和软管总成、连接口、管路（除元件和软管总成外的硬管、软管）的标识代码的组成规则以及编号规则，便于各种管路与接口的标记与识别，避免安装维护时的管路错配。并应注意：

1）元件和软管总成的标识代码应标记在其图形符号附近，并封闭在一个线框内部；其他管路代码不需封闭线框，标记在对应管路附近即可。

2）回路的编号从 0 开始，元件与压力等级的编号从 1 开始，均应连续编号。

3）管路的标识号为非强制性的，技术信息是强制性的。

【标准条款】

> **5.1 元件和软管总成的标识代码**
> **5.1.1 总则**
> **5.1.1.1** 元件和软管总成应使用标识代码进行标记，标识代码应标记在回路图中其各自的图形符号附近，并应在相关文件中使用。
> **5.1.1.2** 标识代码应由以下组成：
> a）功能模块代码，应按照 5.1.2 的规定，后加一个“-”符号；
> b）传动介质代码，应按照 5.1.3 的规定；

c）回路编号，应按照5.1.4的规定，后加一个“.”符号；

d）元件编号，应按照5.1.5的规定。

上述标识代码应封闭在一个线框内部，见图3。

注：功能模块、回路以及元件的关系说明参见附录A。

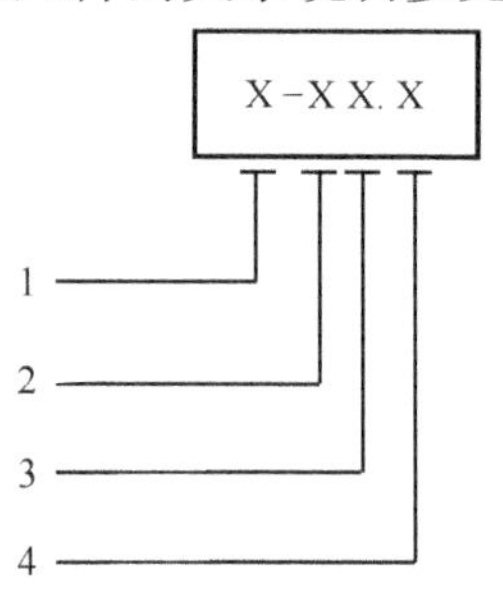

说明：

1——功能模块代码；

2——传动介质代码；

3——回路编号；

4——元件编号。

图3 元件和软管总成的标识代码

5.1.2 功能模块代码（X-XX.X）

如果回路图由多个功能模块构成，回路图标识代码中应包含功能模块代码，使用一个数字或字母表示。如果回路图只由一个功能模块构成，回路图标识代码中功能模块代码可省略。

5.1.3 传动介质代码（X-X X.X）

5.1.3.1 如果回路中使用多种传动介质，回路图标识代码中应包含传动介质代码，其使用应按5.1.3.2要求的字母符号表示。如果回路只使用一种传动介质，传动介质代码可省略。

5.1.3.2 使用多种传动介质的回路图应使用以下表示不同传动介质的字母符号：

H——液压传动介质；

P——气压传动介质；

C——冷却介质；

K——冷却润滑介质；

L——润滑介质；

G——气体介质。

5.1.4 回路编号（X-X X .X）

每个回路应对应一个回路编号，其编号从0开始，并按顺序以连续数字来表示。

5.1.5 元件编号（X-XX. X）

在一个给定的回路中，每个元件应给予一个元件编号，其编号从1开始，并按顺序以连续数字来表示。

5.2 连接口标识

在回路图中，连接口应按照元件、底板、油路块的连接口特征进行标识。

为清晰表达功能性连接的元件或管路，必要时，在回路图中的元件上或附近宜添加所有隐含的连接口标识。

5.3 管路标识代码

5.3.1 总则

5.3.1.1 硬管和软管（除了5.1中涉及的软管总成）应在回路图中用管路标识代码标识，该标识代码应靠近图形符号，并用于所有相关文件。

注：必要时，为避免安装维护时各实物部件（硬管、软管、软管总成）错配，管路部件上的或其附带的物理标记可以使用以下基于回路图上的数据的标记方式：

a）使用标识代码标记；

b）管路端部使用元件标识或连接口标识来标记，一端连接标记或两端连接标记；

c）所有管路以及它们的端部的标记要结合a）和b）所描述的方法。

5.3.1.2 标识代码由以下组成：

a）非强制性的标识号应按照5.3.2的规定，后加一个“-”符号；

b）强制性的技术信息应按照5.3.3的规定，以直径符号（ϕ）开始，后加符合6.4.13要求的数字和符号，见图4。

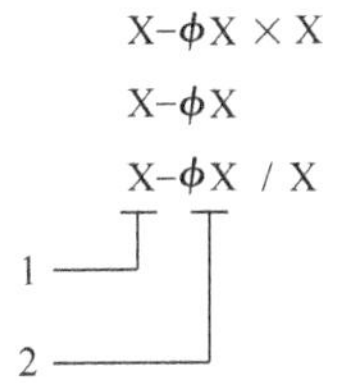

X-ϕX × X

X-ϕX

X-ϕX / X

1

2

说明：

1——标识号（非强制性的）；

2——管路技术信息；

注：见5.3.4的示例。

图4 管路标识代码

5.3.2 非强制性的标识号

标识号的使用是非强制性的。如果使用标识号，在一个回路中的所有管路（除软管总成，见5.1）应连续编号。

5.3.3 技术信息

技术信息是强制性的，应按照6.4.13的规定。

5.3.4 示例

示例1：1-ϕ30×4，其中：“1”是管路的标识号，“ϕ30×4 ”是硬管的“公称外径×壁厚”，单位为毫米（mm）。

示例2：3-ϕ25，其中：“3”是管路的标识号，“ϕ25”是软管的“公称内径”，单位为毫米（mm）。

示例3：12-ϕ8/5.5，其中：“12”是管路的标识号，“ϕ8/5.5”是“外径/内径”，单位为毫米（mm），对于硬管是非强制性的技术信息。

5.4 非强制性的管路应用代码

5.4.1 总则

5.4.1.1 为便于说明回路图，可以使用非强制性的管路应用代码。该非强制性的应用代码可标识在管路沿线上任何便于理解和说明回路图的位置。

5.4.1.2 管路应用代码由以下组成：

a）传动介质代码应按照5.4.2的规定，后加一个“-”符号；

b）应用标识代码，组成如下：管路代码，其应按照5.4.3的规定；后加一个字母或数字，表示压力等级编码，其应按照5.4.4的规定，见图5。

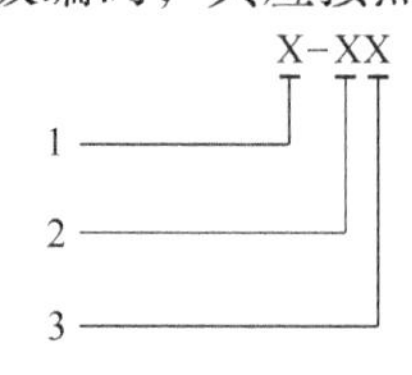

说明：

1——传动介质代码；

2——管路代码；

3——压力等级编码。

图5 管路应用代码

5.4.2 传动介质代码

如果回路中使用了多种传动介质，管路应用代码应包含5.1.3.2中给出的使用不同字母符号表示的传动介质代码。如果只使用一种介质，传动介质代码可以省略。

5.4.3　管路代码

以应用标识代码的首字符表示回路图中不同类型的管路时，应使用以下字母符号：

P——压力供油管路和辅助压力供油管路；

T——回油管路；

L，X，Y，Z——其他的管路代码，如先导管路、泄油管路等。

5.4.4　压力等级编码

在不同压力下传输流体的管路，且传输到具有相同管路代码的管路，可以单独标识，在其应用标识代码中的第二个字符上用数字区别，编码顺序应从 1 开始。

5.4.5　示例

示例：H-P1，其中，H 代表液压传动介质；P 代表压力供油管路；1 代表压力等级编码。

注：为便于识别，5.1.2~5.1.5 条标题后括号中 X 的外框为笔者增加，非标准原文。

5.4　技术信息

GB/T 786.2—2018 规定了回路图中应用的技术信息，主要包括：回路功能、电气名称、各种液压元件的关键参数等。各技术信息应标记在相关符号或回路附近，且同一参数使用同一量纲单位。

【标准条款】

6.1　总则

6.1.1　6.2 至 6.4 中要求的技术信息应包含在回路图中，标识在相关符号或回路的附近。可包含额外的技术信息，且应满足 4.3 的要求。

6.1.2　同一回路图中，应避免同一参数（如流量或压力等）使用不同的量纲单位。

6.2　回路功能

功能模块的每个回路应根据其功能进行规定，如夹紧、举升、翻转、钻孔或驱动。该信息应标识在回路图中每个回路的上方位置。

6.3　电气参考名称

电气原理图中使用的参考名称应在回路中所指示的电磁铁或其他电气连接元件处进行说明。

6.4 元件

6.4.1 油箱、储气罐、稳压罐

6.4.1.1 对于液压油箱，回路图中应给出以下信息：

a）最大推荐容量，单位为升（L）；

b）最小推荐容量，单位为升（L）；

c）符合 GB/T 3141、GB/T 7631.2 的液压传动介质型号、类别以及黏度等级；

d）当油箱与大气不连通时，油箱最大允许压力，单位为兆帕（MPa）。

6.4.1.2 对于气体储气罐、稳压罐，回路中应给出以下信息：

a）容量，单位为升（L）；

b）最大允许压力，单位为千帕（kPa）或兆帕（MPa）。

6.4.2 气源

回路图中应给出以下信息：

a）额定排气量，单位为升每分钟（L/min）；

b）提供压力等级，单位为千帕（kPa）或兆帕（MPa）。

6.4.3 泵

6.4.3.1 对于定量泵，回路图中应给出以下信息：

a）额定流量，单位为升每分钟（L/min）；

b）排量，单位为毫升每转（mL/r）；

c）a）和 b）同时标记。

6.4.3.2 对于带有转速控制功能的原动机驱动的定量泵，回路图中应给出以下信息：

a）最大旋转速度，单位为转每分钟（r/min）；

b）排量，单位为毫升每转（mL/r）。

6.4.3.3 对于变量泵，回路图中应给出以下信息：

a）额定最大流量，单位为升每分钟（L/min）；

b）最大排量，单位为毫升每转（mL/r）；

c）设置控制点。

6.4.4 原动机

回路图中应给出以下信息：

a）额定功率，单位为千瓦（kW）；

b）转速或转速范围，单位为转每分钟（r/min）。

6.4.5 方向控制阀

6.4.5.1 控制机构

方向控制阀的控制机构应使用元件上标示的图形符号在回路图中给出标识。

为了准确地表达工作原理，必要时，应在回路图中、元件上或元件附近增加所有缺失的控制机构的图形符号。

6.4.5.2　功能

回路图中应给出方向控制阀处于不同的工作位置对应的控制功能。

6.4.6　流量控制阀、节流孔和固定节流阀

6.4.6.1　对于流量控制阀，其设定值（如角度位置或转数）及受到其影响的参数（如缸运行时间），应在回路图中给出。

6.4.6.2　对于节流孔和固定节流阀，其节流口尺寸应在回路图上给出标识，由符号“ϕ”后用直径来表示（如：ϕ1.2mm）。

6.4.7　压力控制阀和压力开关

回路图中应给出压力控制阀和压力开关的设定压力值标识，单位为千帕（kPa）或兆帕（MPa）。必要时，压力设定值可进一步标记调节范围。

6.4.8　缸

回路图中应给出以下信息：

a）缸径，单位为毫米（mm）；

b）活塞杆直径，单位为毫米（mm）（仅为液压缸要求，气缸不做此要求）；

c）最大行程，单位为毫米（mm）。

示例：液压缸的信息为缸径100mm，活塞杆直径56mm，最大行程50mm，可以表示为：ϕ100/56×50。

6.4.9　摆动马达

回路图中应给出以下信息：

a）排量，单位为毫升每转（mL/r）；

b）旋转角度，单位为度（°）。

6.4.10　马达

6.4.10.1　对于定量马达，回路图中应给出排量信息，单位为毫升每转（mL/r）。

6.4.10.2　对于变量马达，回路图中应给出以下信息：

a）最大和最小排量，单位为毫升每转（mL/r）；

b）转矩范围，单位为牛·米（N·m）；

c）转速范围，单位为转每分钟（r/min）。

6.4.11　蓄能器

6.4.11.1　对于所有种类的蓄能器，回路图中应给出容量信息，单位为升（L）。

6.4.11.2 对于气体加载式蓄能器，除6.4.11.1中要求的以外，回路图中应给出以下信息：

a）在指定温度［单位为摄氏度（℃）］范围内的预充压力（p_0），单位为兆帕（MPa）；

b）最大工作压力（p_2）以及最小工作压力（p_1），单位为兆帕（MPa）；

c）气体类型。

6.4.12 过滤器

6.4.12.1 对于液压过滤器，回路图中应给出过滤比信息。过滤比应按照GB/T 18853的规定。

6.4.12.2 对于气体过滤器，回路图中应给出公称过滤精度信息，单位为微米（μm）或被使用的过滤系统的具体参数值。

6.4.13 管路

6.4.13.1 对于硬管，回路图中应给出符合GB/T 2351规定的公称外径和壁厚信息，单位为毫米（mm）（如：ϕ38×5）。必要时，外径和内径信息均应在回路图中给出，单位为毫米（mm）（如：ϕ8/5）。

6.4.13.2 对于软管和软管总成，回路图中应给出符合GB/T 2351或相关软管标准规定的软管公称内径尺寸信息（如：ϕ16）。

6.4.14 液位指示器

回路图中应给出以适当的单位标识的介质容量的报警液面的参数信息。

6.4.15 温度计

回路图中应给出介质的报警温度信息，单位为摄氏度（℃）。

6.4.16 恒温控制器

回路图中应给出温度设置信息，单位为摄氏度（℃）。

6.4.17 压力表

回路图中应给出最大压力或压力范围信息，单位为千帕（kPa）或兆帕（MPa）。

6.4.18 计时器

回路图中应给出延迟时间或计时范围信息，单位为秒（s）或毫秒（ms）。

GB/T 786.2—2018对元件的标识信息规定，各元件技术信息及单位等内容见表5-1。

表5-1 元件技术信息及单位

序号	元件名称	技术信息
1	油箱 储气罐、稳压罐	**液压油箱**：最大和最小推荐容量（L），传动介质型号、类别以及黏度等级，与大气不连通时，油箱最大允许压力（MPa） **储气罐、稳压罐**：容量（L）、最大允许压力（kPa、MPa）
2	气源	额定排气量（L/min），压力等级（kPa、MPa）
3	泵	**定量泵**：额定流量（L/min）、排量（mL/r） 转速可控的原动机驱动的定量泵：最大旋转速度（r/min）、排量（mL/r） **变量泵**：额定最大流量（L/min）、最大排量（mL/r）、设置控制点
4	原动机	额定功率（kW），转速或转速范围（r/min）
5	方向控制阀	处于不同的工作位置对应的控制功能
6	流量控制阀 节流孔 固定节流阀	**流量控制阀**：设定值（如角度位置或转数）及受到其影响的参数（如缸运行时间） **节流孔和固定节流阀**：节流口尺寸
7	压力控制阀 压力开关	设定压力值（kPa、MPa） 必要时，压力设定值可进一步标记调节范围
8	缸	缸径、活塞杆直径、最大行程（mm）
9	摆动马达	排量（mL/r），旋转角度（°）
10	马达	**定量马达**：排量（mL/r） **变量马达**：最大和最小排量（mL/r）、转矩范围（N·m）、转速范围（r/min）
11	蓄能器	容量，升（L） **气体加载式蓄能器**：指定温度（℃）范围内的预充压力（p_0）、最大工作压力（p_2）以及最小工作压力（p_1）（MPa）、气体类型
12	过滤器	**液压过滤器**：过滤比 **气体过滤器**：公称过滤精度
13	管路	**硬管**：公称外径和壁厚 **软管**：公称内径（mm）
14	液位指示器	介质容量的报警液面
15	温度计	报警温度（℃）
16	恒温控制器	温度设置（℃）
17	压力表	最大压力或压力范围（kPa、MPa）
18	计时器	延迟时间或计时范围（s、ms）

5.5 补充信息

为便于回路图的使用和原理识读，GB/T 786.2—2018给出了元件清单、功能图作为回路图补充信息的规定。

【标准条款】

7.1 元件清单作为补充信息，应在回路图中给出或单独提供，以便保证元件的标识代码与其资料信息保持一致。

元件清单应至少包含以下信息：

a）标识代码；

b）元件型号；

c）元件描述。

元件清单示例参见附录 B。

7.2 功能图作为补充信息，其使用是非强制性的。可以在回路图中给出或单独提供，以便进一步说明回路图中的电气元件处于受激励状态和非受激励状态时，所对应动作或功能。

功能图应至少包含以下信息：

a）电气参考名称；

b）动作或功能描述；

c）动作或功能与对应处于受激励状态和非受激励状态的电气元件的对应标识。

补充信息只规定了应包含的内容，未规定具体形式，以下为元件清单、功能图补充信息的一种示例，见表 5-2、表 5-3。

表 5-2 元件清单示例

标识代码	元件名称	元件型号	元件描述
0.1	油箱	* * *	* * *
0.2	液位指示器	* * *	* * *
0.3	温度计和液位指示器	* * *	* * *
0.6	泵	* * *	* * *

表 5-3 功能图补充信息示例（+表示电磁铁通电）

动作		1YA	2YA	3YA	4YA	5YA	6YA
主缸	保压	+			+	+	
	伸出		+	+			
辅缸	伸出			+		+	
	回程		+		+		+

5.6 回路图示例

GB/T 786.2—2018 的附录中分别给出了液压、气动回路图示例，如图 5-1~图 5-6。

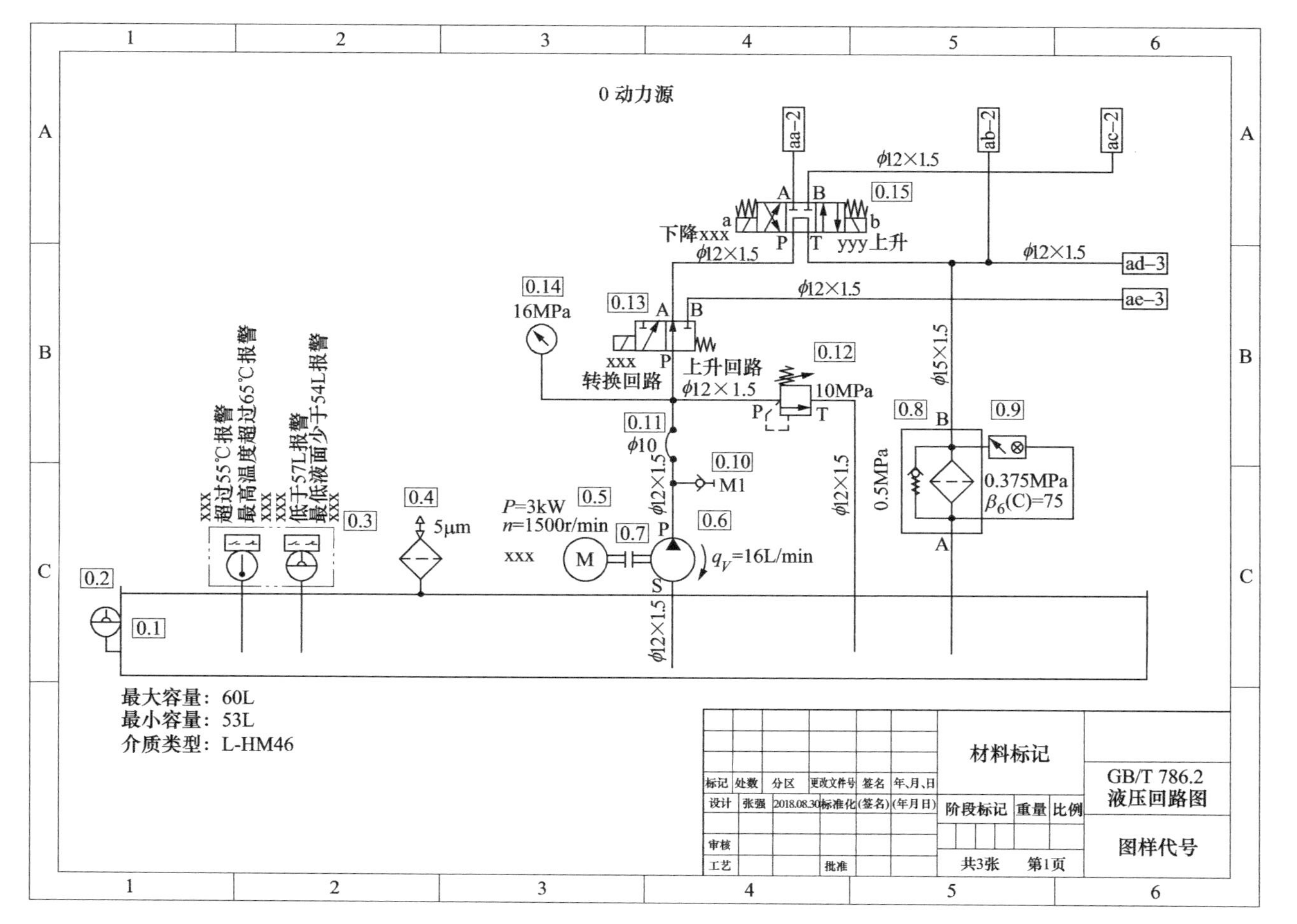
0 动力源
aa−2
ab−2
ac−2
ad−3
ae−3
ϕ12×1.5
ϕ15×1.5
下降xxx
yyy上升
上升回路
转换回路
xxx
10MPa
16MPa
0.375MPa
$β_6$(C)=75
0.5MPa
M1
ϕ10
q_V=16L/min
P=3kW
n=1500r/min
M
5μm
超过55℃报警
最高温度超过65℃报警
低于57L报警
最低液面少于54L报警
最大容量：60L
最小容量：53L
介质类型：L-HM46
0.1
0.2
0.3
0.4
0.5
0.6
0.7
0.8
0.9
0.10
0.11
0.12
0.13
0.14
0.15
材料标记
GB/T 786.2
液压回路图
图样代号
阶段标记
重量
比例
共3张
第1页
标记
处数
分区
更改文件号
签名
年、月、日
设计
张强
2018.08.30
标准化
(签名)
(年月日)
审核
工艺
批准

图 5-1　动力源示例

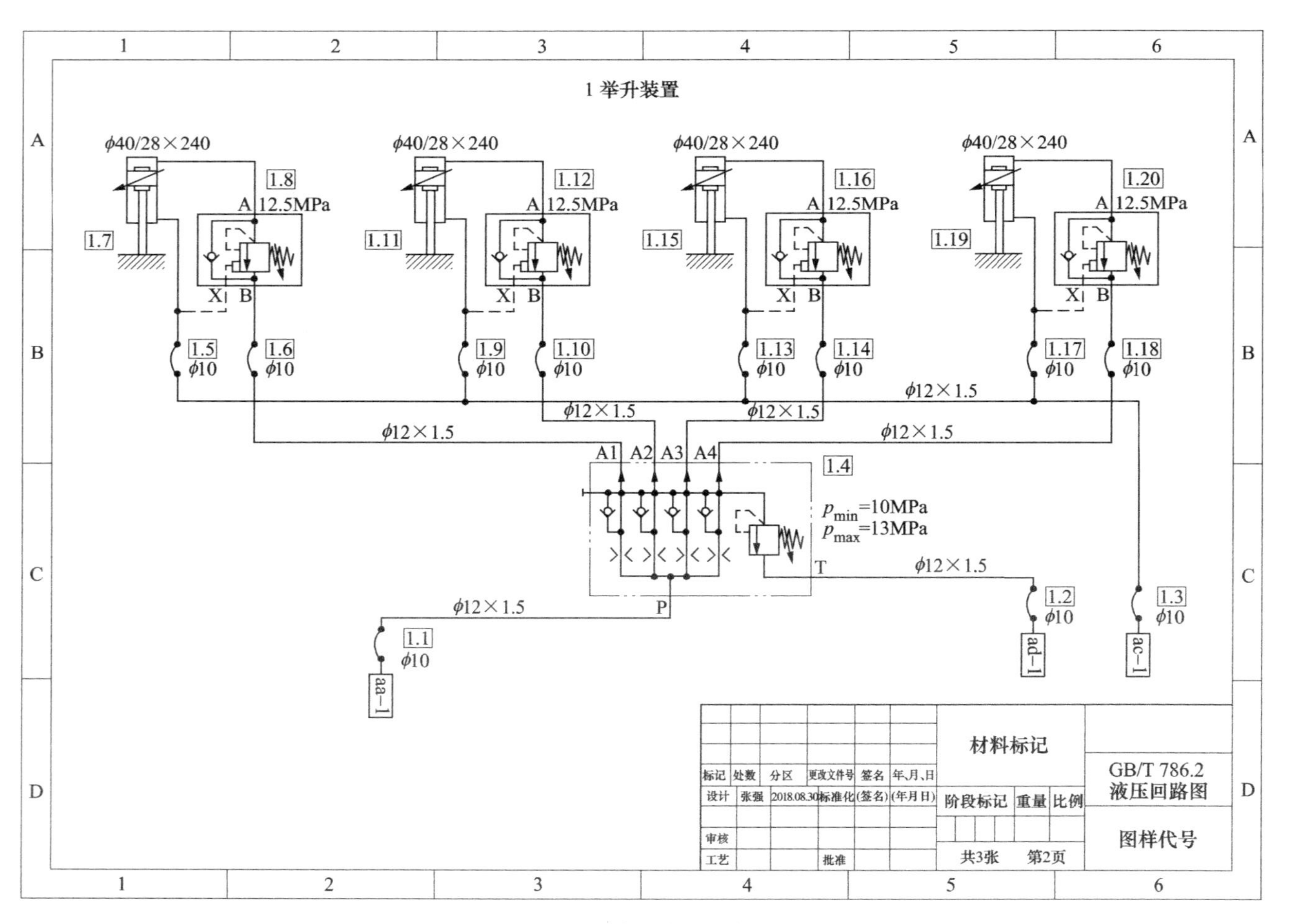
1 举升装置
ϕ40/28×240
1.7
1.8
A 12.5MPa
X B
1.5 ϕ10
1.6 ϕ10
1.11
1.12
1.9 ϕ10
1.10 ϕ10
1.15
1.16
1.13 ϕ10
1.14 ϕ10
1.19
1.20
1.17 ϕ10
1.18 ϕ10
ϕ12×1.5
A1 A2 A3 A4
1.4
p_{min}=10MPa
p_{max}=13MPa
T
P
1.1 ϕ10
aa–1
1.2 ϕ10
ad–1
1.3 ϕ10
ac–1
材料标记
GB/T 786.2
液压回路图
标记 处数 分区 更改文件号 签名 年、月、日
设计 张强 2018.08.30 标准化 (签名) (年月日)
阶段标记 重量 比例
图样代号
审核
工艺 批准
共3张 第2页

图 5-2 举升装置示例

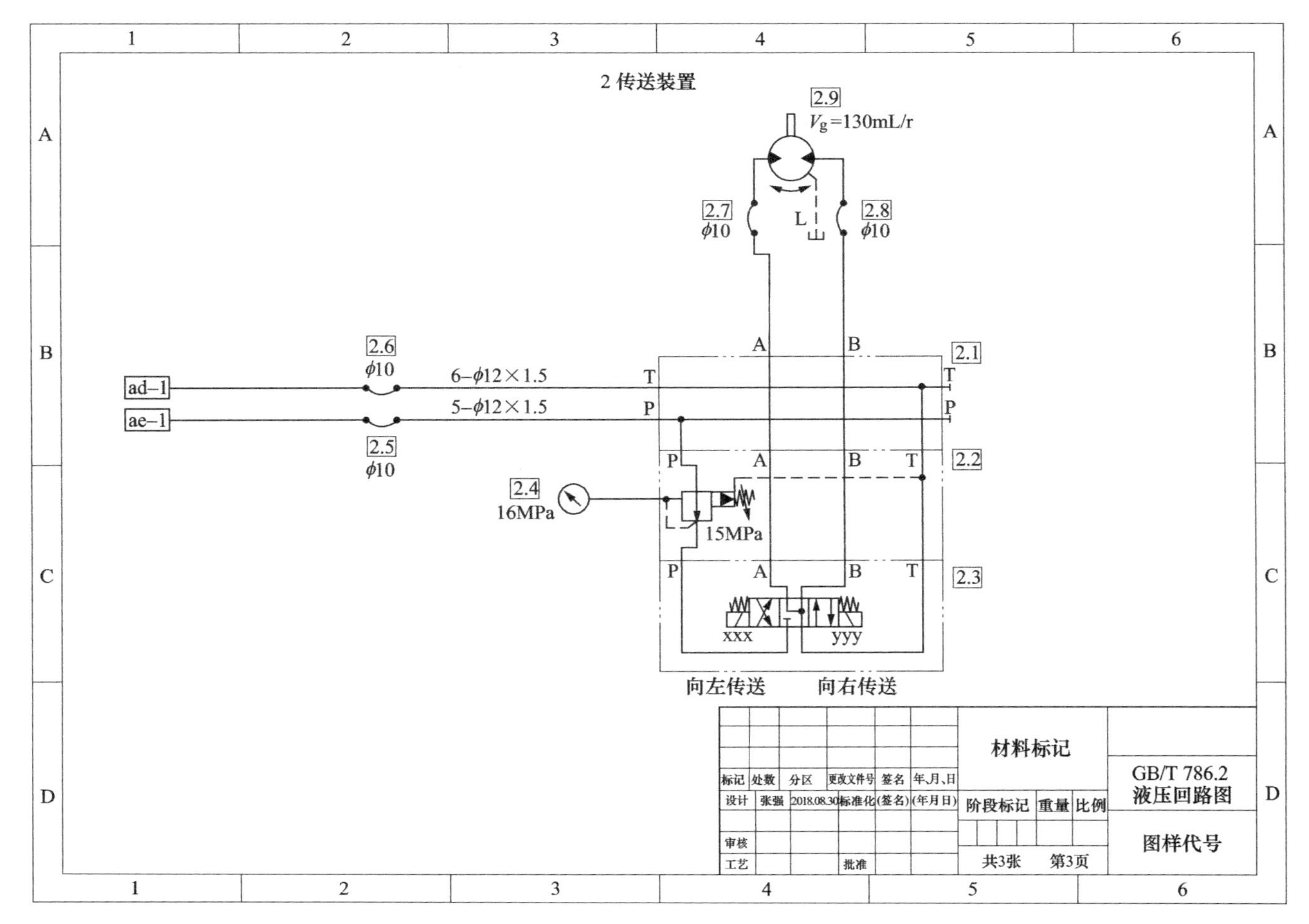
2 传送装置
2.9
V_g=130mL/r
2.7
φ10
L
2.8
φ10
2.6
φ10
6–φ12×1.5
5–φ12×1.5
ad–1
ae–1
2.5
φ10
A
B
T
P
2.1
2.2
2.3
2.4
16MPa
15MPa
xxx
yyy
向左传送
向右传送
材料标记
GB/T 786.2
液压回路图
图样代号
标记
处数
分区
更改文件号
签名
年、月、日
设计
张强
2018.08.30
标准化
(签名)
(年月日)
阶段标记
重量
比例
审核
工艺
批准
共3张
第3页

图5-3 传送装置示例

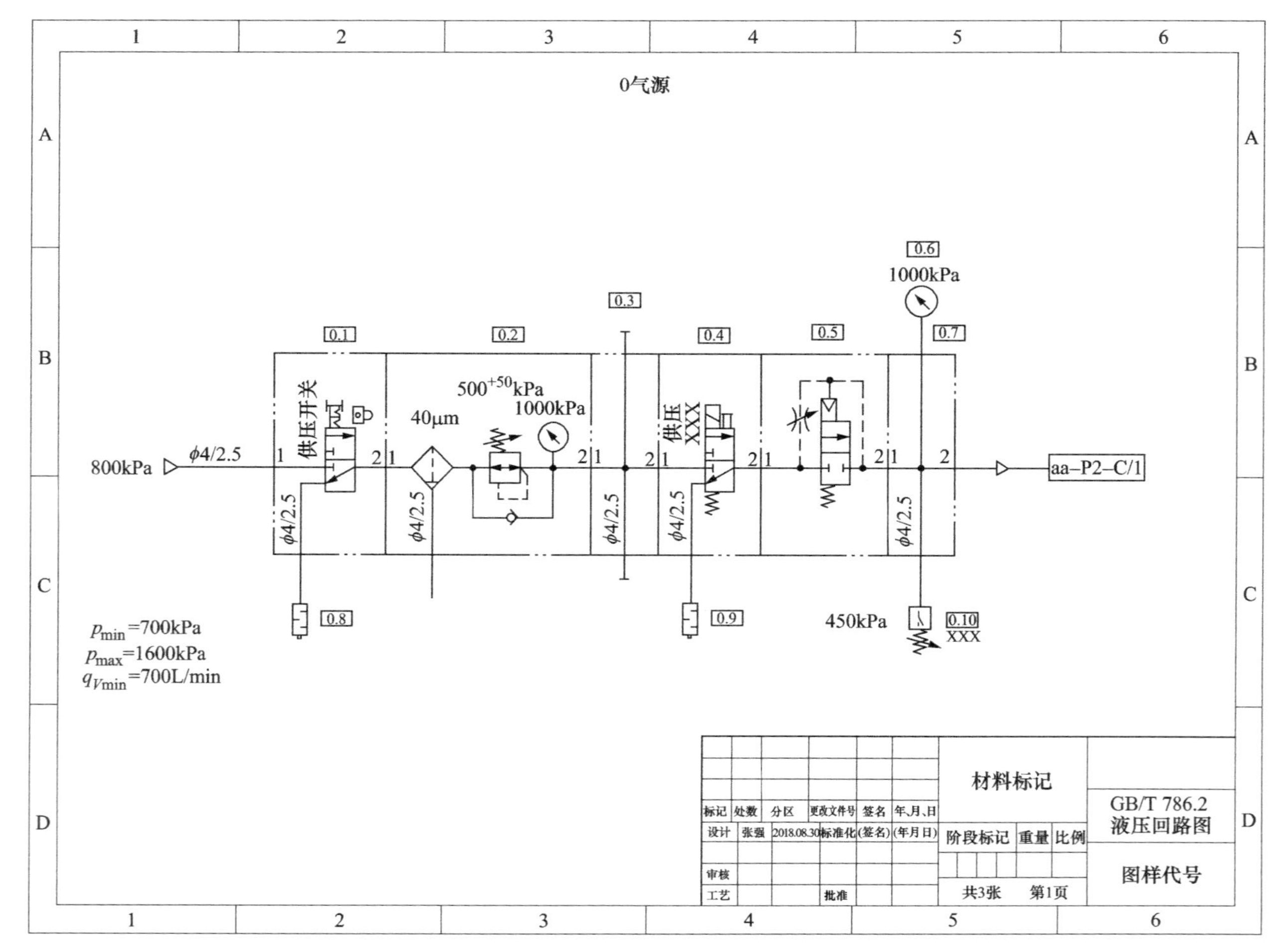

0气源
800kPa
φ4/2.5
0.1
供压开关
0.2
40μm
500+50kPa
1000kPa
0.3
0.4
供压
XXX
0.5
0.6
1000kPa
0.7
aa–P2–C/1
0.8
0.9
450kPa
0.10
XXX
p_{min}=700kPa
p_{max}=1600kPa
q_{Vmin}=700L/min
材料标记
GB/T 786.2
液压回路图
标记 处数 分区 更改文件号 签名 年、月、日
设计 张强 2018.08.30 标准化 (签名) (年月日)
阶段标记 重量 比例
审核
工艺
批准
共3张 第1页
图样代号

图 5-4 气源示例

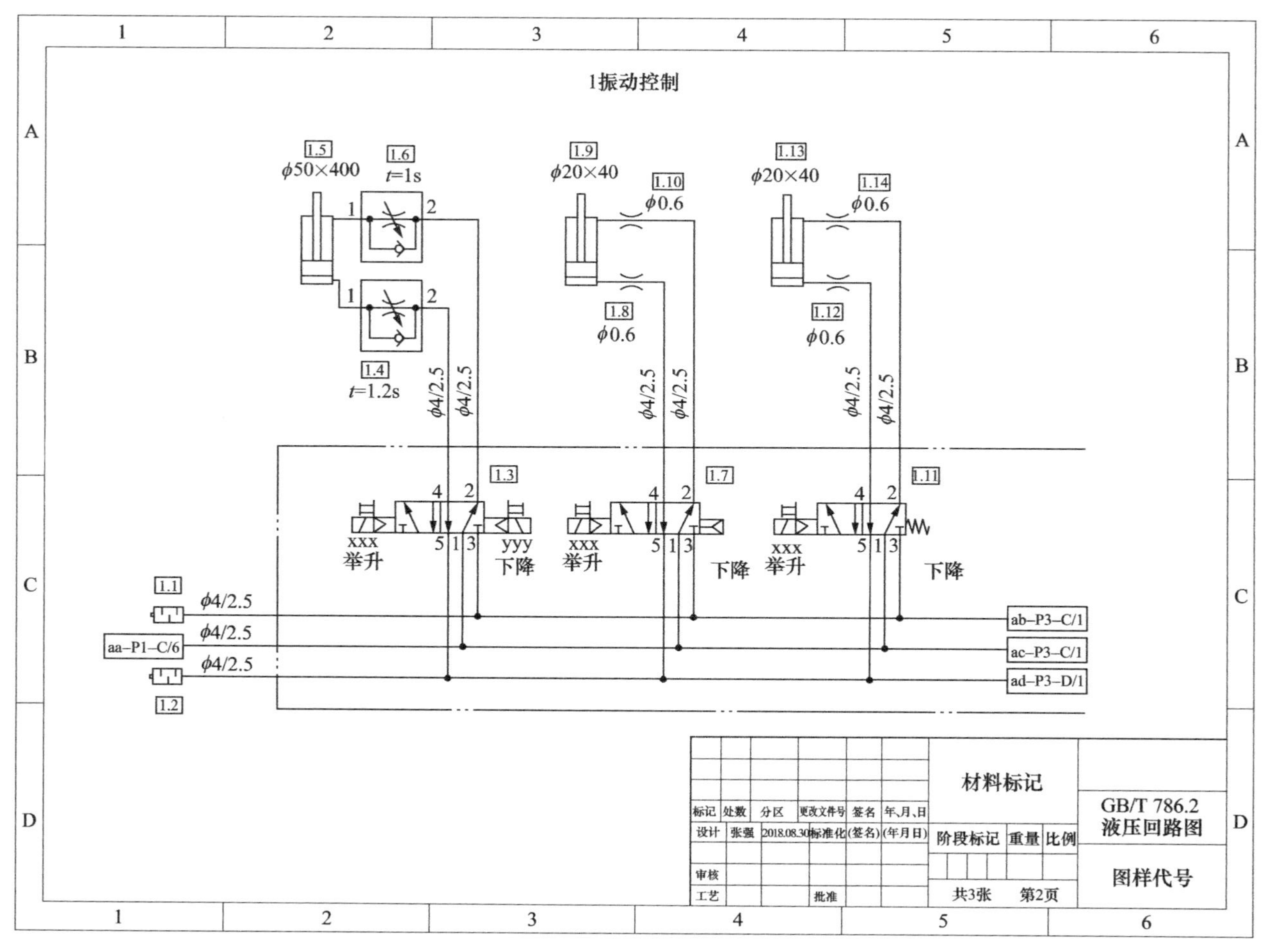
1振动控制
1.1
1.2
1.3
1.4
1.5
1.6
1.7
1.8
1.9
1.10
1.11
1.12
1.13
1.14
ϕ50×400
t=1s
t=1.2s
ϕ20×40
ϕ0.6
ϕ4/2.5
xxx
举升
yyy
下降
aa–P1–C/6
ab–P3–C/1
ac–P3–C/1
ad–P3–D/1
材料标记
阶段标记
重量
比例
共3张
第2页
GB/T 786.2
液压回路图
图样代号
标记
处数
分区
更改文件号
签名
年、月、日
设计
张强
2018.08.30
标准化
(签名)
(年月日)
审核
工艺
批准

图 5-5　振动控制示例

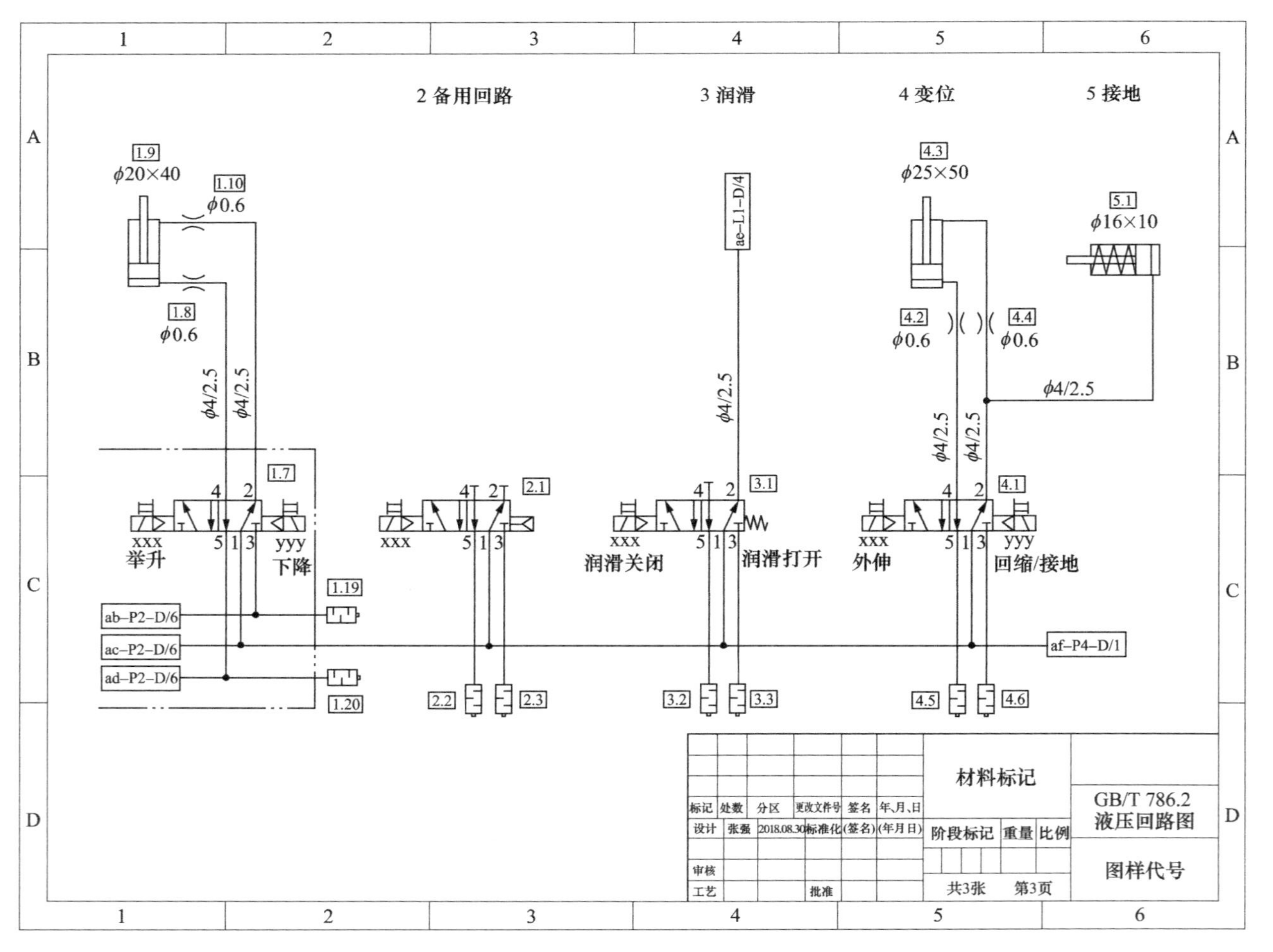

图 5-6 备用回路、润滑、变位和接地示例

5.7　符号模块

在 GB/T 786.3—2021 中给出了符号模块的创建规则和应用规则，表示液压或气动系统回路中构成功能单元作用的元件的集合体，如油路块总成、叠加阀阀组或气源处理装置（FRL 装置）等。

【符号模块的创建 标准条款】

4.1　外框线宽

符号模块应由线宽 0.1M 或 0.175M 的实线包围。

4.2　外框尺寸

外框尺寸取决于其内部包含的符号、管路和符号模块的接口连接点的位置。外框的宽度尺寸和高度尺寸应为 2M 或其倍数。

注：为清晰的理解，外框尺寸种类宜尽量少。

4.3　外框与线的间距

外框与最接近外框的线之间的间距应与相邻平行线之间的间距有区别。符号模块中线与线的间距可以是 1M 或其倍数。

注：4.2 和 4.3 的规定是为清晰地理解回路图。

4.4　符号模块方向

符号模块方向也应符合 ISO 1219-1 中关于符号方向的规定，见图 3。

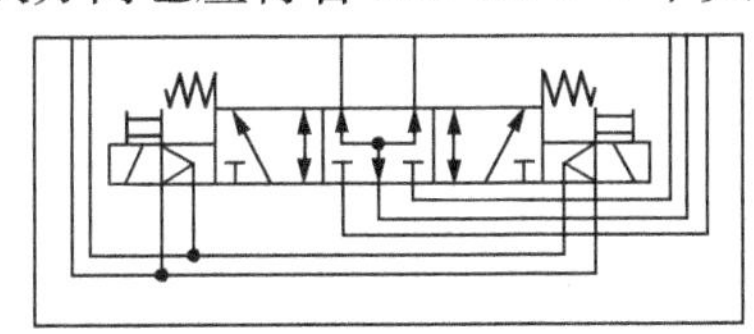

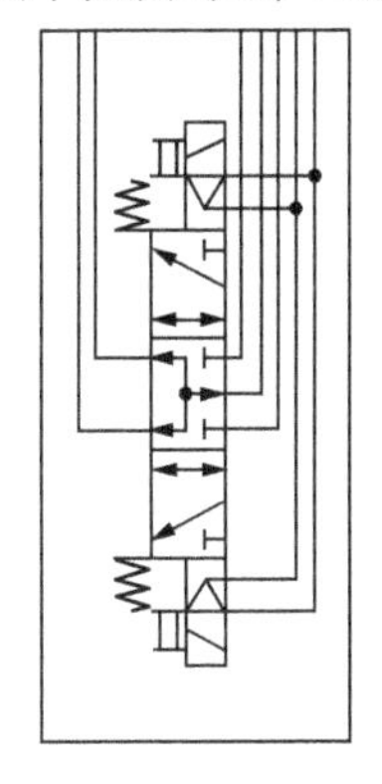

图 3　符合 ISO 1219-1 规定的符号模块方向

4.5　封闭管路的表示

符号模块中封闭管路的绘制应符合 ISO 1219-1 中 8.2.9 的规定，其图形符号注册号为 2172V1。符号模块中液压管路内堵头的绘制应符合 ISO 1219-1 中 8.2.10 的规定，其图形符号注册号为 F038V1。

符号模块应由线宽 0. 1M 或 0. 175M 的实线包围，即 0. 25mm 或 0. 4375mm。

符号模块中封闭管路的绘制应符合 ISO 1219-1 中 8. 2. 9 规定，如图 5-7 所示。

符号模块中液压管路内堵头的绘制应符合 ISO 1219-1 中 8. 2. 10 规定，如图 5-8 所示。

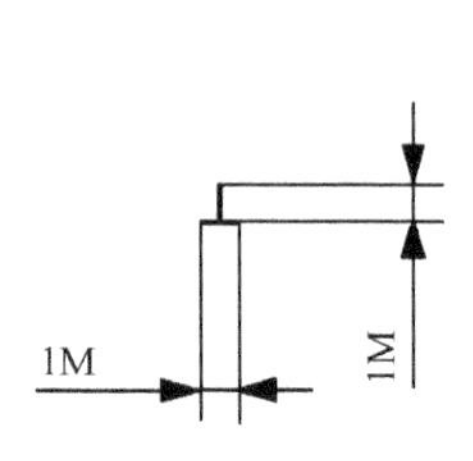

图 5-7　符号模块中封闭管路的绘制

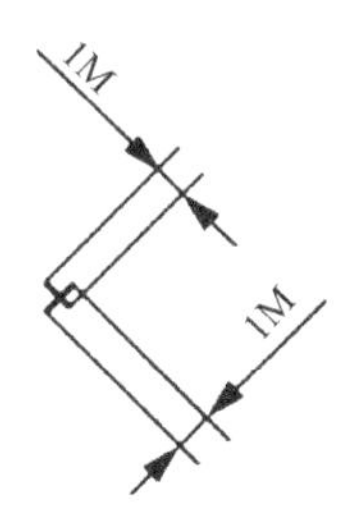

图 5-8　符号模块中液压管路内堵头的绘制

【符号模块的应用　标准条款】

5. 1　符号模块的典型布局

合适的符号模块可以水平和垂直相互连接。三种典型布局，见图 4。

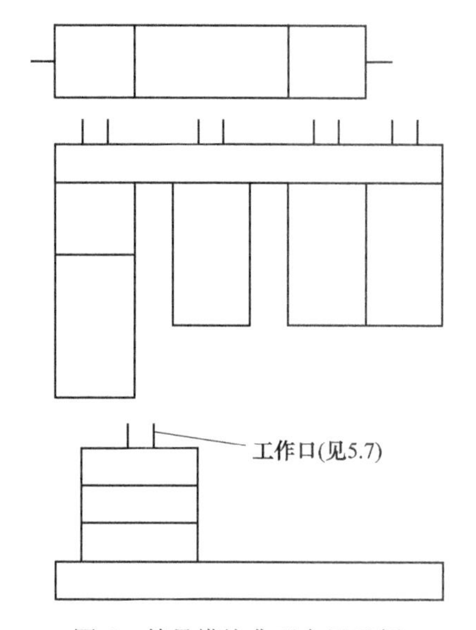

图 4　符号模块典型布局示例

5. 2　符号模块的连接

符号模块的设计和排列应使接口连接点重合。只有接口处具有相同宽度（或高度）的符号模块才应相互连接。

底板或油路块的符号在绘制回路图中的连接规则可以有所区别。

5.3 符号模块的间距

在回路图中，符号模块无连接点的一侧可并行排列。符号模块之间的距离不代表元件实际装配中的距离。

5.4 被连接符号模块的外框

连接在一起的符号模块，其代表一个具有自我标识代码的功能单元，可用线宽0.1M或0.175M的点画线框线包围标出。

5.5 符号模块的分解

5.5.1 在回路图中，符号模块可在多张图样上绘制。

5.5.2 符号模块的分解部分应使用符合ISO 1219-2中4.3.7规定的连接标识相互标记。

5.5.3 在符号模块的分解侧，符号模块的外框（见4.1）或被连接的符号模块的点画线外框（见5.4）应保持打开状态。

如果使用连接标识，相互连接的符号模块也可在它们的接口处分解。

5.6 符号模块的扩展

为更加清晰地理解，符号模块在回路图中可进行扩展性绘制。

5.7 连接的符号模块的定位和对齐

依据ISO 1219-2中4.3.6的规定，表示控制元件的符号模块放置于图样下部，执行元件的符号模块放置于图样上部。当创建和连接符号模块时，外部连接点（代表工作口）应放置在符号模块的上方或侧方，见图4。

5.8 符号模块接口连接点的名称

在确保清晰理解的前提下，为避免显示多余信息，可省略接口连接点的名称。

ISO 1219-2中4.3.6与4.3.7之规定见本章5.1标准条款中4.3.6与4.3.7。

相似要素的区分

在 GB/T 786.1—2021 中，有多类基本要素存在较多结构、描述接近的相似要素，但所表达的功能以及可能的使用场景存在较大区别，因此有必要对标准中此类相似要素进行汇编区分，避免出现误用，造成技术含义传达错误。此外，控制结构对于流体传动中元件结构理解与创新非常关键，因此对标准中给出的控制机构要素给出了典型实物对照图，帮助读者加深控制机构要素的理解。

6.1　21 种矩形框

框线是 GB/T 786.1—2021 中使用最多的机械基本要素，共有 21 种（见表 6-1），注册号为 101V1~101V22（不含 101V4），用于表示控制方式、转换器、阀机能位、阀芯、过滤器、缸筒、活塞杆、滑块及缸内缓冲等多种元件、部件或其框线。

表 6-1　21 种矩形框

条目号	登记序号	图形	描述	应用说明
8.4.6	101V21	□2M	控制方式（简略表示）、蓄能器重锤、润滑点的框线	用于润滑点框线内部涂黑
8.4.7	101V5	□3M	开关、转换器和其他类似器件的框线	用于压力开关、集成电子器件、计数器等框线
8.4.8	101V7	□4M	最多四个主油/气口阀的机能位的框线	二、三、四通阀用机能位

（续）

条目号	登记序号	图形	描述	应用说明
8.4.9	101V12	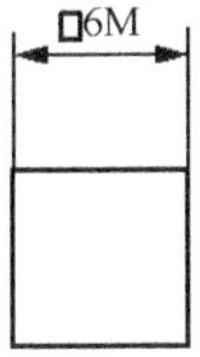 □6M	原动机的框线（如：内燃机）	未见示例，用于内燃机等原动机
8.4.10	101V15	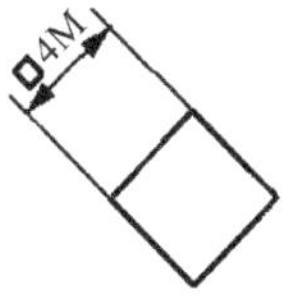 □4M	流体处理装置的框线（如：过滤器、分离器、油雾器和热交换器）	用于各类过滤器、分离器、油雾器、干燥器和热交换器等
8.4.11	101V2	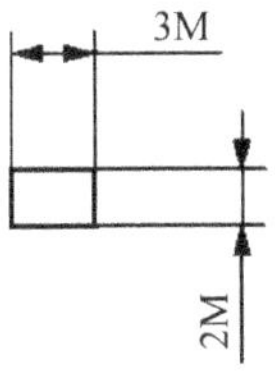 3M 2M	控制方式的框线（标准图）	用于电磁线圈、液压/气动先导控制机构等
8.4.12	101V3	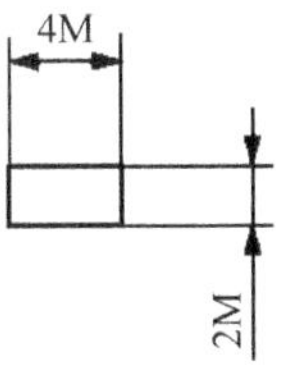 4M 2M	控制方式的框线（加长图）	用于三个位置的定位机构
8.4.13	101V6	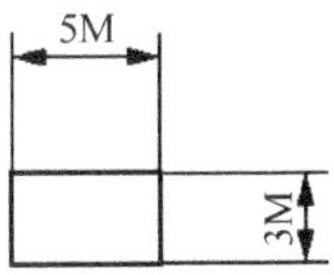 5M 3M	显示单元的框线	用于数字、光学、声音指示器，定时开关等
8.4.14	101V8	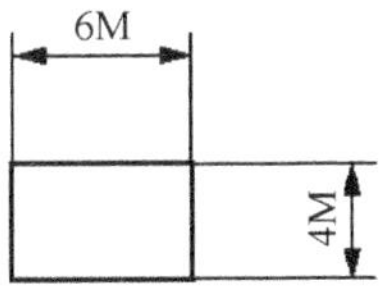 6M 4M	五个主油/气口阀的机能位的框线	五通阀用机能位
8.4.15	101V16	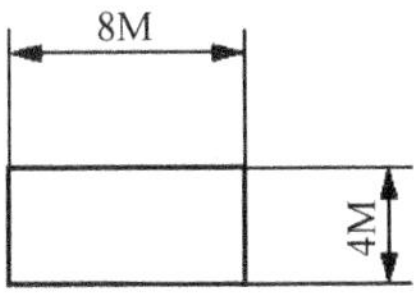 8M 4M	双压阀（与阀）的框线	用于梭阀或含有梭阀的盖板式插装阀的控制盖板等

（续）

条目号	登记序号	图形	描述	应用说明
8.4.16	101V20	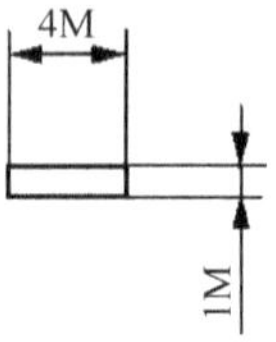 4M 1M	无杆缸的滑块	带式、绳索式等无杆缸外部滑块
8.4.17	101V1	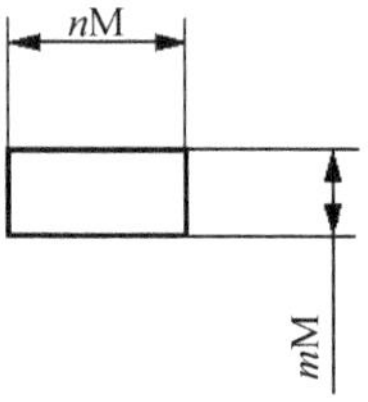 *n*M *m*M	功能单元的框线	为各类元件框线的基础符号
8.4.18	101V17	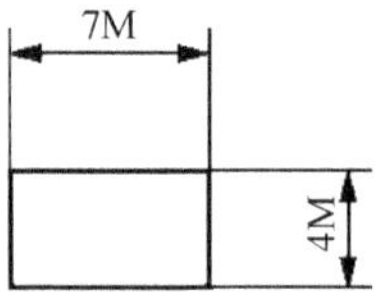 7M 4M	气爪的框线	相比于普通缸筒短
8.4.19	101V18	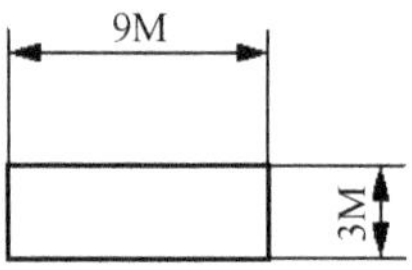 9M 3M	柱塞缸的活塞杆	单作用柱塞缸活塞杆
8.4.20	101V13	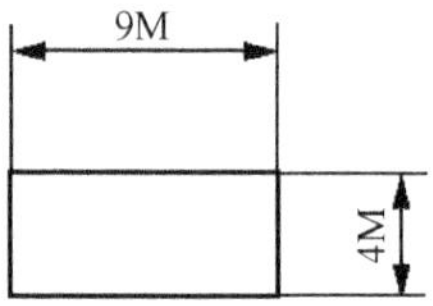 9M 4M	缸筒	用于多类普通液压缸、气缸的缸筒等
8.4.21	101V22	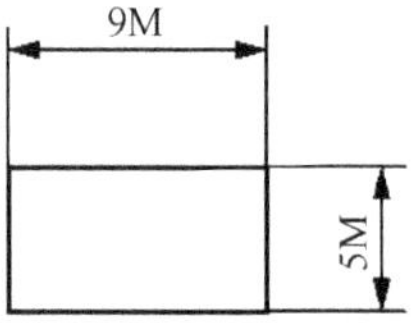 9M 5M	多级缸的缸筒	用于多级缸或柱塞缸的缸筒等
8.4.35	101V19	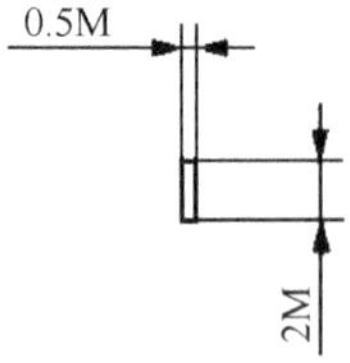 0.5M 2M	缸内缓冲	绘制于活塞两侧

（续）

条目号	登记序号	图形	描述	应用说明
8.4.36	101V14	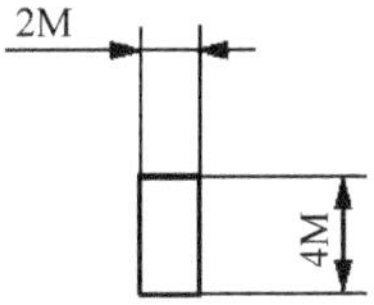 2M 4M	缸的活塞	也用于活塞式蓄能器内表示活塞
8.4.37	101V9	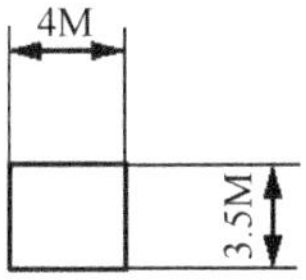 4M 3.5M	盖板式插装阀的阀芯	锥阀结构阀芯内主体
8.4.38	101V10	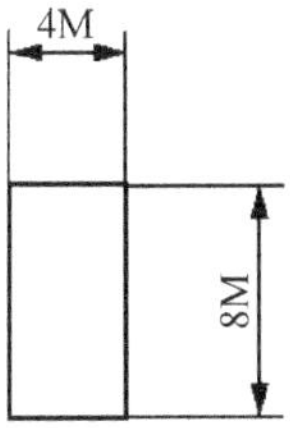 4M 8M	盖板式插装阀的阀套（可插装滑阀芯）	滑阀结构阀芯主体
8.4.39	101V11	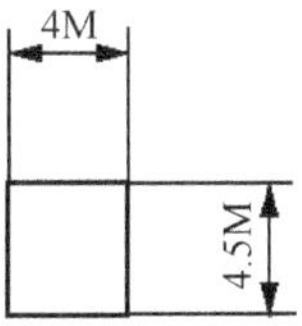 4M 4.5M	盖板式插装阀的阀芯（可插装滑阀芯）	滑阀结构阀芯内主体

6.2 4种节流要素

在GB/T 786.1—2021中，节流要素有4种（见表6-2），具有明显的形状、尺寸区别，所表示的功能也差异很大，但如果不了解其核心区别，很容易在图形符号和回路图的绘制过程中出现误用，造成技术含义表达上的错误。

表6-2 4种节流要素

条目号	登记序号	图形	描述	应用说明
8.4.56	2031V2	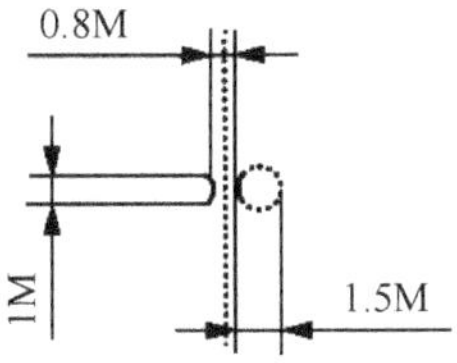 0.8M 1M 1.5M	节流（小规格）	国际标准英文原为throttle，中文可称为节流通道，表示有一定长度，节流特性受黏度影响明显 用于泵、阀等元件符号内部

（续）

条目号	登记序号	图形	描述	应用说明
8.4.57	2031V1	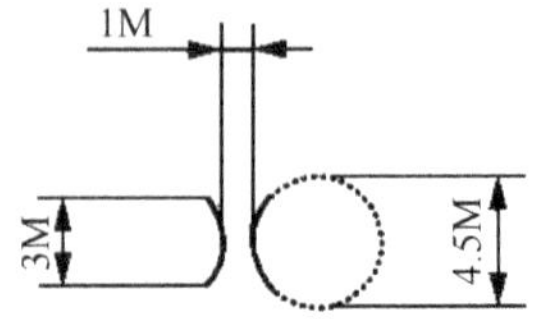 1M 3M 4.5M	节流（流量控制阀，取决于黏度）	节流特性受黏度影响明显 大规格，用于回路、节流阀等
8.4.58	F021V1	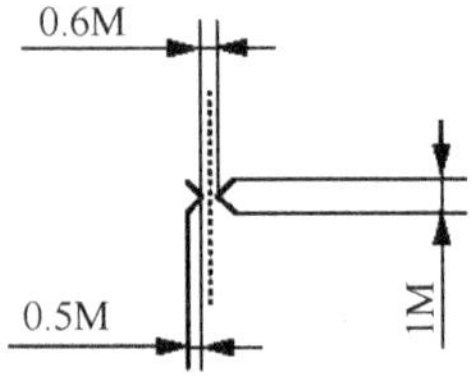 0.6M 0.5M 1M	节流（小规格）	国际标准英文原为orifice，中文可称为节流孔，表示节流长度较短（可忽略不计），节流特性受黏度影响不明显
8.4.59	F022V1	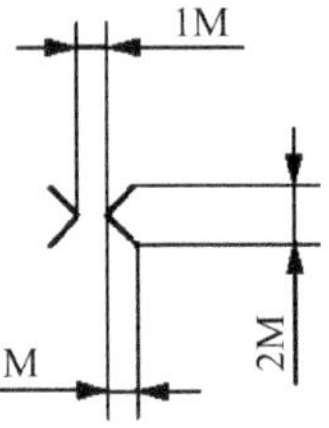 1M 1M 2M	节流（锐边节流，很大程度上与黏度无关）	节流特性受黏度影响明显 大规格，用于回路、流量控制阀等

6.3 8种调节要素

在 GB/T 786.1—2021 中，调节要素有 8 种，见表 6-3。

表 6-3 8种调节要素

条目号	登记序号	图形	描述	应用说明
8.6.1	201V1	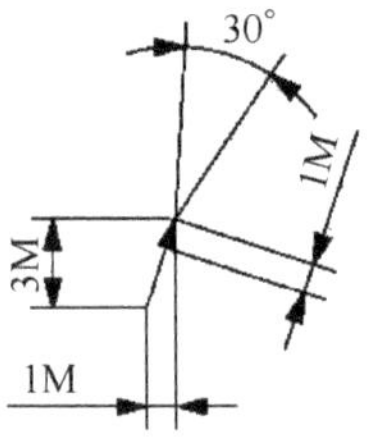 30° 1M 3M 1M	可调节（如：行程限制）	用于变量泵及二通插装阀控制盖板的可调行程机构、数字信号输出的压力开关等
8.6.2	203V1	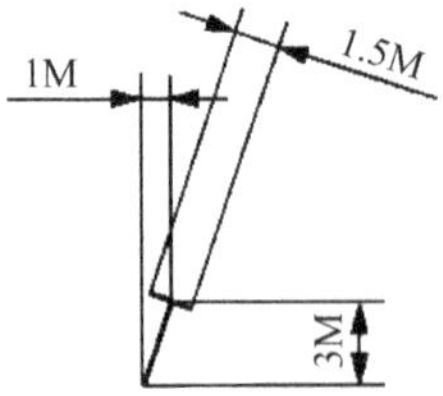 1M 1.5M 3M	预设置（如：行程限制）	用于缸行程限位

（续）

条目号	登记序号	图形	描述	应用说明
8.6.3	201V2	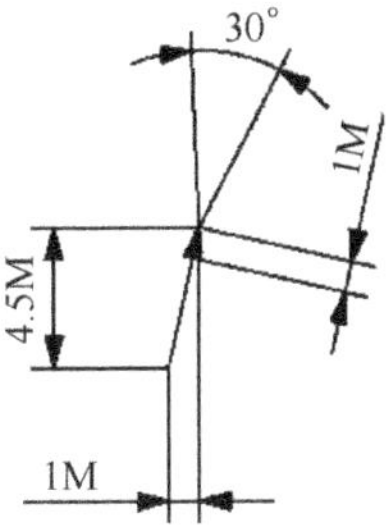	可调节（弹簧或比例电磁铁）	用于表示比例电磁铁、控制型弹簧、阀推杆的可调节
8.6.4	201V3	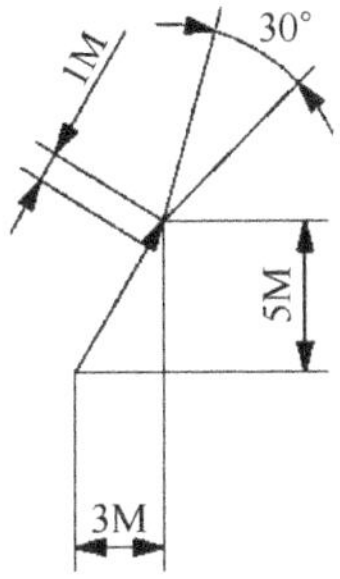	可调节（节流）	用于表示流量控制阀的可调节（节流孔型，节流特性不受黏度影响）
8.6.5	203V2	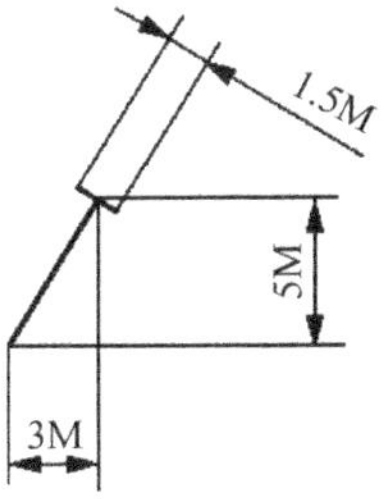	预设置（节流）	用于表示流量控制阀的预设置（节流孔型，节流特性不受黏度影响）
8.6.6	201V4	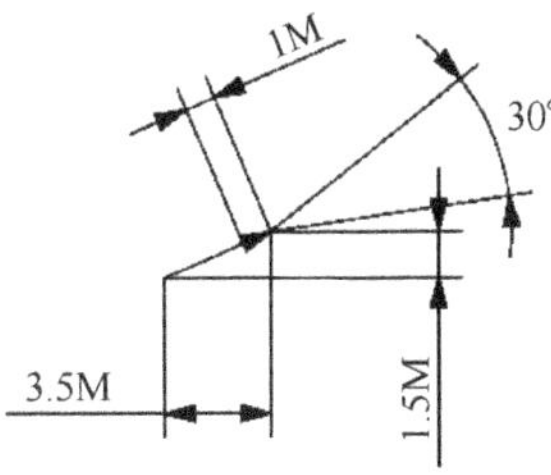	可调节（节流）	用于表示节流阀的可调节（节流通道型，节流特性受黏度影响）

（续）

条目号	登记序号	图形	描述	应用说明
8.6.7	201V7	30° 1M 7.5M 2M	可调节（末端缓冲）	用于表示缸的终端缓冲的可调节
8.6.8	201V5	45° 30° 1M 9M	可调节（泵/马达）	用于表示泵、马达的排量可调节

6.4 6种机械连接

在 GB/T 786.1—2021 中，机械连接要素有 6 种（见表 6-4），尽管描述非常接近，但具有不同尺寸、结构的图形符号，应用场景差异明显，应避免误用。

表 6-4 6种机械连接

条目号	登记序号	图形	描述	应用说明
8.4.47	402V1	0.5M 3M	机械连接，轴，杆，机械反馈	用于阀的机械反馈、转速计、扭矩仪的连接等
8.4.48	F017V1	1M 3M	机械连接（如：轴，杆）	用于泵/空压机的输入轴、马达/摆动执行器的输出轴等

（续）

条目号	登记序号	图形	描述	应用说明
8.4.49	402V5	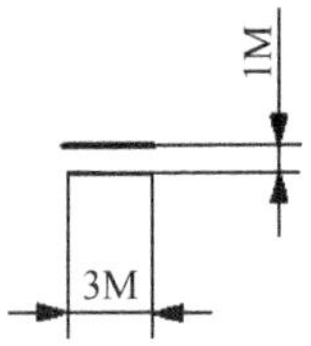 1M 3M	机械连接，轴，杆，机械反馈	用于推拉控制装置、旋转控制装置、滚轮连杆控制装置以及电动机与换向阀连接等
8.5.2	402V2	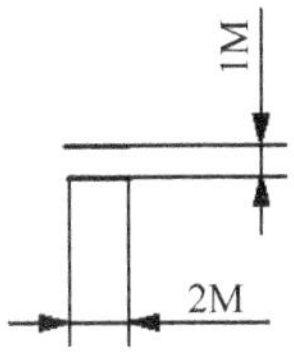 1M 2M	机械连接，轴，杆	用于手动控制装置、计数器与气动换向阀连接等
8.5.3	402V3	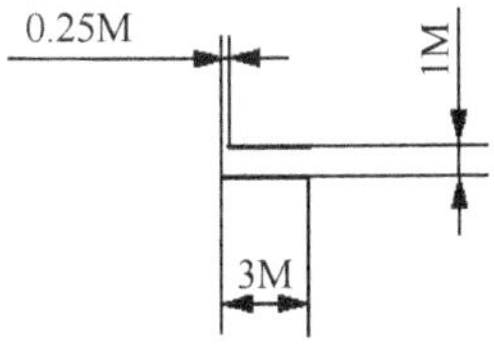 0.25M 1M 3M	机械连接，轴，杆	拉（上短下长）
8.5.4	402V4	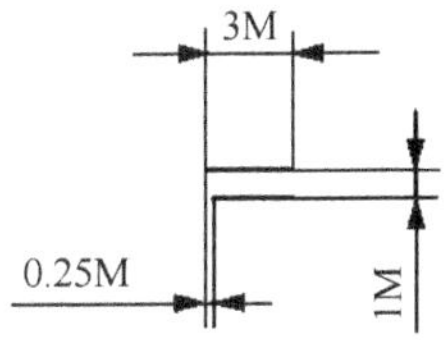 3M 0.25M 1M	机械连接，轴，杆	推（上长下短）

6.5　4 种弹簧

弹簧这一要素在 GB/T 786.1—2021 中共有 4 种（见表 6-5），机械基本要素中有 3 种，控制要素中有 1 种，仔细观察区别较为明显：机械要素中的弹簧均是由长度相等若干条的实线构成，而控制要素弹簧的两端则各有一条半长实线。应注意区分，常见有图形符号的控制型弹簧（如溢流阀、弹簧复位的换向阀等）误用了机械要素中的复位型弹簧（气爪用、缸用）。

同时，本标准的国际标准化工作组在设计弹簧要素时的区分方式明显：由于液压系统压力通常大于气压系统压力，所以液压缸用复位弹簧比气爪用复位弹簧多了一组V线；而控制型弹簧尽管力量小，但控制过程需要较长的变形长度，所以控制型弹簧直径小、V线多，而嵌入式弹簧的直径则更小、V线更多。可见弹簧类要素力越大则直径越大，行程越长则V线越多，且应注意与框线相匹配。

表6-5　4种弹簧

条目号	登记序号	图形	描述	应用说明
8.4.60	2002V2	1M 2.5M	弹簧（嵌入式）	控制型，用于二通盖板式插装插装阀、含单向阀的真空吸盘等
8.4.61	2002V4	4M 4M	弹簧（气爪用）	复位型，用于气爪
8.4.62	2002V3	6M 4M	弹簧（缸用）	复位型，用于单作用液压缸、气缸等
8.5.23	2002V1	2.5M 2M	控制要素：弹簧	控制型，用于阀类元件的控制，如溢流阀、弹簧复位的换向阀等

6.6　两种单向阀要素

在GB/T 786.1—2021中，单向阀阀座与球体的机械基本要素有大小两个规格，相应的尺寸规定和应用场景见表6-6。

表 6-6 两种单向阀要素

条目号	登记序号	图形	描述	应用说明
8.4.53	2162V2	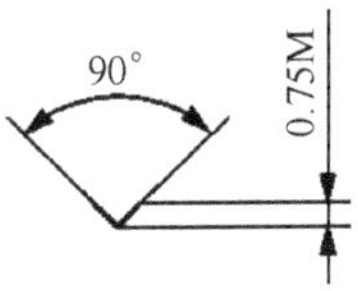 90° 0.75M	单向阀的阀座（小规格）	用于各类阀内部设置的单向流动限制（阀内单向控制）
8.4.1	2163V2	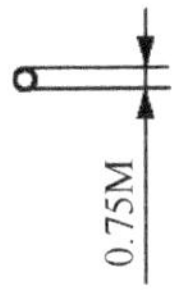 0.75M	单向阀的运动部分（小规格）	
8.4.54	2162V1	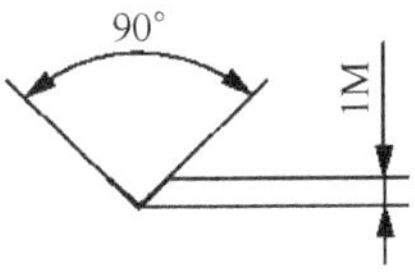 90° 1M	单向阀的阀座（大规格）	用于单向阀的阀座（独立单向阀）
8.4.2	2163V1	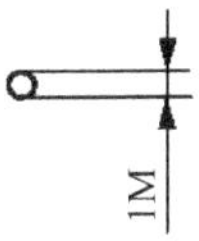 1M	单向阀的运动部分（大规格）	

6.7 电气开关信号与电气触点

在 GB/T 786.1—2021 中，电气开关信号与电气常开触点、电气常闭触点两个附件类要素的外形一致，但两者的尺寸规定不同，所表示的含义与使用场景也不相同，因此应区别使用，见表 6-7。

表 6-7 电气开关信号与电气触点

条目号	登记序号	图形	描述	应用说明
8.7.7	F048V1	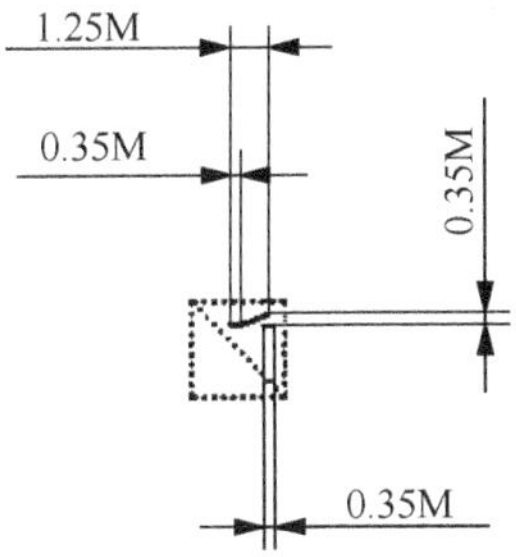 1.25M 0.35M 0.35M 0.35M	输出信号（电气开关信号）	表示输出开关信号，用于压力开关、限位开关等（占半个框位）

（续）

条目号	登记序号	图形	描述	应用说明
8.7.10	F049V1	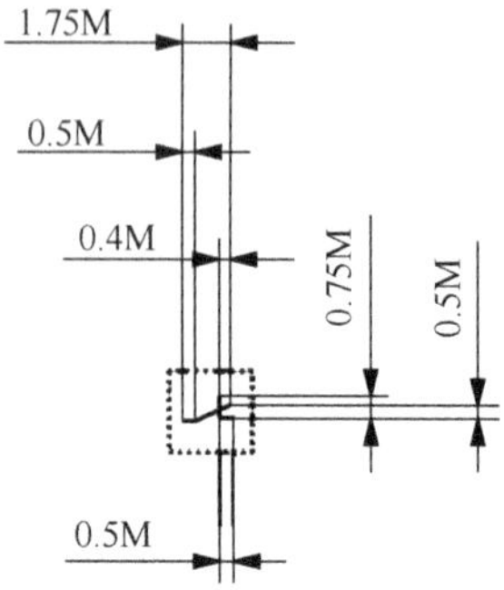 1.75M 0.5M 0.4M 0.75M 0.5M 0.5M	电气常闭触点	表示常闭触点，用于电接点温度计、液位开关等
8.7.11	F050V1	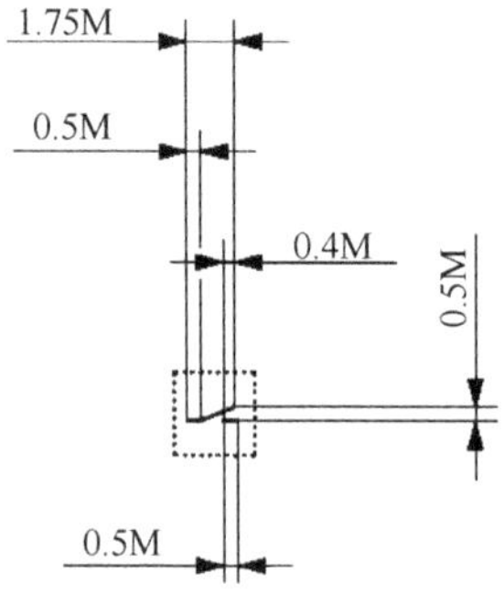 1.75M 0.5M 0.4M 0.5M 0.5M	电气常开触点	表示常开触点，用于压力开关、定时开关等（占整个框位）

6.8 控制机构要素与典型实物

控制机构是流体传动元件功能实现的重要构成部分，对于元件功能理解与创新非常重要，因此本节针对相应图形符号整理了说明或典型实物照片，帮助读者对控制机构要素的图形符号建立直观印象，见表6-8。

表6-8 控制机构要素与典型实物

条目号	登记序号	图形	描述	实物或说明
8.5.1	F039V1	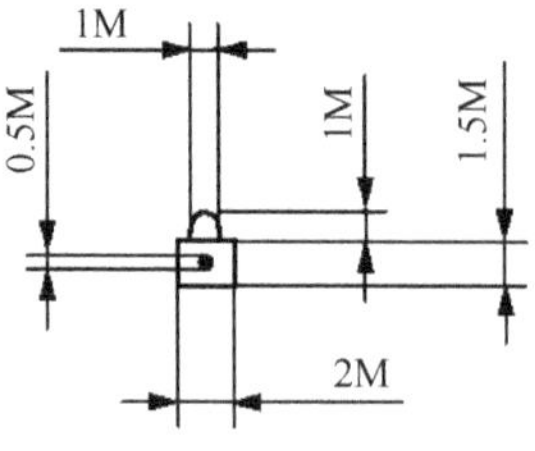 1M 0.5M 1M 1.5M 2M	锁定元件（锁）	控制方式，外形多样

（续）

条目号	登记序号	图形	描述	实物或说明
8.5.2	402V2	1M 2M	机械连接，轴，杆	（短）
8.5.3	402V3	0.25M 1M 3M	机械连接，轴，杆	（拉）
8.5.4	402V4	3M 0.25M 1M	机械连接，轴，杆	（推）
8.5.5	F040V1	6M 0.5M 2M	双压阀的机械连接	
8.5.6	655V1	60° 0.75M 0.25M	锁定槽	控制方式，外形多样
8.5.7	F041V1	1M 0.5M	锁定销	控制方式，外形多样
8.5.8	658V1	0.5M	非锁定位置指示	控制方式，外形多样

（续）

条目号	登记序号	图形	描述	实物或说明
8.5.9	681V2	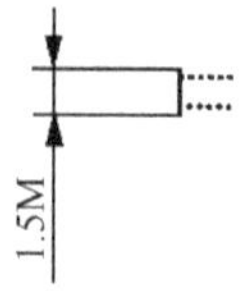 1.5M	手动越权控制要素	控制方式，外形多样
8.5.10	682V1	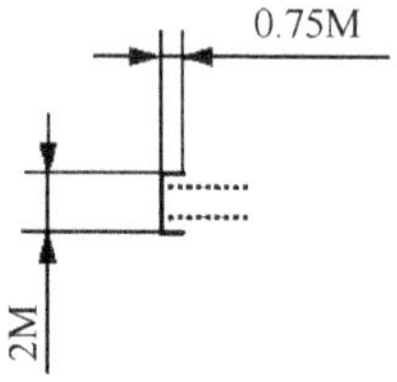 0.75M 2M	推力控制要素	控制方式，外形多样
8.5.11	683V1	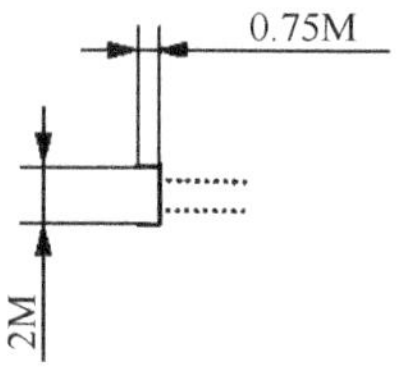 0.75M 2M	拉力控制要素	控制方式，外形多样
8.5.12	684V1	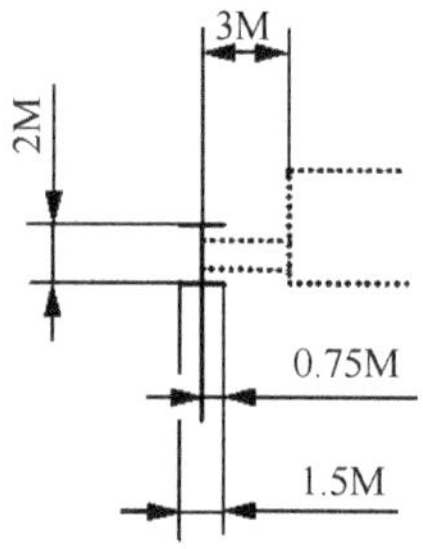 3M 2M 0.75M 1.5M	推拉控制要素	控制方式，外形多样
8.5.13	685V1	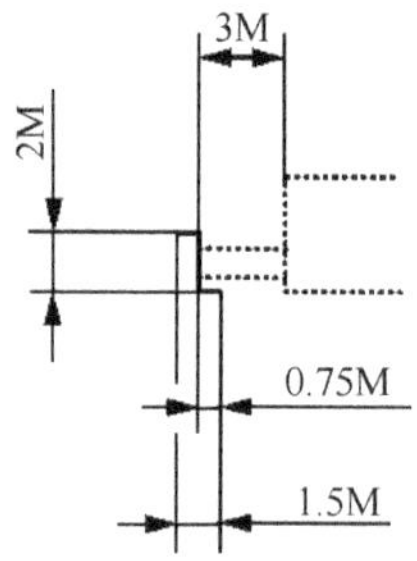 3M 2M 0.75M 1.5M	转动控制要素	控制方式，外形多样
8.5.14	686V1	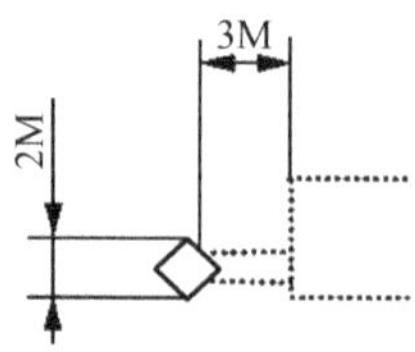 3M 2M	控制元件：可拆卸把手	控制方式，外形多样

（续）

条目号	登记序号	图形	描述	实物或说明
8.5.15	687V1	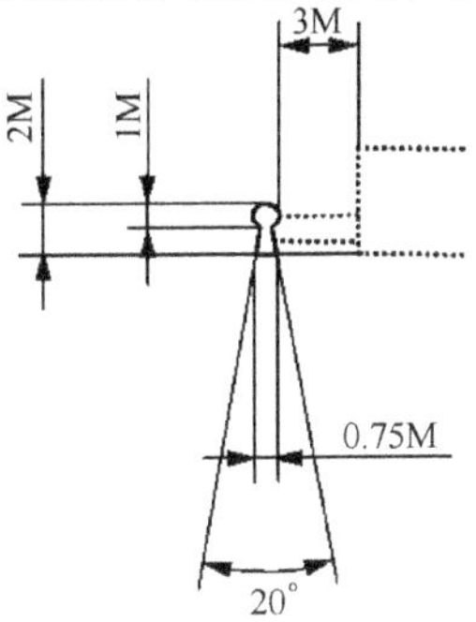	控制要素：钥匙	控制方式，外形多样
8.5.16	688V1	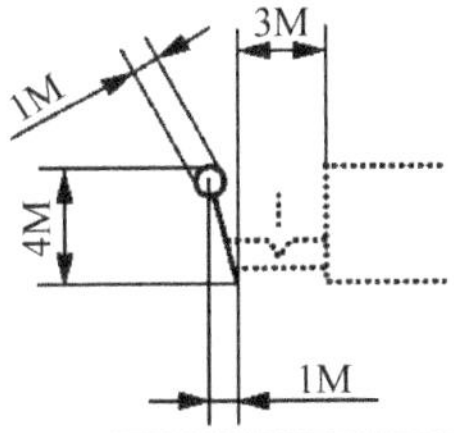	控制要素：手柄	控制方式，外形多样
8.5.17	689V1	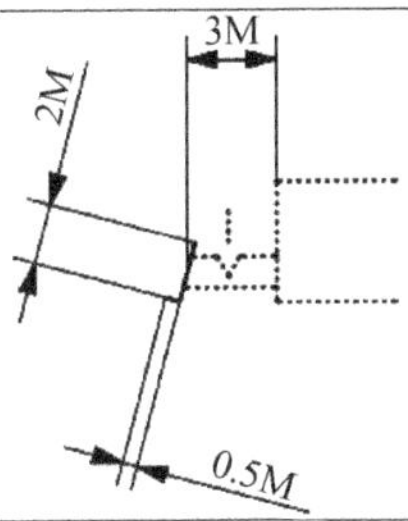	控制要素：踏板	控制方式，外形多样
8.5.18	690V1	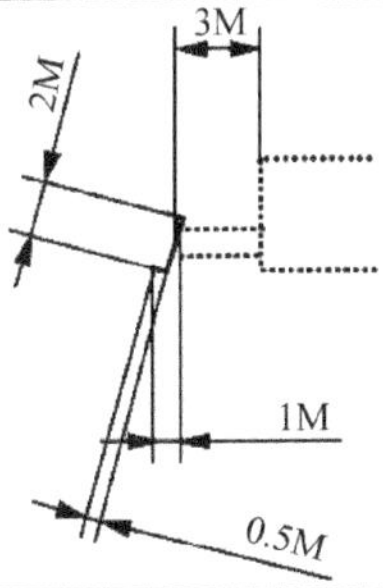	控制要素：双向踏板	控制方式，外形多样
8.5.19	692V1	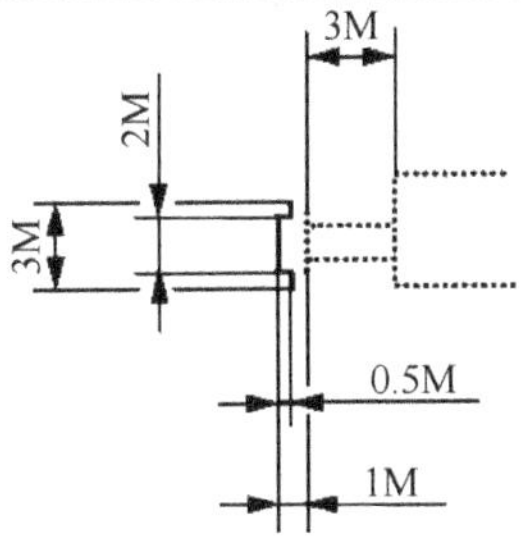	控制机构的操作防护要素	防护方式，外形多样

（续）

条目号	登记序号	图形	描述	实物或说明
8.5.20	711V1	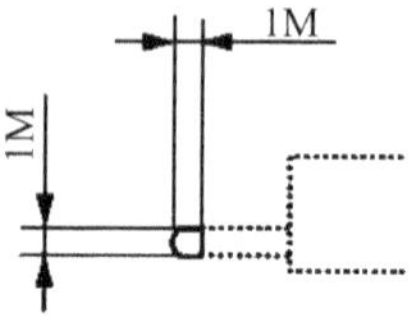 1M 1M	控制要素：推杆	控制方式，外形多样
8.5.21	2005V1	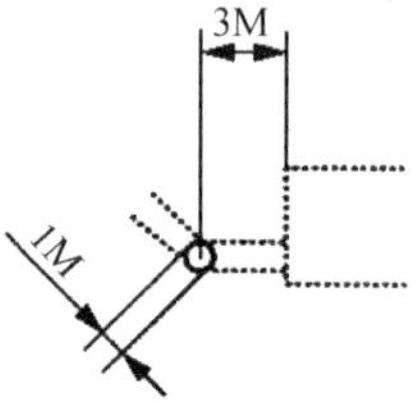 3M 1M	铰接	
8.5.22	712V1	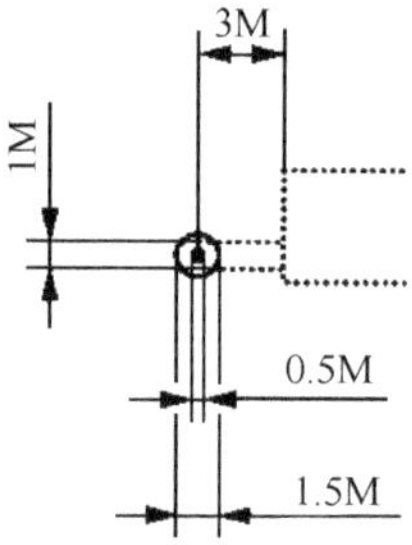 3M 1M 0.5M 1.5M	控制要素：滚轮	
8.5.23	2002V1	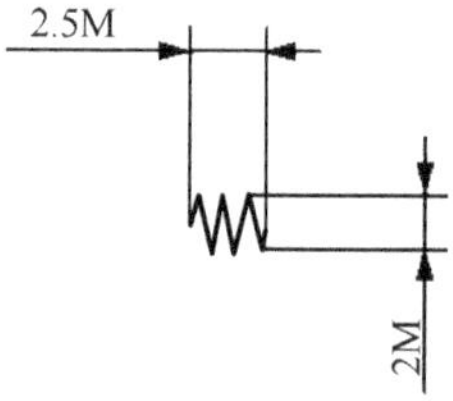 2.5M 2M	控制要素：弹簧	
8.5.24	F042V1	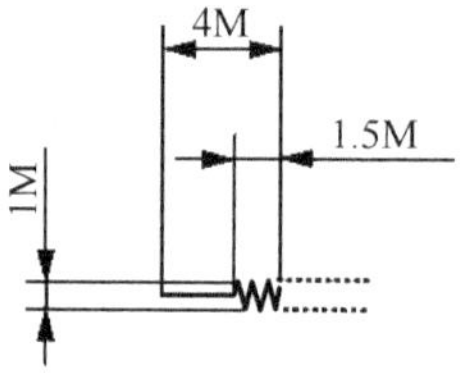 4M 1.5M 1M	控制要素：带控制机构的弹簧	通过螺纹的配合等方式实现弹簧压缩量变化
8.5.25	2177V1	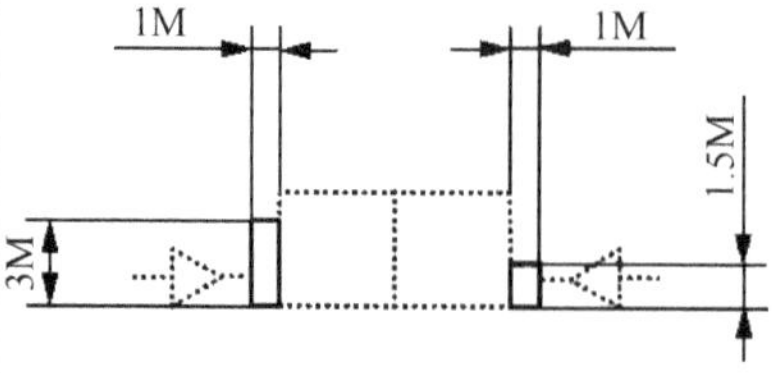 1M 1M 1.5M 3M	不同控制面积的直动操作要素	阀芯两端作用面积不同

（续）

条目号	登记序号	图形	描述	实物或说明
8.5.26	211V1	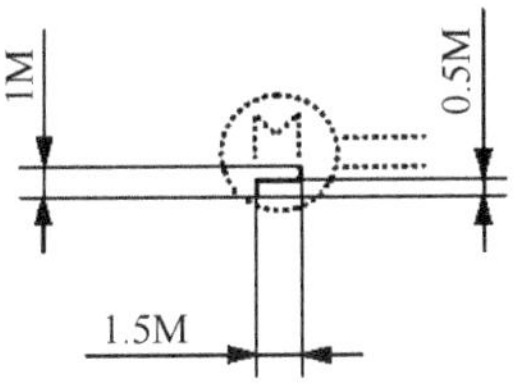 1M 0.5M 1.5M	步进可调符号	
8.5.27	F019V2	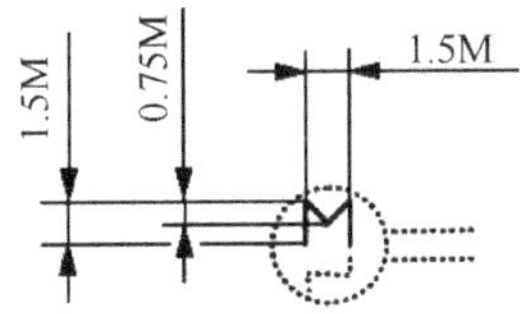 1.5M 0.75M 1.5M	M与登记序号为F002V1的符号结合使用表示与元件连接的电动机	
8.5.28	F043V1	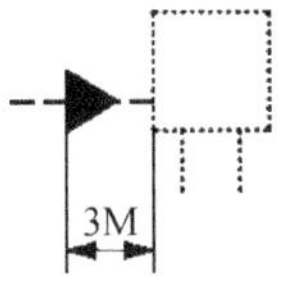 3M	直动式液控机构（用于方向控制阀）	液体通过阀内部流道作用于阀芯
8.5.29	F044V1	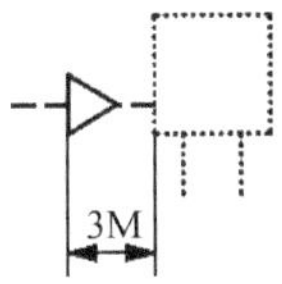 3M	直动式气控机构（用于方向控制阀）	气体通过阀内部流道作用于阀芯
8.5.30	212V1	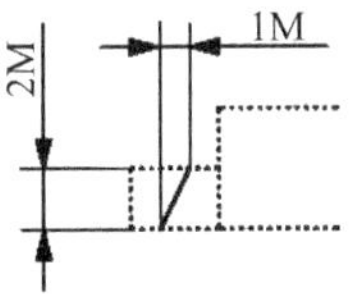 2M 1M	控制要素：线圈，作用方向指向阀芯（电磁铁，力矩马达，力马达）	
8.5.31	212V2	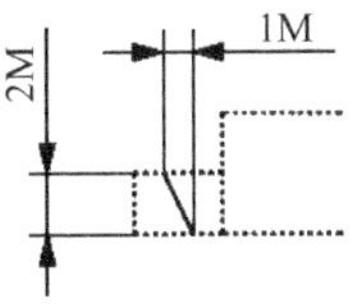 2M 1M	控制要素：线圈，作用方向背离阀芯（电磁铁，力矩马达，力马达）	外形与8.5.30近似，略
8.5.32	212V4	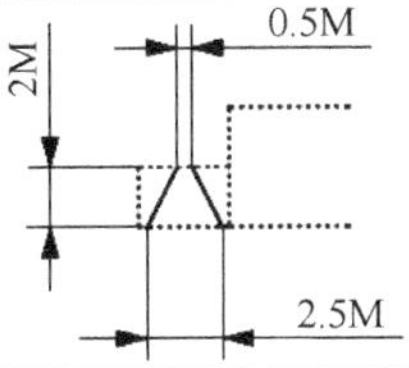 2M 0.5M 2.5M	控制要素：双线圈，双向作用	外形与8.5.30近似，略

第 7 章

使用计算机绘图

在当前技术条件下，设计人员已经很少使用尺规纸笔绘图，几乎所有图形符号和回路的图样均使用计算机绘图，从而很方便地对图样进行传播与复制，也易于实现标准化的绘制。因此，本章以常用软件为例介绍了使用计算机绘图的步骤与技巧，便于读者标准化绘图的实际操作。

7.1 软件的选择

在流体传动与控制领域，技术人员通常使用 Auto CAD 或 CAXA 等软件进行元件图形符号的创建或回路图的绘制，在 CAXA 图库中包含一个“液压气动符号”的图库供用户调用，但其尺寸和构型均与国际标准和国家标准差别较大，需要进行较大调整后才能应用。很多用户也根据自己的需求使用 CAD 软件自行创建图形符号，在参照相关标准文本的情况下，基本可以保证构型的正确，但在符号的尺寸比例上很难达到国际标准和国家标准的要求，同时也会增加很多额外的工作量。

Visio 作为微软旗下的系列软件之一，因此与 Office 软件的兼容性较好。许多高校的教师编写教材以及学生撰写论文过程中使用较多，在其“形状→工程→机械工程”中也包含了针对流体领域的一些模板库，但尺寸和构型也与国际标准和国家标准存在较大差别，直接调用的图形符号存在错误，易造成误解。

CAXA 在功能上与 Auto CAD 近似，作为国产制图软件，在许多细节上更贴近国内技术人员操作习惯。但考虑到国内企业及高校中软件版权的情况，选择 Auto CAD 及 Visio 两款软件进行对比如下：

1. Auto CAD

1）使用实体、曲面和网格对象绘制、标注和设计二维几何图形及三维模型。

2）自动执行任务，例如比较图形、计数、添加块、创建明细表等。

3）使用附加模块应用程序和 API 进行自定义。

其中用于液压气动元件符号和回路图绘制时，“二维草图、图形和注释”功能如下：

1）文本设定。创建单行/多行文字作为单个文字对象。格式化文本、列和边界。

2）标注。自动创建标注。将光标悬停在选定对象上以获取预览，然后再进行创建。

3）引线。创建带各种资源的引线，包括文本或块。轻松设置引线格式，并定义样式。

4）中心线和圆心标记。创建和编辑移动关联的对象时自动移动的中心线和中心标记。

5）表格。创建数据和符号分别在行和列中的表格、应用公式，并链接到 Excel 电子表格。

6）修订云。为图形中的最新更改绘制修订云，从而快速识别更新内容。

7）视图。按名称保存视图，轻松返回到特定视图以便快速参考或应用到布局视口。

8）布局。指定图形大小、添加标题块、显示模型的多个视图。

9）字段。使用文本对象中的字段来显示字段值更改时可自动更新的文本。

10）数据链接。通过在 Excel 电子表格和图形中的表格之间创建实时链接来启用同步更新。

11）数据提取。从对象中提取信息、块和属性，包括图形信息。

12）动态块。添加灵活性和智能到块参照，包括更改形状、大小或配置。

13）阵列。以环形或矩形阵列或沿着路径创建和修改对象。

14）参数化约束。应用几何约束和尺寸约束，从而保持几何图形之间的关系。

15）清理。通过简单的选择和对象预览，一次删除多个不需要的对象。

2. Visio

Visio 是一款便于 IT 和商务专业人员就复杂信息、系统和流程进行可视化处理、分析和交流的软件。使用具有专业外观的 Office Visio 图表，可以促进对系统和流程的了解，深入了解复杂信息并利用这些知识做出更好的业务决策。

大多数的图形软件程序依赖于专业知识和软件操作技能。Visio 与 Office Word 的界面和操作方式非常接近，通过打开模板、将形状拖放到绘图、连接需要的点等简单操作，即可简单、快捷创建专业的技术表达图表。

Visio 可以引用的工程绘图常用模板如图 7-1 所示。

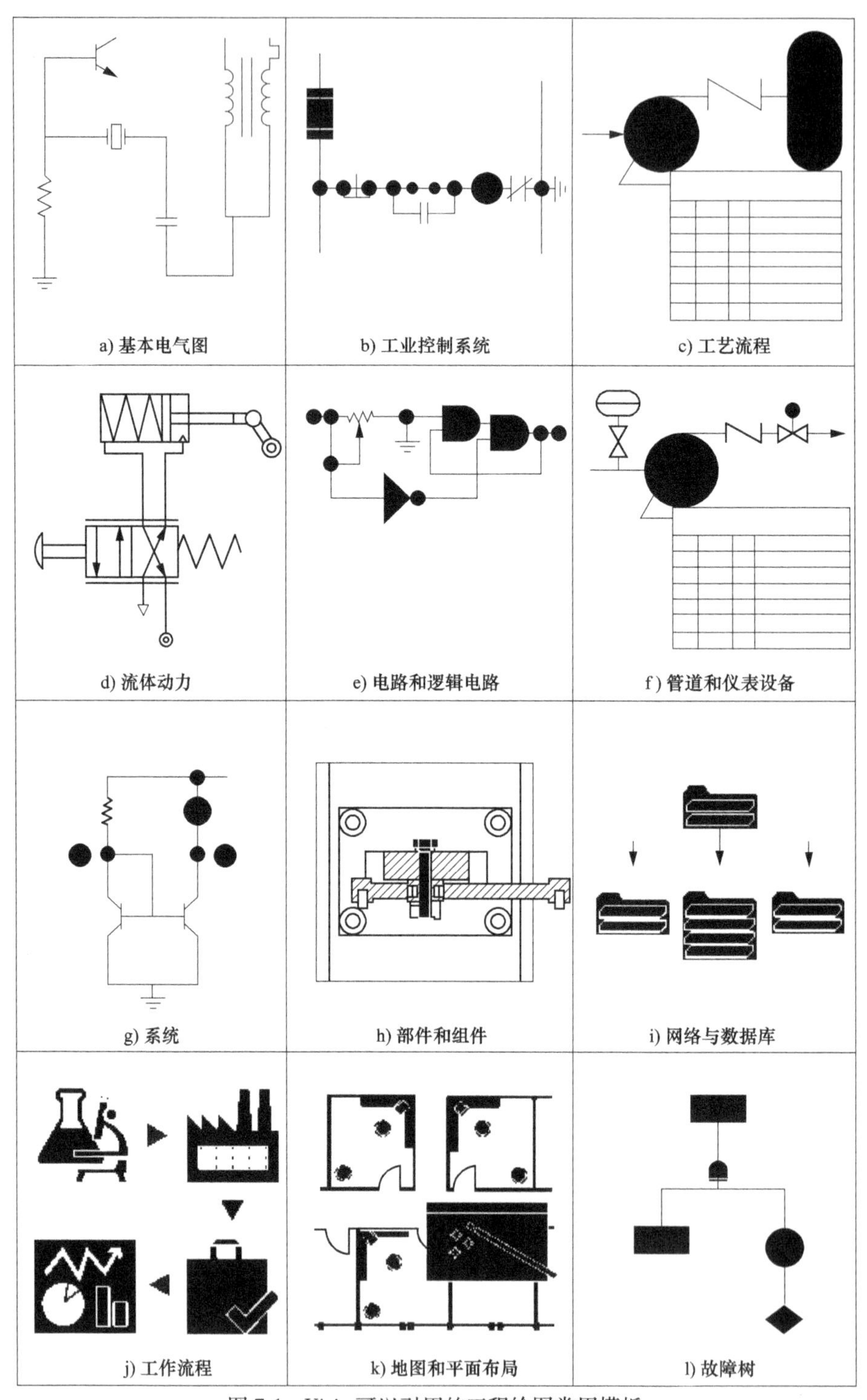

图 7-1　Visio 可以引用的工程绘图常用模板

两种软件侧重点不同，仅从液压元件与回路图图形符号的绘制方面来说，如果有正确的模板库，则使用 Visio 更加方便快捷，使用 Visio 可以方便地移动位置、连接元件并实现向 Word 或者 PowerPoint 等文档的直接粘贴，且在生成图片或者 .pdf 文件时可选择矢量图，从而实现无论放大多少倍也不会失真。如果没有现成的模板文件，则使用 CAD 在确定尺寸、角度、线型等方面更方便。

综上，考虑到液压气动元件图形符号和回路图，主要用于液压与气动产品样本、产品铭牌或相关技术交流文件中，Visio 的兼容性和适用性更好。采用 Visio 绘制出的图形符号的线端、箭头与国际标准的 .pdf 文件基本一致。

7.2　Visio 模具的绘制与调用

为减少常用图形的反复绘制，Visio 支持用户自己绘制常用模具并进行调用。本书随附的图形符号电子库即基于 Visio 绘制的模具文件库。

1. 模具的绘制

1）打开 Visio，创建一个空白绘图，如图 7-2 所示。

2）在视图中，把“标尺”“分页符”“网格”和“参考线”均选中，如图 7-3 所示。

3）在“文件”→“选项”→“高级”中，选择“以开发人员模式运行”，如图 7-4 所示。

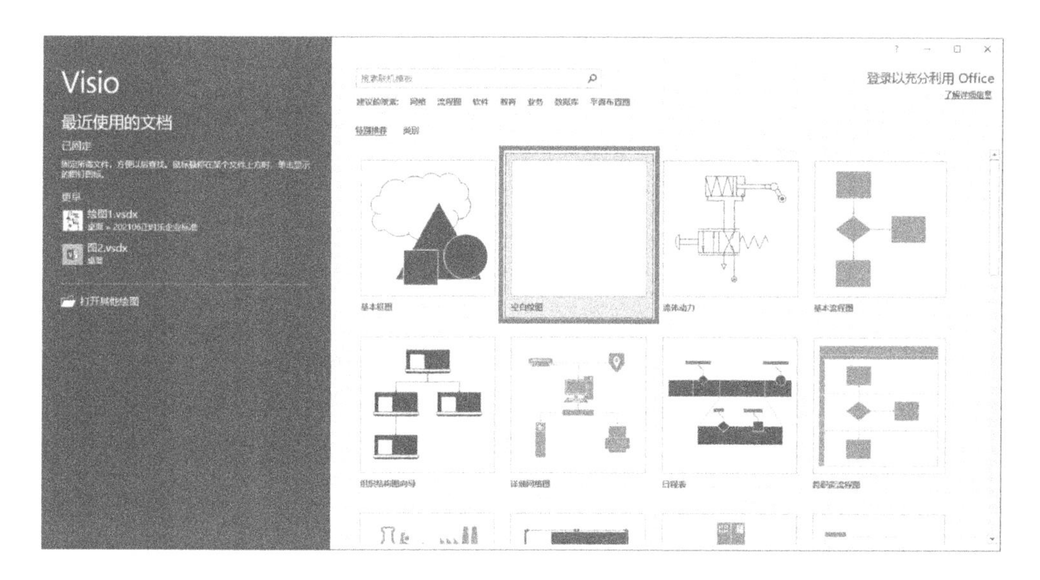

图 7-2　创建一个空白绘图

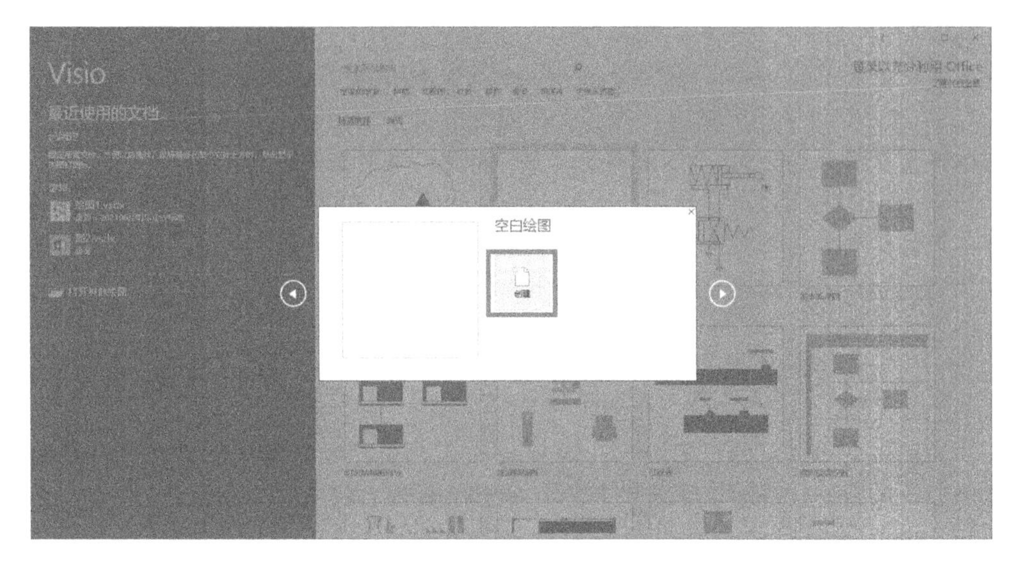

图 7-2 创建一个空白绘图（续）

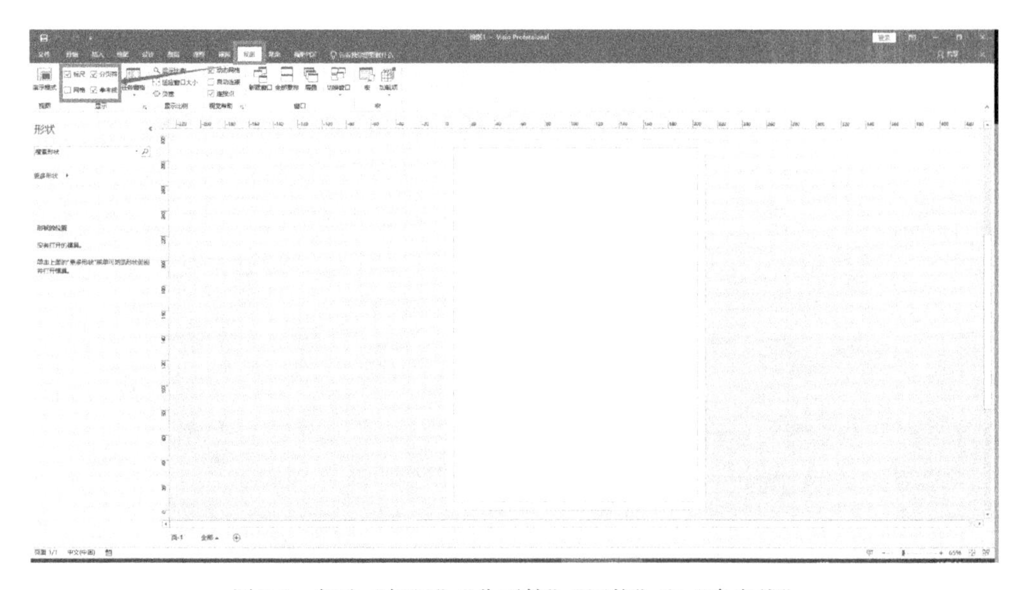

图 7-3 勾选“标尺”“分页符”“网格”和“参考线”

4）在菜单栏，开发工具中，新建模具，如图 7-5 所示。

5）绘制完线条或图形后，可在左下角修改图形的尺寸和角度，如图 7-6 所示。

6）设置合适的线条粗细，如图 7-7 所示。

7）在窗口左侧，右击当前模具，进行保存，如图 7-8 所示。

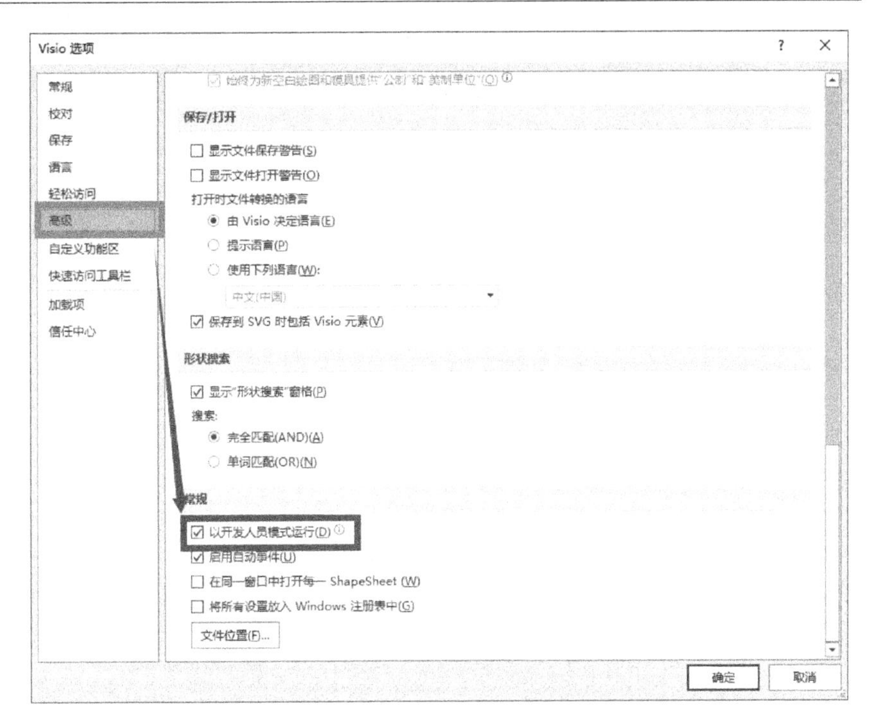

图 7-4　选择“以开发人员模式运行”

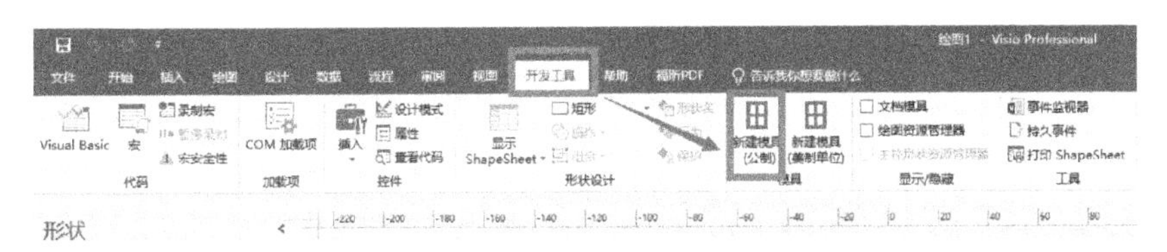

图 7-5　新建模具

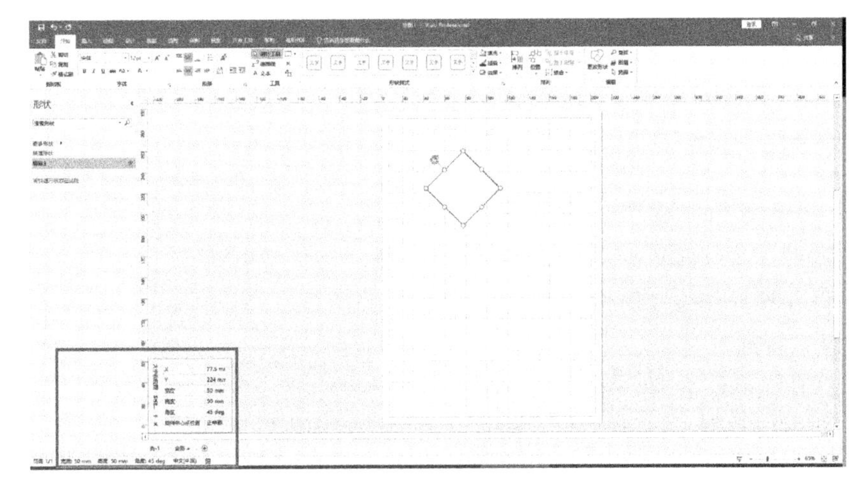

图 7-6　修改图形的尺寸和角度

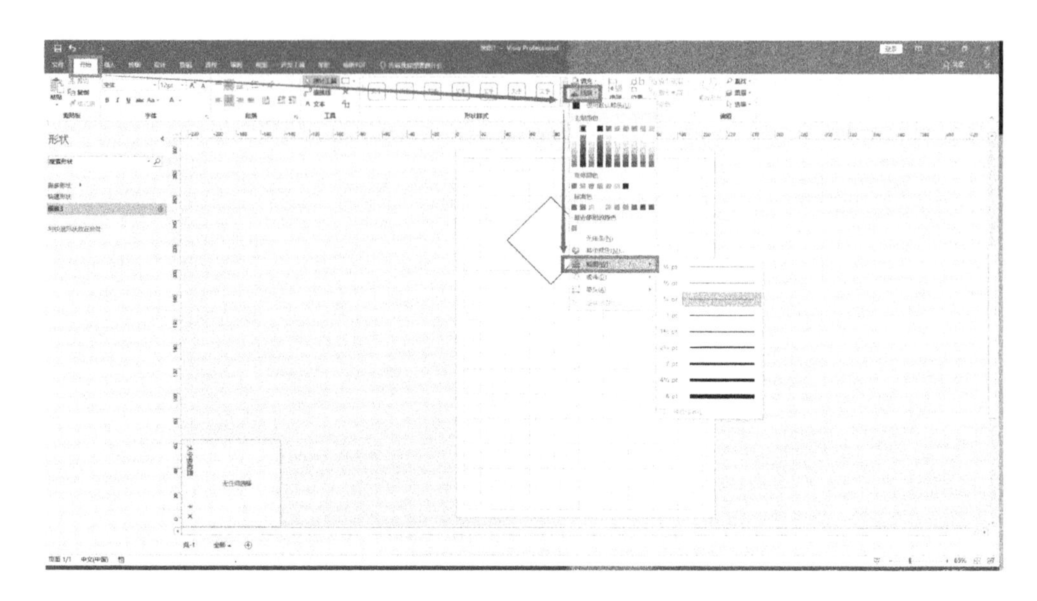

图 7-7　设置合适的线条粗细

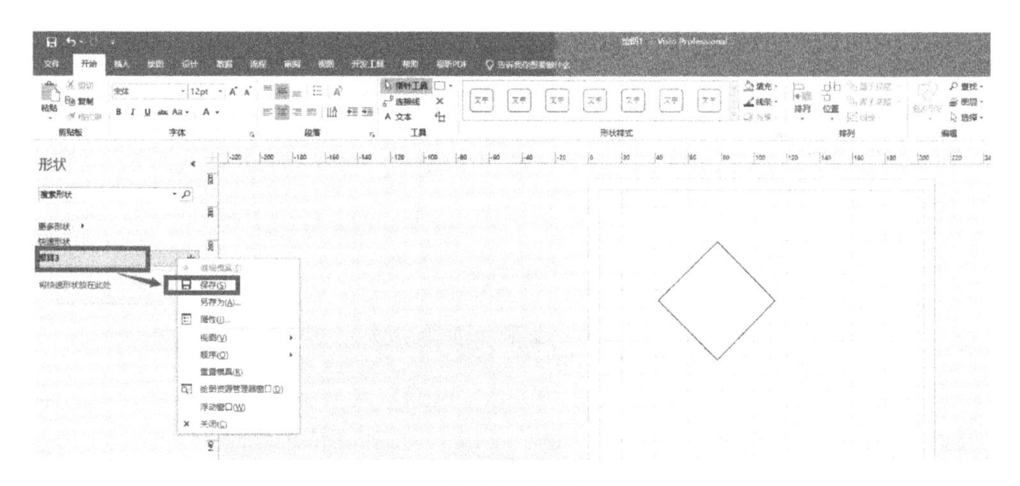

图 7-8　保存

8）左键选中全部图形，拖至左侧模具下方，如图 7-9 所示。

9）保存模具并绘制新模具，如图 7-10 所示。

2. 模具的调用

1）打开 Visio，创建一个空白绘图，如图 7-2 所示。

2）在窗口左侧，选择“更多形状”→“打开模具”如图 7-11 所示。

3）在弹出窗口中，选择模具库所在位置，选择需要的模具库，单击“打开”

按钮，如图 7-12 所示。

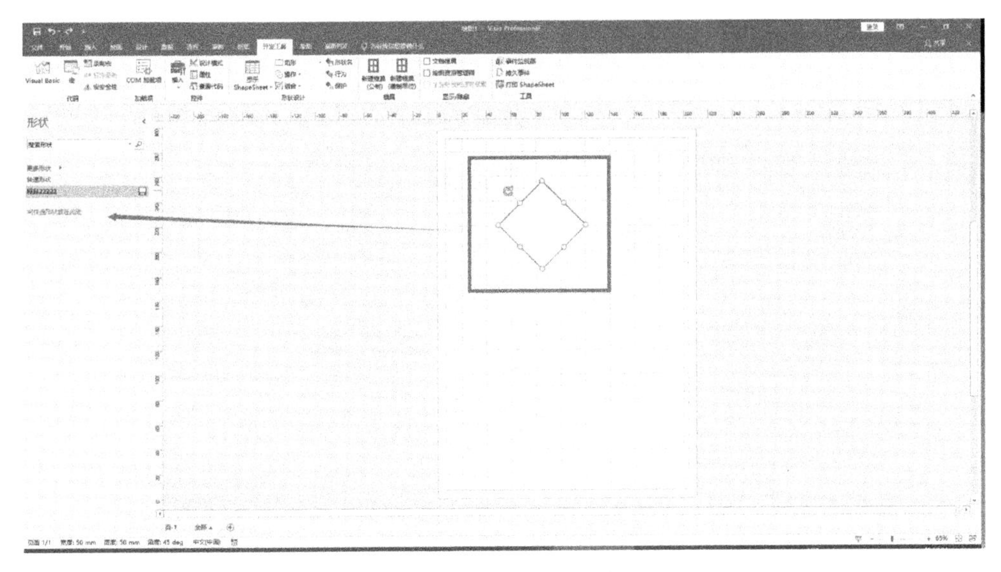

图 7-9　选中全部图形拖动

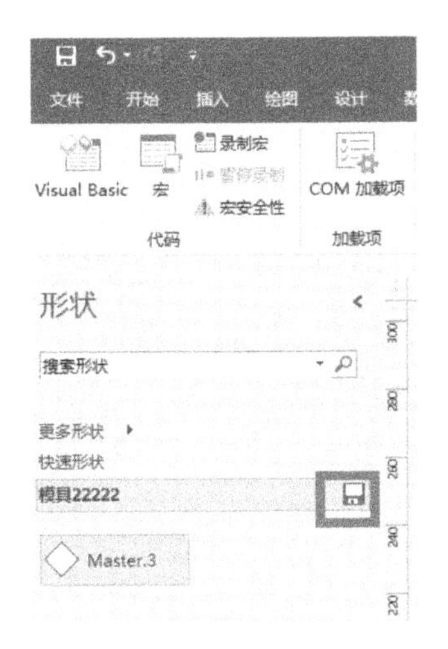

图 7-10　保存模具并绘制新模具

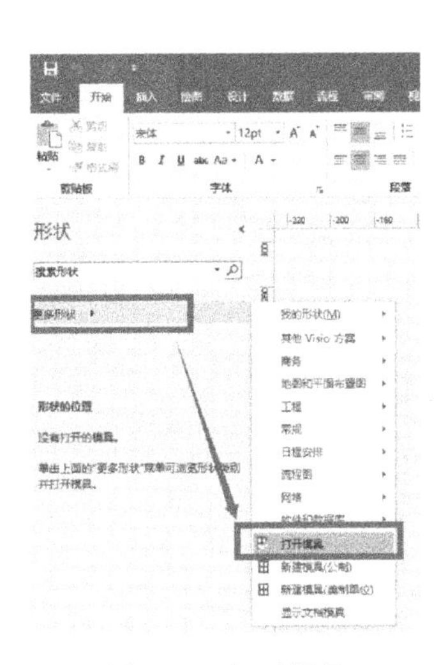

图 7-11　打开模具

4）选中需要的元件符号，拖至画布中所需位置即可，如图 7-13 所示。

5）如需修改从模具库中调用的形状，右击后修改即可。

6）选择“连接线”工具，根据回路原理连接相应的图形符号端口即可，如图 7-14 所示。

7）完成原理图绘制后，可直接全选复制粘贴至 Word 或 PowerPoint 中，在相应软件中，支持左键双击后进入编辑窗口。

图 7-12　选择需要的模具库

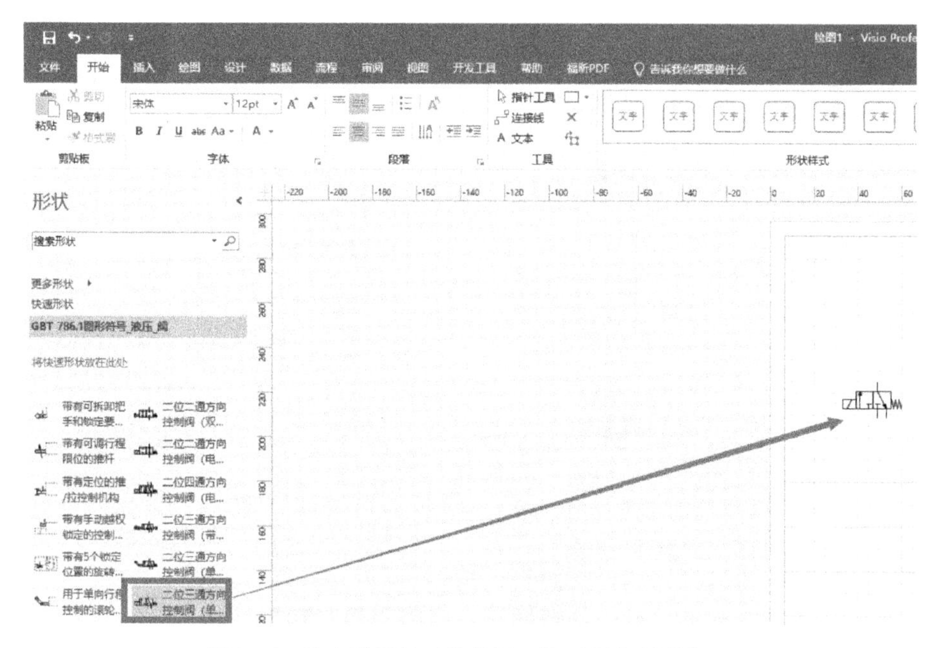

图 7-13　选中需要的元件符号，拖至画布所需位置

8）保存源文件后，可另存为 . pdf、. dwg、. jpg 或 . png 格式文件进行输出，如图 7-15 所示。

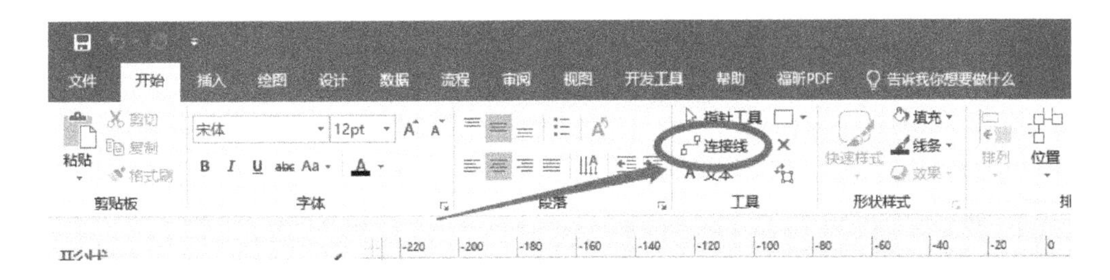

图 7-14　用“连接线”连接相应的图形符号端口

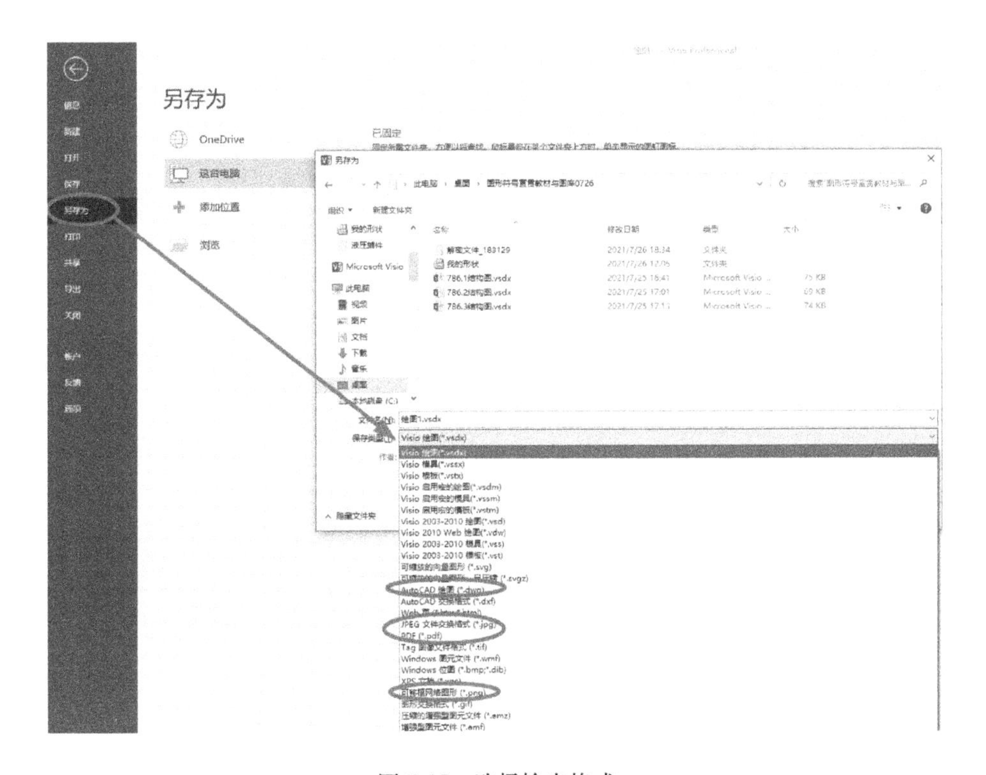

图 7-15　选择输出格式

7.3　Visio 制图技巧

作为微软 Office 旗下的软件，Visio 可直接在 PowerPoint、Word 中进行复制粘贴，而不丢失内容，且支持转化为 . pdf 或者 . dwg 格式。

使用 Visio 进行常规绘图操作简便，仅需进行拖拽和连接即可完成。在使用

Visio 绘制回路图过程中可能常用的技巧如下：

1. 旋转对象

Ctrl+L：逆时针旋转 90°。

Ctrl+R：顺时针旋转 90°。

Ctrl+H：水平翻转。

2. 复制对象

Ctrl+拖动：复制对象。

3. 绘制水平或竖直的直线

按住 Shift 键绘制直线。

4. 搜索形状

搜索形状如图 7-16 所示。

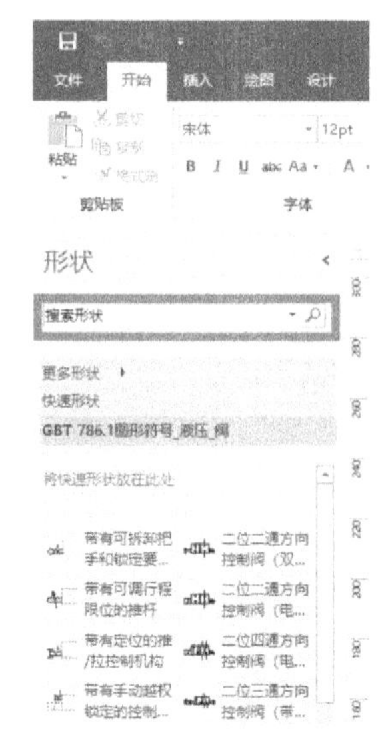

图 7-16 搜索形状

7.4 Auto CAD 制图技巧

由于当前行业技术人员在绘制图形符号和回路图或其他技术图样时，也较多地使用 Auto CAD，因此，笔者在本节根据自己的使用 Auto CAD 的经历，整理了部分常用的关键制图技巧，经过短期的学习和习惯的调整，可以明显提高使用 CAD 进行绘图的速度。

1. 图层的概念与配置

图层，通俗理解，一个图层可以视为一块透明的玻璃，图形图线等形状均是绘制在玻璃上的，没有形状的地方则是透明的，一张图纸可以由很多图层堆叠而成，上层玻璃上的形状会盖住下层玻璃上的形状。在很多平面设计的软件中都使用了“图层”的概念，分层绘制可以很容易地实现后期修改，可以单独删除任一图层上的全部形状，而不影响其他图层上的形状，最大可能地避免重复劳动。

同时在机械制图的图层使用中，可以直接设置不同线型图层，如：粗实线层、细实线层、虚线层、中心线层、剖面线层、标注层等，根据相应制图标准设置好线型、线宽，并根据使用习惯配置成不同的颜色，在绘制各自线型的形状时，可以直接切换图层，而无须重复设置线型或使用格式刷统一线型。

2. 设置辅助层

辅助层，顾名思义，辅助绘图用的图层。除了根据制图标准配置的各种线型的图层外，还可以设置一个辅助层，从细实线层复制一个新图层，并建议将颜色设置成亮黄色。

设置辅助层，主要是因为在机械制图尤其是三视图的绘制过程中，很多尺寸可以通过投影获得，而无须反复查看各零部件尺寸。这样，在需要投影其他视图的尺寸时，可以首先切换至辅助层，然后绘制一条较长的水平线（或竖直线），通过“平移复制”操作，使水平线（或竖直线）依次通过视图尺寸起止点，从而将其尺寸投射到另一个视图中，然后根据需要绘制完新视图的实线。在过程中可以删除辅助线，也可以不删除，在绘制完图之后，直接隐藏/关闭辅助层即可。

3. 独立数字键盘

对于长时间进行机械制图的用户来说，传统的键盘鼠标位置布置并不方便，数字小键盘通常布置在右侧，而鼠标也在右侧，很多用户绘图时，通常左手是闲着的，在很大程度上浪费了操作时间。

此时，如果将数字键移至左侧（为计算机选配一个独立数字小键盘），则左右手同时使用，可以极大提高操作效率。

4. 右键重复上一步工具

在进行机械制图时，很多工具在完成后就结束了，如果仍需使用此工具，则需鼠标重新去工具栏选择、再回到操作位置开始操作，例如绘制直线，在完成一条直线的绘制后，需要使用鼠标重新选择直线工具，再回到需要绘制直线的位置开始绘制，比较浪费时间。

因此，在自定义快捷键时，可以直接定义右键为“重复上一步操作”，这样，只需右击即可开始使用上一次操作使用的工具。

5. 根据需要快速选择

在 CAD 软件中，“从左上向右下选择”与“从右下向左上选择”是两种不同的操作，熟练掌握不同的选择模式对于图形的修改调整非常方便。

1）从左上向右下选择：需要框选图形的所有点才会被选中。

2）从右下向左上选择：只要框选到图形的任意点即可被选中。

6. 裁剪与延伸

1）裁剪：将边界外多余的部分剪掉。

2）延伸：将线延伸到指定位置。

使用裁剪与延伸的技巧在于选择，选择相应的边界后，可以批量完成其他要素的裁剪或延伸。首先选择裁剪或延伸的边界（称为边界对象），然后选择要被裁剪或延伸的对象（称为修改对象），然后回车即可完成。选择修改对象时，既可以通过点选，也可以使用框选。

7. 一键快捷键

Q　QSAVE / 保存当前绘图

A　ARC / 创建一段弧形

Z　ZOOM / 增大或减小当前视口中视图的比例

W　WBLOCK / 将对象或块写入新图形文件

S　STRETCH / 拉伸与选择窗口或多边形交叉的对象

X　EXPLODE / 将复合对象分解为其组件对象

E　ERASE / 从图形中删除对象

D　DIMSYLE / 创建和修改标注样式

C　CIRCLE / 创建圆

R　REDRAW / 刷新当前视口中的显示

F　FILLET / 给对象加圆角

V　VIEW / 保存和恢复命名视图、相机视图、布局视图和预设视图

T　MTEXT / 创建多行文字对象

G　GROUP / 创建和管理已保存的对象集（称为编组）

B　BLOCK / 从选定对象创建块定义

N　NEW / 创建新绘图

H　HATCH / 使用图案、实体或渐变来填充封闭区域或选定对象

J　JOIN / 合并相似对象以形成一个完整的对象

M　MOVE /在指定方向上按指定距离移动对象

I　INSERT / 将块或图形插入当前图形中

O　OFFSET / 创建同心圆、平行线和等距曲线

L　LINE / 创建直线段

P　PAN / 向动态块定义中添加带有夹点的参数

F1　显示帮助

F2　切换文字屏幕

F3　切换对象捕捉模式

F4　切换三维对象捕捉

F5　切换等轴测平面

F6　切换动态 UCS

F7　切换网格模式

F8　切换正交模式

F9　切换捕捉模式

F10　切换极轴模式

F11　切换对象捕捉追踪

F12　切换动态输入模式

附　　录

附录 A　GB/T 786 引用国家/国际标准对照（见表 A-1~表 A-3）

表 A-1　GB/T 786.1—2021 的规范性引用文件

序号	引用的国际标准	与之对应的国家标准
1	ISO 128（所有部分）技术制图 表示的一般原则（*Technical drawings—General principles of presentation*）	GB/T 4457.2《技术制图　图样画法　指引线和基准线的基本规定》（GB/T 4457.2—2003，ISO 128-22：1999，IDT） GB/T 4457.4《机械制图　图样画法 图线》（GB/T 4457.4—2002，ISO 128-24：1999，MOD） GB/T 4458.1《机械制图　图样画法 视图》（GB/T 4458.1—2002，ISO 128-34：2001，MOD） GB/T 4458.6《机械制图　图样画法 剖视图和断面图》（GB/T 4458.6—2002，ISO 128-44：2000，MOD） GB/T 17450《技术制图　图线》（GB/T 17450—1998，ISO 128-20：1996，IDT） GB/T 17453《技术制图　图样画法　剖面区域的表示法》（GB/T 17453—2005，ISO 128-50：2001，IDT） GB/T 18686《技术制图　CAD 系统用图线的表示》（GB/T 18686—2002，ISO 128-21：1997，IDT）
2	ISO 3098-5《技术产品文件 字体 第5部分：拉丁字母、数字和标记的计算机辅助设计字体》（*Technical product documentation —Lettering—Part 5：CAD lettering of the Latin alphabet，numerals and marks*）	GB/T 18594《技术产品文件　字体　拉丁字母、数字和符号的 CAD 字体》（GB/T 18594—2001，ISO 3098-5：1997，IDT）
3	ISO 5598《流体传动系统及元件 词汇》（*Fluid power systems and components —Vocabulary*）	GB/T 17446《流体传动系统及元件　词汇》（GB/T 17446—2012，ISO 5598：2008，IDT）
4	ISO 14617（所有部分）图表用图形符号（*Graphical symbols for diagrams*）	GB/T 20063（所有部分）简图用图形符号　[ISO 14617（所有部分）]

（续）

序号	引用的国际标准	与之对应的国家标准
5	ISO 81714-1《产品技术文件用图形符号的设计 第 1 部分：基本规则》（*Design of graphical symbols for use in technical documentation of products—Part 1：Basic rules*）	GB/T 16901.1《技术文件用图形符号表示规则　第1部分：基本规则》（GB/T 16901.1—2008，ISO 81714-1：1999，MOD）
6	IEC 81714-2《产品技术文件用图形符号的设计 第 2 部分：包括参考图书馆用图形符号在内的计算机可感知图形符号规范及其交换要求》（*Design of graphical symbols for use in the technical documentation of products—Part 2：Specification for graphical symbols in a computer sensible form including graphical symbols for a reference library，and requirements for their interchange*）	GB/T 16901.2《技术文件用图形符号表示规则　第2部分：图形符号（包括基准符号库中的图形符号）的计算机电子文件格式规范及其交换要求》（GB/T 16901.2—2013，IEC 81714-2：2006，MOD）

表 A-2　GB/T 786.2—2018 的规范性引用文件

序号	引用的国家标准	与之对应的国际标准
1	GB/T 786.1《流体传动系统及元件图形符号和回路图　第 1 部分：用于常规用途和数据处理的图形符号》	ISO 1219-1：2012/AMD 1：2016 *Fluid power systems and components—Graphical symbols and circuit diagrams—Part 1：Graphical symbols for conventional use and data-processing applications*
2	GB/T 2351《液压气动系统用硬管外径和软管内径》	ISO 4397：2011 *Fluid power connectors and associated components—Nominal outside diameters of tubes and nominal hose sizes*
3	GB/T 3141《工业液体润滑剂 ISO 黏度分类》	ISO 3448：1992/COR 1：1993 *Industrial liquid lubricants—ISO viscosity classification*
4	GB/T 3766《液压传动 系统及其元件的通用规则和安全要求》	ISO 4413：2010 *Hydraulic fluid power—General rules and safety requirements for systems and their components*
5	GB/T 7631.2《润滑剂、工业用油和相关产品（L 类）的分类 第 2 部分：H 组（液压系统）》	ISO 6743-4：2015 *Lubricants，industrial oils and related products（class L）—Classification—Part 4：Family H（Hydraulic systems）*
6	GB/T 7932《气动　对系统及其元件的一般规则和安全要求》	ISO 4414：2010 *Pneumatic fluid power—General rules and safety requirements for systems and their components*

（续）

序号	引用的国家标准	与之对应的国际标准
7	GB/T 14689《技术制图图纸幅面和格式》	ISO 5457：1999/AMD 1：2010 *Technical product documentation—Sizes and layout of drawing sheets*
8	GB/T 14691《技术制图　字体》	ISO 3098-1：2015 *Technical product documentation—Lettering—Part 1：General requirements* ISO 3098-2：2000 *Technical product documentation—Lettering—Part 2：Latin alphabet, numerals and marks*
9	GB/T 17446《流体传动系统及元件词汇》	ISO 5598：2020 *Fluid power systems and components—Vocabulary*
10	GB/T 18853《液压传动过滤器　评定滤芯过滤性能的多次通过方法》	ISO 16889：2008/AMD 1：2018 *Hydraulic fluid power—Filters—Multi-pass method for evaluating filtration performance of a filter element*

表 A-3　GB/T 786.3—2021 的规范性引用文件

序号	引用的国际标准	与之对应的国家标准
1	ISO 1219-1《流体传动系统及元件　图形符号和回路图　第 1 部分：用于常规用途和数据处理应用的图形符号》(*Fluid power systems and components—Graphical symbols and circuit diagrams—Part1：Graphical symbols for conventional use and data-processing applications*)	GB/T 786.1《流体传动系统及元件　图形符号和回路图　第 1 部分：图形符号》(GB/T 786.1—2021，ISO 1219-1：2012，IDT)
2	ISO 1219-2《流体传动系统及元件　图形符号和回路图　第 2 部分：回路图》(*Fluid power systems and components—Graphical symbols and circuit diagrams—Part 2：Circuit diagrams*)	GB/T 786.2《流体传动系统及元件　图形符号和回路图　第 2 部分：回路图》(GB/T 786.2—2018，ISO 1219-2：2012，MOD)
3	ISO 5598《流体传动系统及元件 词汇》(*Fluid power systems and components—Vocabulary*)	GB/T 17446《流体传动系统及元件 词汇》(GB/T 17446—2012，ISO 5598：2008，IDT)

附录B GB/T 786.1 新版本技术变化对照（见表B-1）

表B-1 GB/T 786.1 新版本技术变化对照

序号	条目号	新技术内容	原条目号	原技术内容
1	5.4	初始状态	5.4	非工作状态
2	—	删除	6.1.1.14	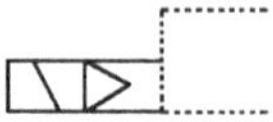 电器操纵的气动先导控制机构
3	6.1.2.13	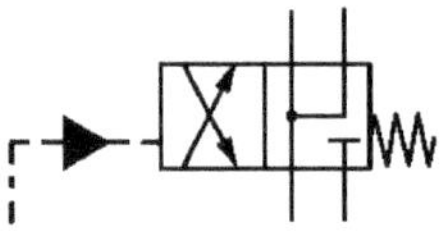 二位四通方向控制阀（液压控制，弹簧复位）	6.1.2.13	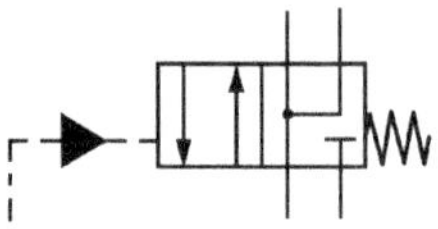 二位四通方向控制阀，液压控制，弹簧复位
4	6.1.2.17	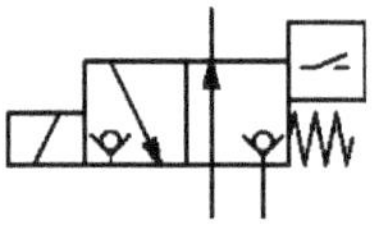 二位三通方向控制阀（电磁控制，无泄漏，带有位置开关）	6.1.2.17	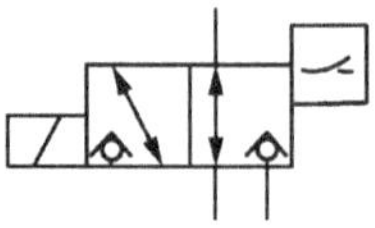 二位三通液压电磁换向座阀，带行程开关
5	6.1.6.2	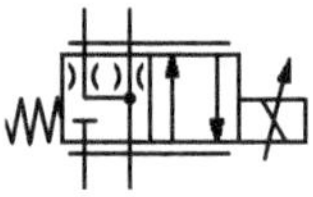 比例方向控制阀（直动式）	6.1.6.2	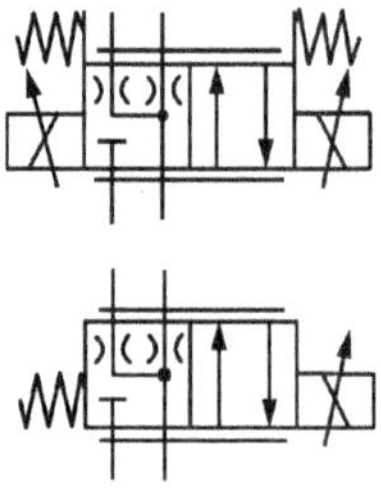 比例方向控制阀，直接控制
6	6.1.6.4	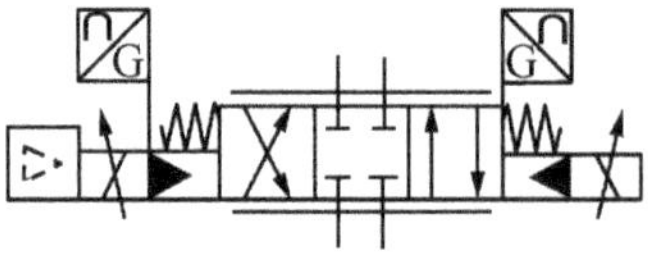 伺服阀（主级和先导级位置闭环控制，集成电子器件）	6.1.6.4	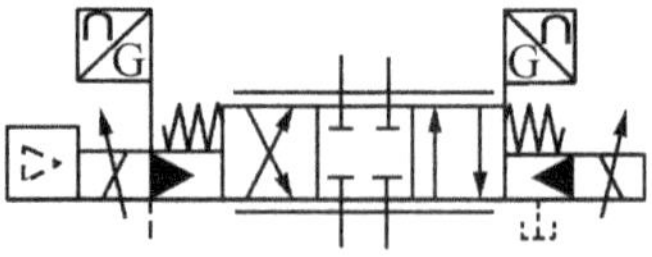 先导式伺服阀，带主级和先导级的闭环位置控制，集成电子器件，外部先导供油和回油

（续）

序号	条目号	新技术内容	原条目号	原技术内容
7	6.1.6.6	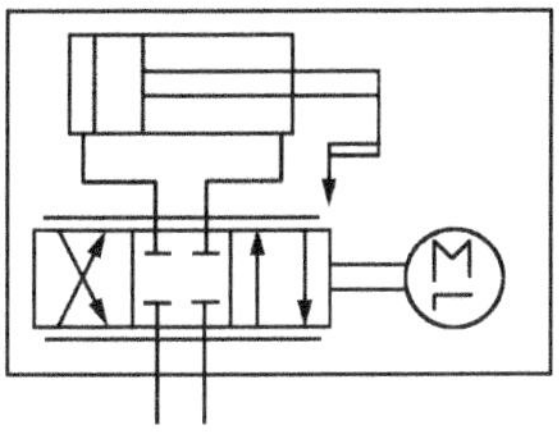 伺服阀控缸（伺服阀由步进电动机控制，液压缸带有机械位置反馈）	6.1.6.6	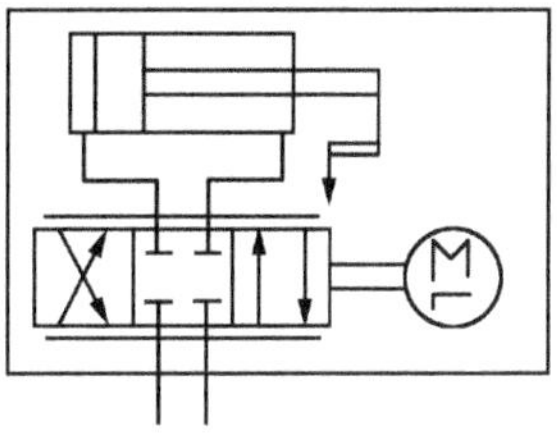 电液线性执行器，带由步进电动机驱动的伺服阀和油缸位置机械反馈
8	6.1.7.5	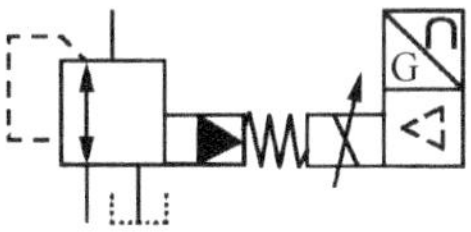 三通比例减压阀（带有电磁铁位置闭环控制，集成电子器件）	6.1.7.5	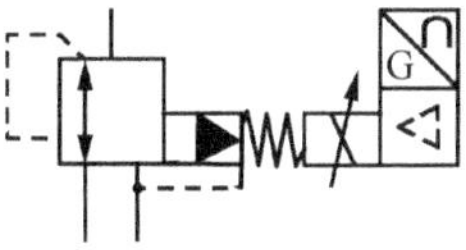 三通比例减压阀，带电磁铁闭环位置控制和集成式电子放大器
9	6.1.7.6	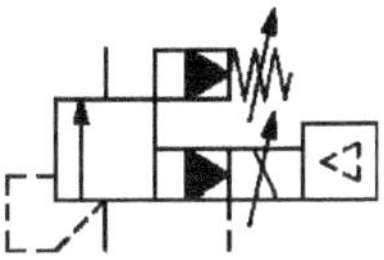 比例溢流阀（先导式，外泄型，带有集成电子器件，附加先导级以实现手动调节压力或最高压力下溢流功能）	6.1.7.6	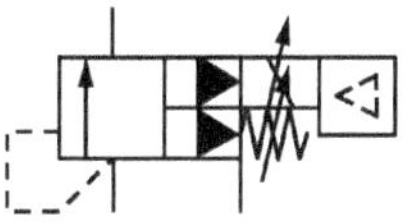 比例溢流阀，先导式，带电子放大器和附加先导级，以实现手动压力调节或最高压力溢流功能
10	6.1.8.1	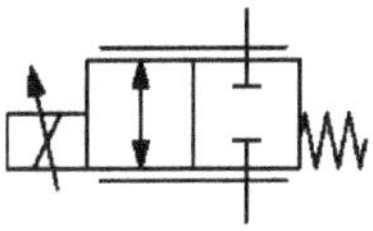 比例流量控制阀（直动式）	6.1.8.1	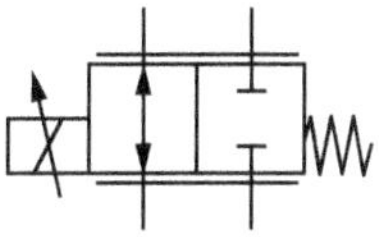 比例流量控制阀，直控式
11	7.1.8.1	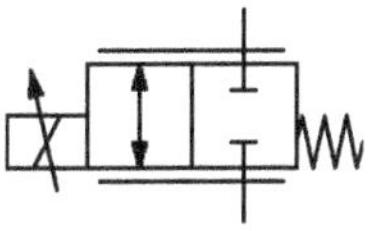 比例流量控制阀（直动式）	7.1.8.1	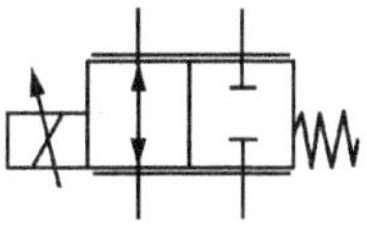 直控式比例流量控制阀
12	6.1.9.11	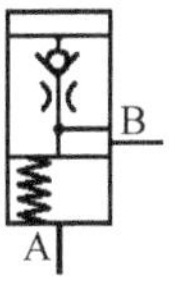 减压插装阀插件（滑阀结构，常闭，带有集成的单向阀）	6.1.9.11	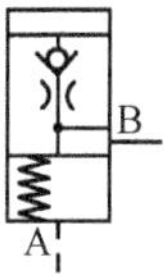 减压插装阀插件，滑阀结构，常闭，带集成的单向阀

（续）

序号	条目号	新技术内容	原条目号	原技术内容
13	6.1.9.14	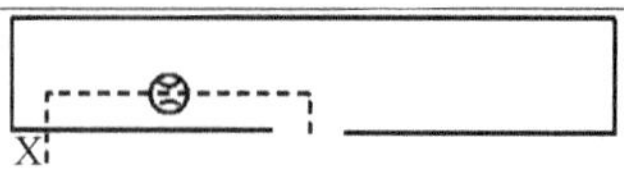 X 带有先导端口的控制盖板	6.1.9.14	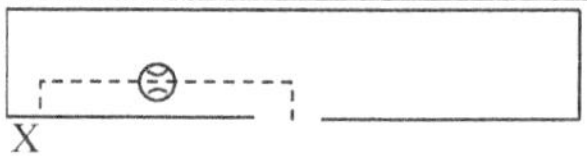 X 带先导端口的控制盖
14	6.1.9.15	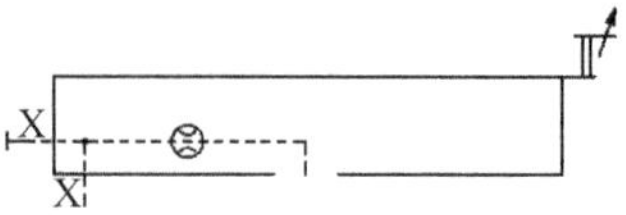 X X 带有先导端口的控制盖板（带有可调行程限制装置和遥控端口）	6.1.9.15	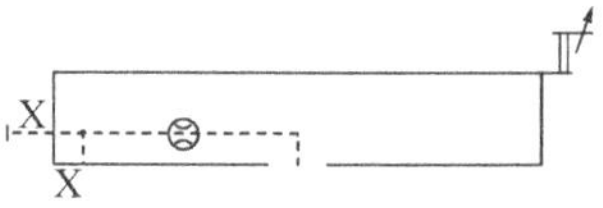 X X 带先导端口的控制盖，带可调行程限位器和遥控端口
15	6.1.9.17	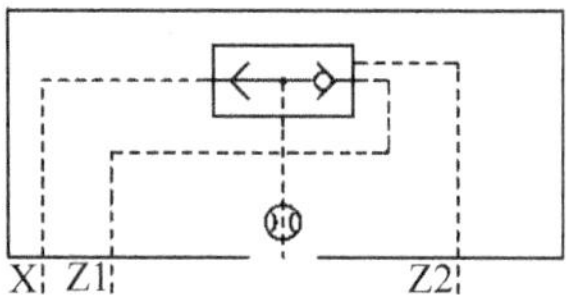 X Z1 Z2 带有梭阀的控制盖板，梭阀液压控制 （6.1.9.18、6.1.9.19，梭阀内为实线）	6.1.9.17	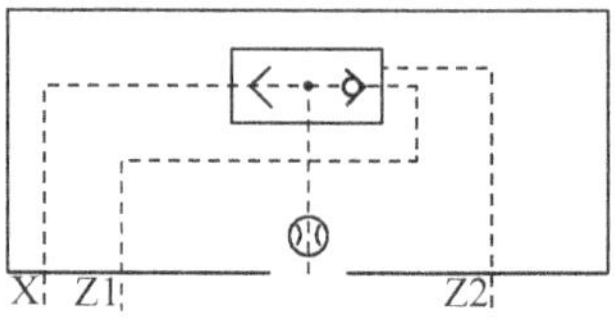 X Z1 Z2 带液压控制梭阀的控制盖 （6.1.9.18、6.1.9.19，梭阀内为虚线）
16	6.1.9.24	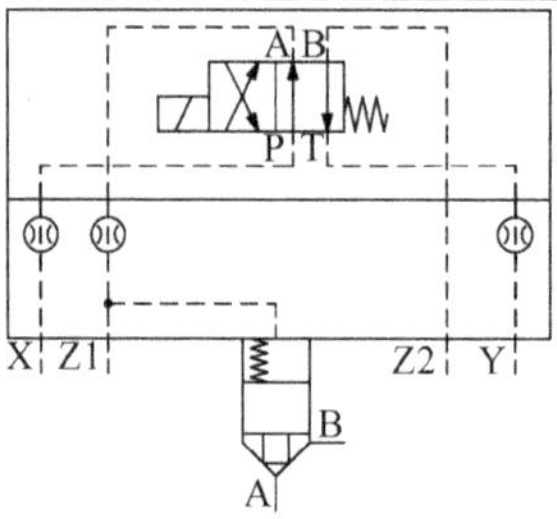 A B P T X Z1 Z2 Y B A 二通插装阀（带有内置方向控制阀） （6.1.9.25、6.1.9.27，换向阀油口为虚线）	6.1.9.24	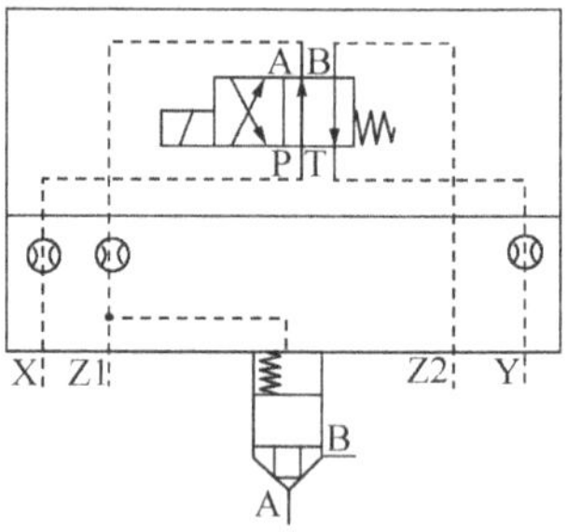 A B P T X Z1 Z2 Y B A 带方向控制阀的二通插装阀 （6.1.9.25、6.1.9.27，换向阀油口为实线）
17	6.1.9.30	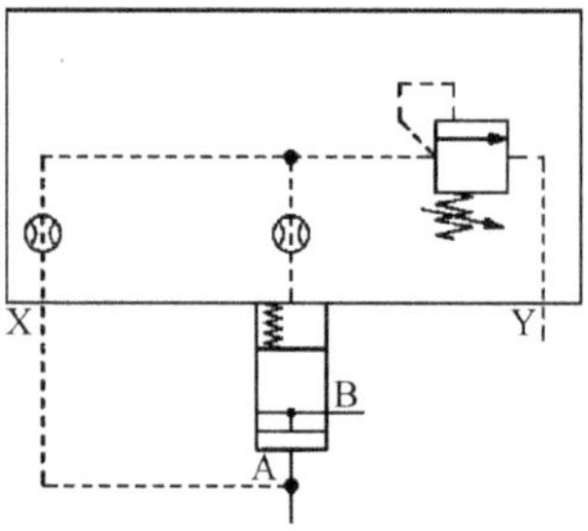 X Y B A 二通插装阀（带有减压功能，低压控制）	6.1.9.30	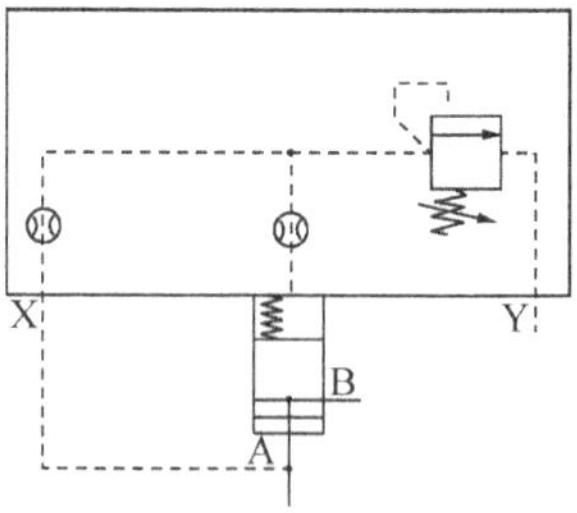 X Y B A 低压控制、减压功能的二通插装阀

注：为适应排版要求，本页图形均进行缩放。

（续）

序号	条目号	新技术内容	原条目号	原技术内容
18	7.1.2.19	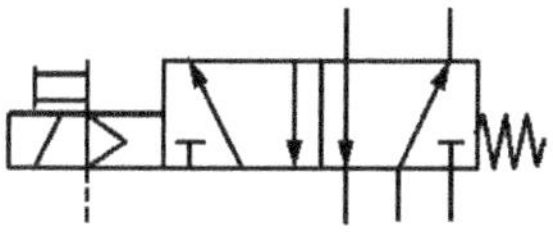 二位五通方向控制阀（单电磁铁控制，外部先导供气，手动辅助控制，弹簧复位） （7.1.2.20、7.1.2.22、7.1.2.23、7.1.3.4中先导控制管路为虚线）	7.1.2.19	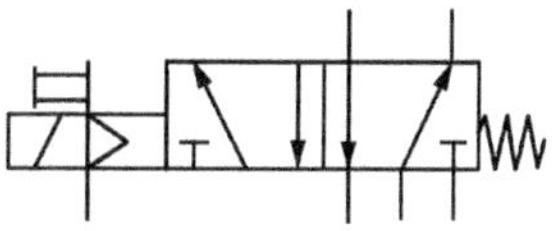 二位五通气动方向控制阀，单作用电磁铁，外部先导供气，手动操纵，弹簧复位 （7.1.2.20、7.1.2.22、7.1.2.23、7.1.3.4中先导控制管路为实线）
19	7.1.1.9	 气压复位（从先导口提供内部压力） 注：为更易理解，图中标识出外部先导线	7.1.1.9	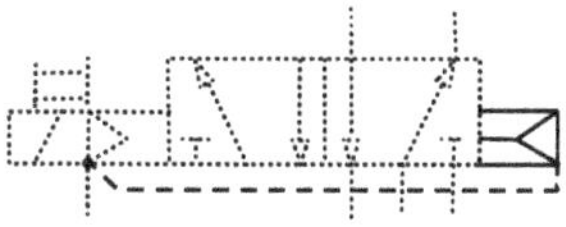 气压复位，从先导口提供内部压力 注：为更易理解，图中标识出外部先导线
20	7.1.1.10	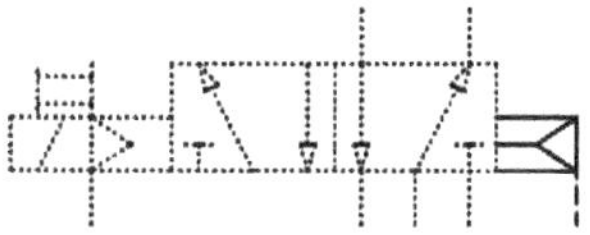 气压复位（外部压力源）	7.1.1.10	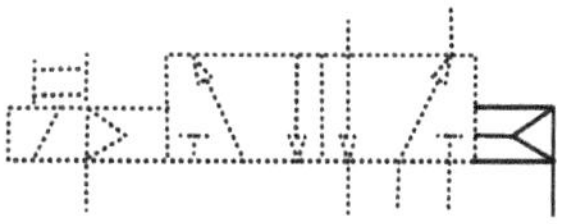 气压复位，外部压力源
21	7.1.2.5	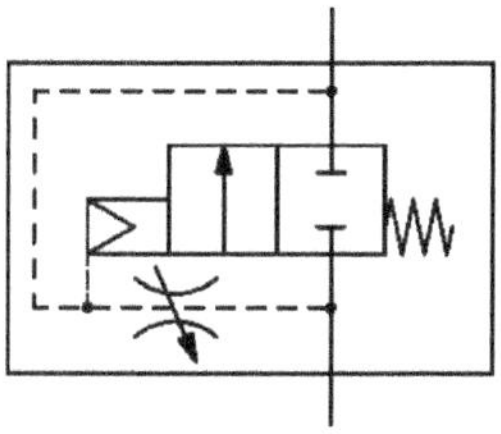 延时控制气动阀（其入口接入一个系统，使得气体低速流入直至达到预设压力才使阀口全开） （7.1.2.10、7.1.2.11内部控制线为虚线）	7.1.2.5	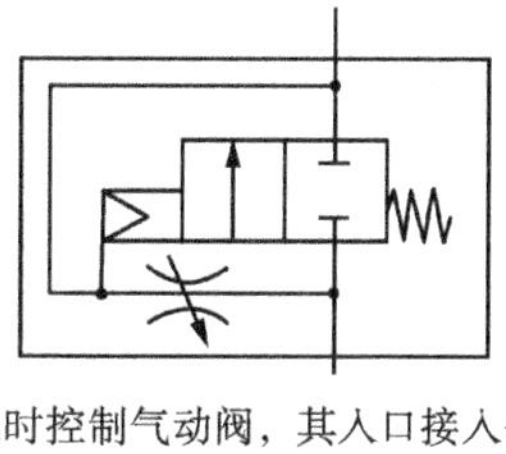 延时控制气动阀，其入口接入一个系统，使得气体低速流入直至达到预设压力才使阀口全开 （7.1.2.10、7.1.2.11内部控制线为实线）

（续）

序号	条目号	新技术内容	原条目号	原技术内容
22	7.1.2.15	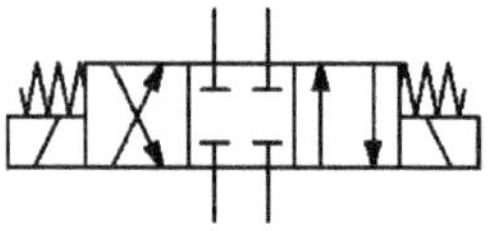 三位四通方向控制阀（弹簧对中，双电磁铁控制） （删除了其他中位机能示例）	7.1.2.15	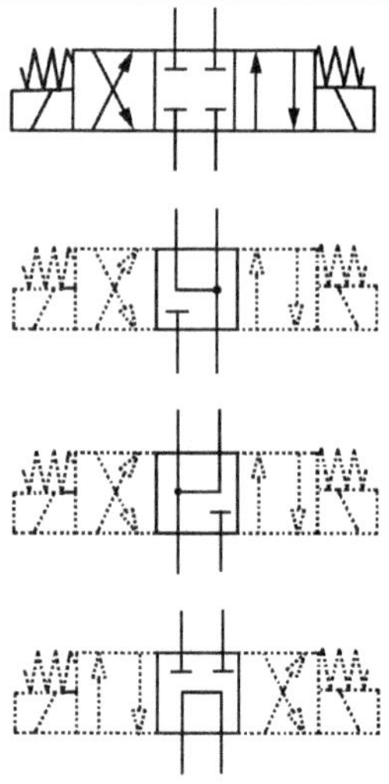 三位四通方向控制阀，弹簧对中，双作用电磁铁直接操纵，不同中位机能的类别
23	7.1.2.21	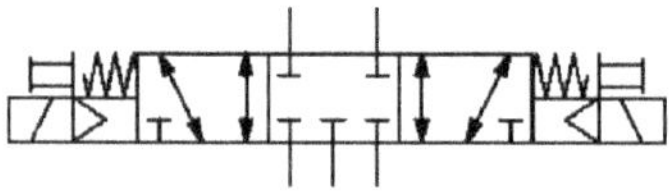 三位五通气动方向控制阀（中位断开，两侧电磁铁与内部气动先导和手动辅助控制，弹簧复位至中位） （删除了其他中位机能示例）	7.1.2.21	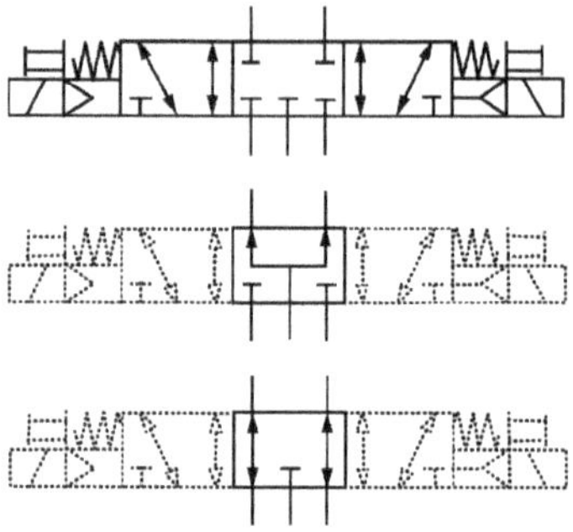 不同中位流路的三位五通气动方向控制阀，两侧电磁铁与内部先导控制和手动操纵控制。弹簧复位至中位
24	7.2.1	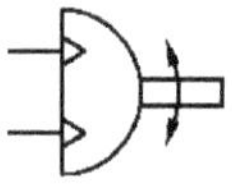 摆动执行器/旋转驱动装置（带有限制旋转角度功能，双作用）	7.2.1	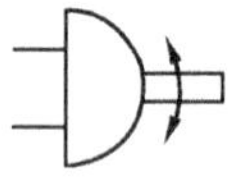 摆动气缸/摆动马达，限制摆动角度，双向摆动
25	7.2.2	 摆动执行器/旋转驱动装置（单作用）	7.2.2	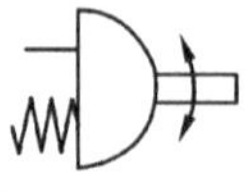 单作用的半摆动气缸/摆动马达

（续）

序号	条目号	新技术内容	原条目号	原技术内容
26	—	删除	7.1.3.5	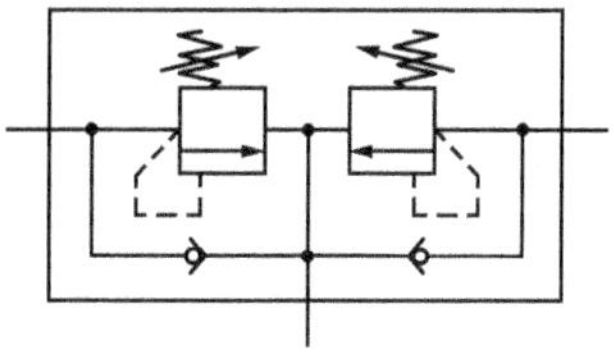 用来保护两条供给管道的防气蚀溢流阀
27	7.3.21	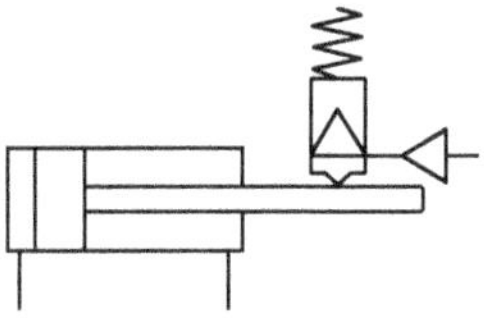 双作用气缸（带有可在任意位置加压解锁活塞杆的锁定机构）	—	新增
28	7.3.22	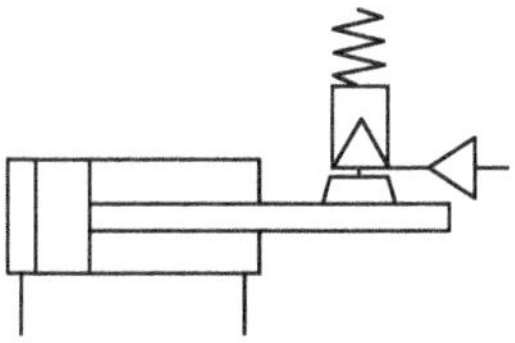 双作用气缸（带有活塞杆制动和加压释放装置）	—	新增
29	7.4.3.5	 压差表	7.4.3.5	 压差计
30	7.4.4.19	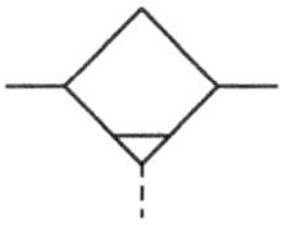 手动排水分离器	7.4.4.19	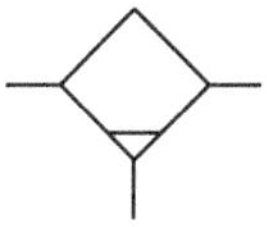 手动排水流体分离器
31	8.4.29	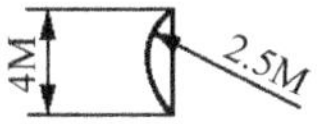 4M 2.5M 膜片，囊	8.4.29	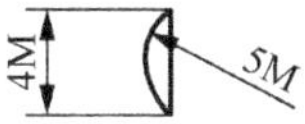 4M 5M 膜片活塞

（续）

序号	条目号	新技术内容	原条目号	原技术内容
32	8.4.63	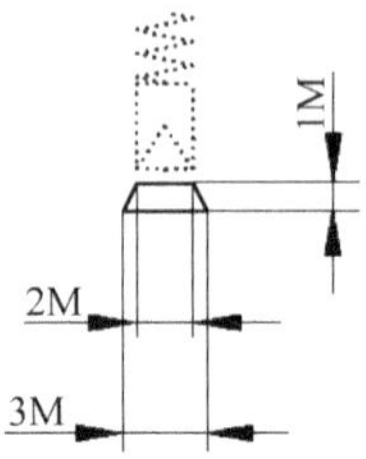 1M 2M 3M 活塞杆制动器	—	新增
33	8.4.64	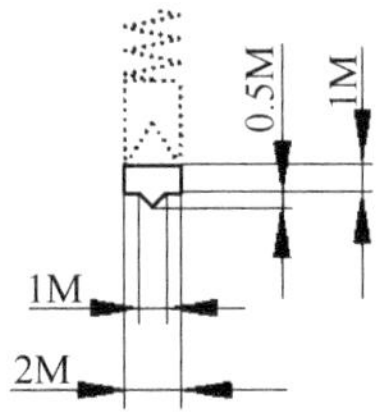 0.5M 1M 1M 2M 活塞杆锁定机构	—	新增
34	8.5.28	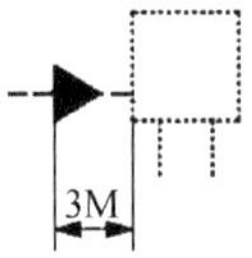 3M 直动式液控机构（用于方向控制阀）	8.5.28	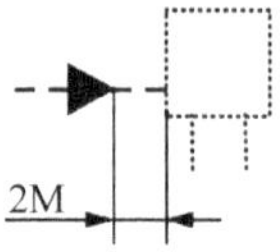 2M 液压增压直动机构（用于方向控制阀）
35	8.5.29	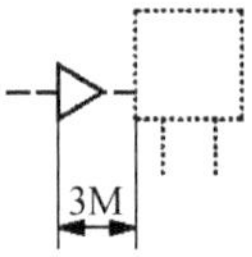 3M 直动式气控机构（用于方向控制阀）	8.5.29	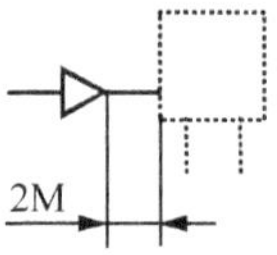 2M 气压增压直动机构（用于方向控制阀）
36	8.5.30	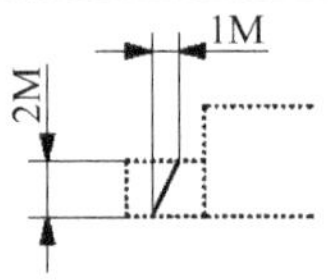 1M 2M 控制要素：线圈，作用方向指向阀芯（电磁铁，力矩马达，力马达）（8.5.31、8.5.32 增加了应用示意）	8.5.30	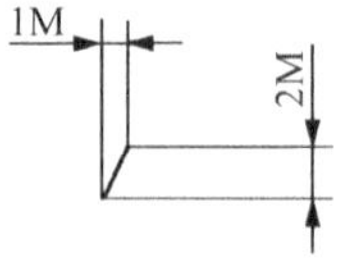 1M 2M 控制元件：绕组，作用方向指向阀芯（电磁铁，力矩马达，力马达）

（续）

序号	条目号	新技术内容	原条目号	原技术内容
37	8.3.18	30° 1M 60° 9M 增加了箭头角度和尺寸规定	8.3.18①	60° 9M
38	8.6.1， 8.6.3	30° 1M 3M 1M 30° 1M 4.5M 1M 增加了箭头角度和尺寸规定	8.6.1， 8.6.3①	1M 3M 1M 4.5M
39	8.7.9	1M 1M 输出信号（电气数字信号）	8.7.9	输出信号，电气数字信号

①标准中 8.3 和 8.6 内容均按此改。

附录 C　GB/T 786（所有部分）标准贯彻使用清单

根据使用需求，可从本书随附的 U 盘中，分别打印《元件符号标准使用清单》《回路图标准使用清单》，见表 C-1、表 C-2。在绘制前后逐条对图形符号和回路图进行检查调整。

表 C-1　元件符号标准使用清单

序号	内容	标准规定
1	幅面	A4 或 A3，或约定幅面
2	线型线宽	细实线：供油/气管路、回油/气管路、元件框线、符号框线 虚线：内部和外部先导（控制）管路、泄油管路、冲洗管路、排气管路 点画线：组合元件框线 线宽均为 0.25mm
3	字体字号	字母与数字：字体 Arial、字形常规、字号 10pt；汉字：字体仿宋、字形常规、字号 10pt
4	泵/马达规则	泵的驱动轴位于左边（首选位置）或右边，且可延伸 2M 的倍数 电动机的轴位于右边（首选位置）或左边 表示可调节的箭头应置于能量转换装置符号的中心。如果需要，可画得更长些 顺时针方向箭头表示泵轴顺时针方向旋转，画在泵轴的对侧。面对轴端判断旋转方向 逆时针方向箭头表示泵轴逆时针方向旋转，画在泵轴的对侧。面对轴端判断旋转方向 符号镜像，应将指示旋转方向的箭头反向 泵或马达的泄油管路画在右下底部，与端口线夹角小于 45° 符号的所有端口应标出
5	阀规则	控制机构中心线位于长方形/正方形底边之上 1M 两个并联控制机构的中心线间距为 2M，且不能超出功能要素的底边 锁定机构应居中，或者在距凹口右或左 0.5M 的位置，且在轴上方 0.5M 处 锁定槽应均匀置于轴上 对于三个以上的锁定槽，在锁定槽上方 0.5M 处用数字表示 如有必要，应当标明非锁定的切换位置 控制机构应画在矩形/正方形的右侧，除非两侧均有 矩形/正方形的尺寸不足布置全部控制机构，需要画出延长线，在机能位的两侧均可 控制机构和信号转换器并联工作时，从底部到顶部应遵循以下顺序： 液控/气控→电磁铁→弹簧→手动控制元件→转换器

（续）

序号	内容	标准规定
5	阀规则	同样的控制机构作用于机能位的两侧，其顺序必须对称放置，不允许符号重叠 控制机构串联工作时应依照控制顺序表示 锁定符号应在距离锁定机构 1M 距离处标出，该锁定符号表示带锁调节 端口末端在 2M 倍数的网格上 应在未受激励状态下的机能位（初始位置）上标注工作端口 符号连接应位于 2M 的倍数网格上。相邻端口线的距离应为 2M，以保证端口标注空间 压力控制阀符号的基本位置由流动方向决定（供油/气口通常画在底部） 安全位应在控制范围以外的机能位表示 可调节要素应位于节流的中心位置 有两个及以上机能位且连续控制的阀，应沿符号画两条平行线 二通插装阀符号包括两个部分：控制盖板和插装阀芯 控制盖板的连接端口应位于框线中网格上，位置固定 外部连接端口应画在两侧；工作端口位于底部和符号侧边 二通插装阀的插装阀芯 A 口位于底部，B 口可在右边，或者左边，或两边都有 开启压力应在符号旁边标明；如果节流可更换，其符号应画一个圆；有节流功能应涂黑 符号的所有端口应标出
6	缸规则	活塞应距离缸端盖 1M 以上。连接端口距离缸的末端应当在 0.5M 以上 缸筒应与活塞杆要素相匹配 行程限位应在缸筒末端标出 机械限位应以对称方式标出 可调节机能由标识在调节要素中的箭头表示。如果有两个可调节要素，可调节机能应表示在其中间位置
7	附件规则	多路旋转管接头两边接口有 2M 间隔。数字可自定义并扩展。接口标号在接口符号上方 流道的汇集线应居中绘制 两条管路的连接应标出连接点 两条管路交叉但没有连接点，表明它们之间没有连接 符号的所有端口应标出 电气装置中两个及以上触点可以画在一个框内，每一个触点可有不同功能（常闭触点、常开触点、开关触点）。如果多于三个触点，可用数字标注在触点上方 0.5M 位置

表 C-2 回路图标准使用清单

序号	内容	标准规定
1	幅面	A4 或 A3，或约定幅面
2	线型线宽	细实线：供油/气管路、回油/气管路、元件框线、符号框线 虚线：内部和外部先导（控制）管路、泄油管路、冲洗管路、排气管路 点画线：组合元件框线 线宽均为 0.25mm
3	布局	不同元件之间的线连接处应使用最少的交叉点来绘制 元件名称及说明不得与元件连接线及符号重叠 代码和标识的位置不应与元件和连接线的预留空间重叠 根据系统复杂程度，根据其控制功能来分解成各种功能模块。一个完整的控制功能模块（包含执行元件）应尽可能体现在一张图样上，并用双点画线作为各功能模块的分界线 由执行元件驱动的元件，如限位阀和限位开关，其元件的图形符号应标记在执行元件（如液压缸）运动的位置上，并标记一条标注线和其标识代码。如果执行元件是单向运动，应在标记线上加注一个箭头符号（→） 元件的图形符号的排列应按照从底部到顶部，从左到右的顺序，规则如下： 动力源：左下角；控制元件：从下向上，从左到右；执行元件：顶部，从左到右 由多张图样组成，并且回路图从一张图样延续到另一张图样，则应在相应的回路图中用连接标识对其标记，使其容易识别。连接标识应位于线框内部，至少由标识代码（相应回路图中的标识代码保持一致）、“-”符号，以及关联页码组成。如有需要，连接标识可进一步说明回路图类型（如液压回路，气动回路等）以及连接标识在图样中的网格坐标或路径
4	标识	元件和软管总成应使用标识代码进行标记，标识代码应标记在回路图中其各自的图形符号附近，并应在相关文件中使用 标识代码应由以下组成： a）功能模块代码，后加一个“-”；b）传动介质代码；c）回路编号，后加一个“.”；d）元件编号 功能模块代码：如果回路图由多个功能模块构成，回路图标识代码中应包含功能模块代码，使用一个数字或字母表示。只由一个功能模块构成，则本代码可省略 传动介质代码：如果回路中使用多种传动介质，回路图标识代码中应包含传动介质代码。只使用一种传动介质，则本代码可省略。表示不同传动介质的字母符号： H—液压传动介质；P—气压传动介质；C—冷却介质；K—冷却润滑介质；L—润滑介质；G—气体介质 回路编号：每个回路应对应一个编号，从 0 开始，并按顺序以连续数字来表示 元件编号：每个元件应给予一个编号，从 1 开始，并按顺序以连续数字来表示 连接口应按照元件、底板、油路块的连接口特征进行标识 为清晰表达功能性连接的元件或管路，必要时可在附近添加所有隐含的连接口标识 硬管和软管应用管路标识代码标识，该标识代码应靠近图形符号，并用于所有相关文件 注：必要时，为避免安装维护时各实物部件（硬管、软管、软管总成）错配，管路部件上的或其附带的物理标记可以使用以下基于回路图上的数据的标记方式：

（续）

序号	内容	标准规定
4	标识	a）使用标识代码标记 b）管路端部使用元件标识或连接口标识来标记，一端连接标记或两端连接标记 c）所有管路以及它们的端部的标记要结合 a）和 b）所描述的方法 标识代码由以下组成： a）非强制性标识号，在一个回路中的所有管路（除软管总成）应连续编号。后加一个“-”符号 b）强制性技术信息，以直径符号（ϕ）开始，后加符合要求的数字和符号 示例：1-ϕ30×4，其中：“1”是管路的标识号，“ϕ30×4 ”是硬管的“公称外径×壁厚”，单位（mm） 非强制性管路应用代码：可以标识在管路沿线上任何便于理解和说明的位置。由以下组成： a）传动介质代码，后加一个“-”符号 b）应用标识代码组成：管路代码；后加一个字母或数字，表示压力等级编码 传动介质代码：使用多种介质，管路应用代码应包含传动介质代码。只有一种时可以省略 管路代码：以应用标识代码的首字符表示回路图中不同类型管路时，使用以下字母符号： P—压力供油管路和辅助压力供油管路　T—回油管路 L，X，Y，Z—其他的管路代码，如先导管路、泄油管路等 压力等级编码：在不同压力下传输流体的管路，且传输到具有相同管路代码的管路，可以单独标识，在其应用标识代码中的第二个字符上用数字区别，编码顺序应从 1 开始 示例：H-P1，其中，H 代表液压传动介质；P 代表压力供油管路；1 代表压力等级编码
5	技术信息	技术信息应标识在相关符号或回路附近。可包含额外技术信息。同一参数使用相同单位 回路功能（如夹紧、举升、翻转、钻孔或驱动）信息应标识在每个回路上方 电气原理图使用的电气参考名称应在回路中的电磁铁或其他电气连接元件处说明 液压油箱应给出以下信息： a）最大推荐容量，升（L） b）最小推荐容量，升（L） c）符合 GB/T 3141、GB/T 7631.2 的液压传动介质型号、类别以及黏度等级 d）当油箱与大气不连通时，油箱最大允许压力，兆帕（MPa） 气体储气罐、稳压罐应给出以下信息： a）容量，升（L）；b）最大允许压力，千帕（kPa）或兆帕（MPa） 气源应给出以下信息： a）额定排气量，升每分钟（L/min）；b）提供压力等级，千帕（kPa）或兆帕（MPa） 定量泵应给出以下信息： a）额定流量，升每分钟（L/min）；b）排量，毫升每转（mL/r） 有转速控制功能的原动机驱动的定量泵，应给出以下信息： a）最大旋转速度，转每分钟（r/min）；b）排量，毫升每转（mL/r） 变量泵应给出以下信息：

（续）

序号	内容	标准规定
5	技术信息	a）额定最大流量，升每分钟（L/min）；b）最大排量，毫升每转（mL/r）；c）设置控制点 原动机应给出以下信息： a）额定功率，千瓦（kW）；b）转速或转速范围，转每分钟（r/min） 方向控制阀 控制机构应使用元件上标示的图形符号在回路图中给出标识。为了准确地表达工作原理，必要时，应在回路图中、元件上或元件附近增加所有缺失的控制机构的图形符号 应给出方向控制阀处于不同的工作位置对应的控制功能 流量控制阀、节流孔和固定节流阀 应给出设定值（如角度位置或转数）及受到其影响的参数（如缸运行时间） 应标示节流孔和固定节流阀的节流口尺寸，由直径符号 ϕ 来表示（如：ϕ1.2mm） 压力控制阀和压力开关 应给出压力设定值标识，千帕（kPa）或兆帕（MPa）。并可进一步标记调节范围 缸 a）缸径，毫米（mm） b）活塞杆直径，毫米（mm）（液压缸要求，气缸不做要求） c）最大行程，毫米（mm） 示例：液压缸缸径 100mm，活塞杆直径 56mm，最大行程 50mm，可表示为：ϕ100/56×50 摆动马达 a）排量，单位为毫升每转（mL/r） b）旋转角度，单位为度（°） 定量马达，应给出排量信息，单位为毫升每转（mL/r） 变量马达，应给出： a）最大和最小排量，毫升每转（mL/r） b）转矩范围，牛·米（N·m） c）转速范围，转每分钟（r/min） 蓄能器应给出容量信息，单位为升（L） 气体加载式蓄能器，还应给出以下信息： a）在指定温度［摄氏度（℃）］范围内的预充压力（p_0），单位为兆帕（MPa） b）最大工作压力（p_2）以及最小工作压力（p_1），单位为兆帕（MPa） c）气体类型 液压过滤器应给出过滤比信息，按照 GB/T 18853 的规定 气体过滤器应给出公称过滤精度信息，单位为微米（μm）或过滤系统的具体参数值 硬管应给出 GB/T 2351 规定的公称外径和壁厚信息，单位为毫米（mm）(如：ϕ38×5)。必要时，外径和内径信息均应给出，单位为毫米（mm）（如：ϕ8/5） 软管和软管总成应给出 GB/T 2351 或相关软管标准规定的软管公称内径尺寸信息 液位指示器应给出以适当的单位标识的介质容量报警液面的参数信息 温度计中应给出介质的报警温度信息，单位为摄氏度（℃） 恒温控制器中应给出温度设置信息，单位为摄氏度（℃） 压力表应给出最大压力或压力范围信息，单位为千帕（kPa）或兆帕（MPa） 计时器应给出延迟时间或计时范围信息，单位为秒（s）或毫秒（ms）

附录 D　行业新产品新符号示例（见表 D-1）

表 D-1　行业新产品新符号示例

符号设计	实物照片	性能介绍
预压式防溅油型 液压空气滤清器		温州黎明 HAF 系列预压式防溅油型液压空气滤清器，解决了预压不稳定、排气阀开启压力过高、油箱晃动时排气溅油、排气时油雾冷却污染、手动无法排气等难题，产品外形精巧、安装方便，特别适用各类预压液压油箱的安装，产品各性能达到国际同类产品技术水平 该系列产品可广泛应用于各类工程机械、液压站等需预压的液压油油箱，可有效保持油箱内部空气的洁净和稳定的预压 系列产品预压 0.017 至 0.05 MPa、空气过滤精度达 3μm、空气流量达 550L/min
吸湿空气滤清器		温州黎明 DAB 系列吸湿空气滤清器具有高效除湿和高精度空气过滤，可以有效防止由于液面上升和下降及热胀冷缩产生的压差导致水分及固体颗粒侵入油箱，有效提高液压系统工作性能和可靠性，延长油液及设备的使用寿命 该系列产品适用于水域周边等空气潮湿环境的液压设备油箱，可有效地预防呼吸阀进水导致的油液乳化和保持油箱内部空气的洁净 系列产品空气过滤精度达 3μm、空气流量至 1250L/min、吸湿量达 570g
吸回油过滤器		温州黎明 TRF 吸回油过滤器主要适用于闭式回路的液压系统，滤除闭式回路中因元件磨损产生的金属颗粒以及密封件的橡胶碎屑等污染物，回油系统的全流量过滤，保持系统油液的清洁，有效地延长液压泵及系统其他元件的使用寿命 主要技术参数 1. 公称流量：100~800L/min 2. 公称压力：1MPa 3. 过滤精度：80μm（吸油），3~30μm（回油）可选 4. 发讯值：0.35MPa 5. 旁通阀开启压力为 0.4MPa 6. 补偿流量：6~25L/min

（续）

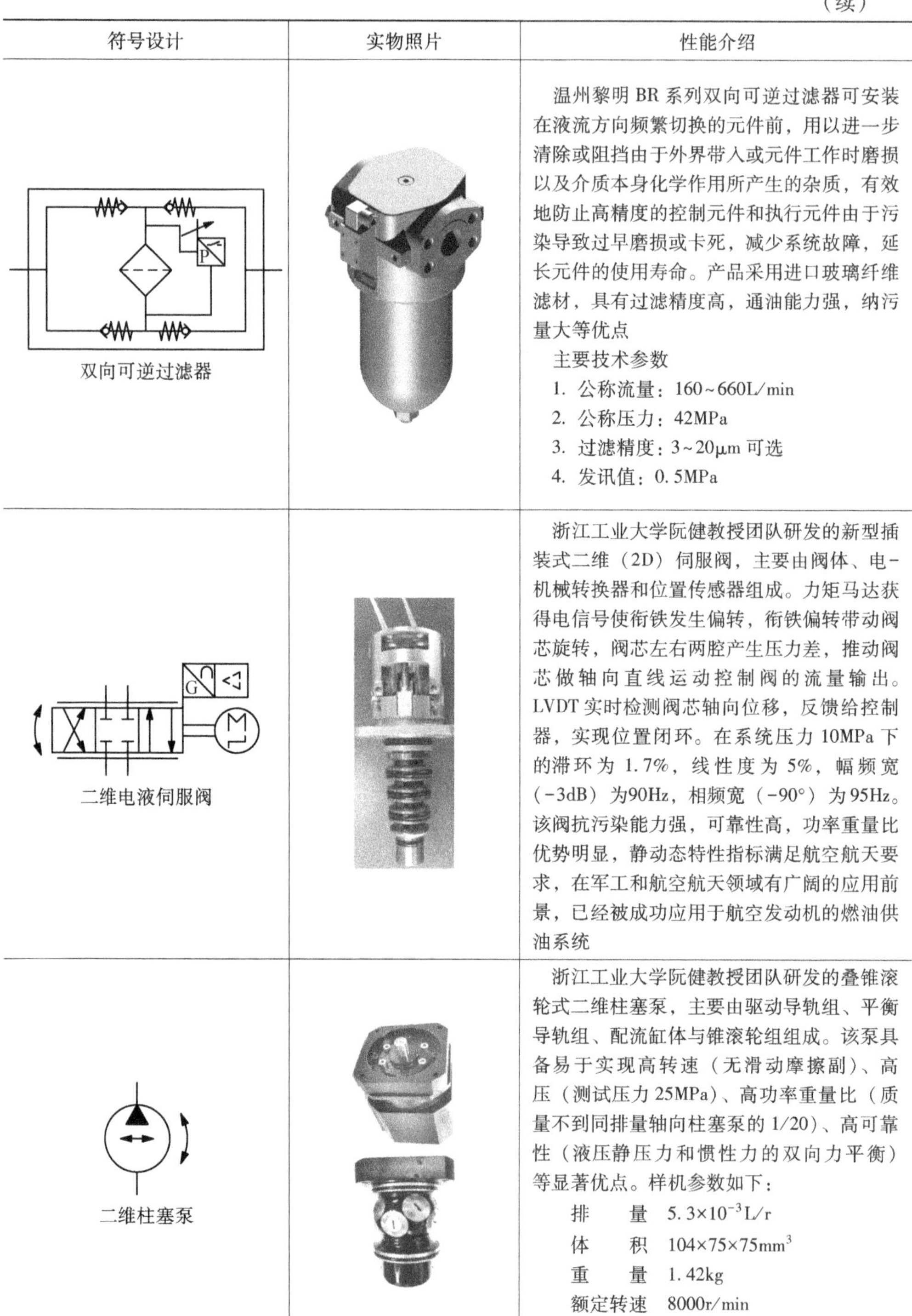

符号设计	实物照片	性能介绍
双向可逆过滤器		温州黎明BR系列双向可逆过滤器可安装在液流方向频繁切换的元件前，用以进一步清除或阻挡由于外界带入或元件工作时磨损以及介质本身化学作用所产生的杂质，有效地防止高精度的控制元件和执行元件由于污染导致过早磨损或卡死，减少系统故障，延长元件的使用寿命。产品采用进口玻璃纤维滤材，具有过滤精度高，通油能力强，纳污量大等优点 主要技术参数 1. 公称流量：160~660L/min 2. 公称压力：42MPa 3. 过滤精度：3~20μm可选 4. 发讯值：0.5MPa
二维电液伺服阀		浙江工业大学阮健教授团队研发的新型插装式二维（2D）伺服阀，主要由阀体、电-机械转换器和位置传感器组成。力矩马达获得电信号使衔铁发生偏转，衔铁偏转带动阀芯旋转，阀芯左右两腔产生压力差，推动阀芯做轴向直线运动控制阀的流量输出。LVDT实时检测阀芯轴向位移，反馈给控制器，实现位置闭环。在系统压力10MPa下的滞环为1.7%，线性度为5%，幅频宽（-3dB）为90Hz，相频宽（-90°）为95Hz。该阀抗污染能力强，可靠性高，功率重量比优势明显，静动态特性指标满足航空航天要求，在军工和航空航天领域有广阔的应用前景，已经被成功应用于航空发动机的燃油供油系统
二维柱塞泵		浙江工业大学阮健教授团队研发的叠锥滚轮式二维柱塞泵，主要由驱动导轨组、平衡导轨组、配流缸体与锥滚轮组组成。该泵具备易于实现高转速（无滑动摩擦副）、高压（测试压力25MPa）、高功率重量比（质量不到同排量轴向柱塞泵的1/20）、高可靠性（液压静压力和惯性力的双向力平衡）等显著优点。样机参数如下： 排　　量　5.3×10^{-3}L/r 体　　积　$104\times75\times75$mm^3 重　　量　1.42kg 额定转速　8000r/min 额定流量　60L/min

（续）

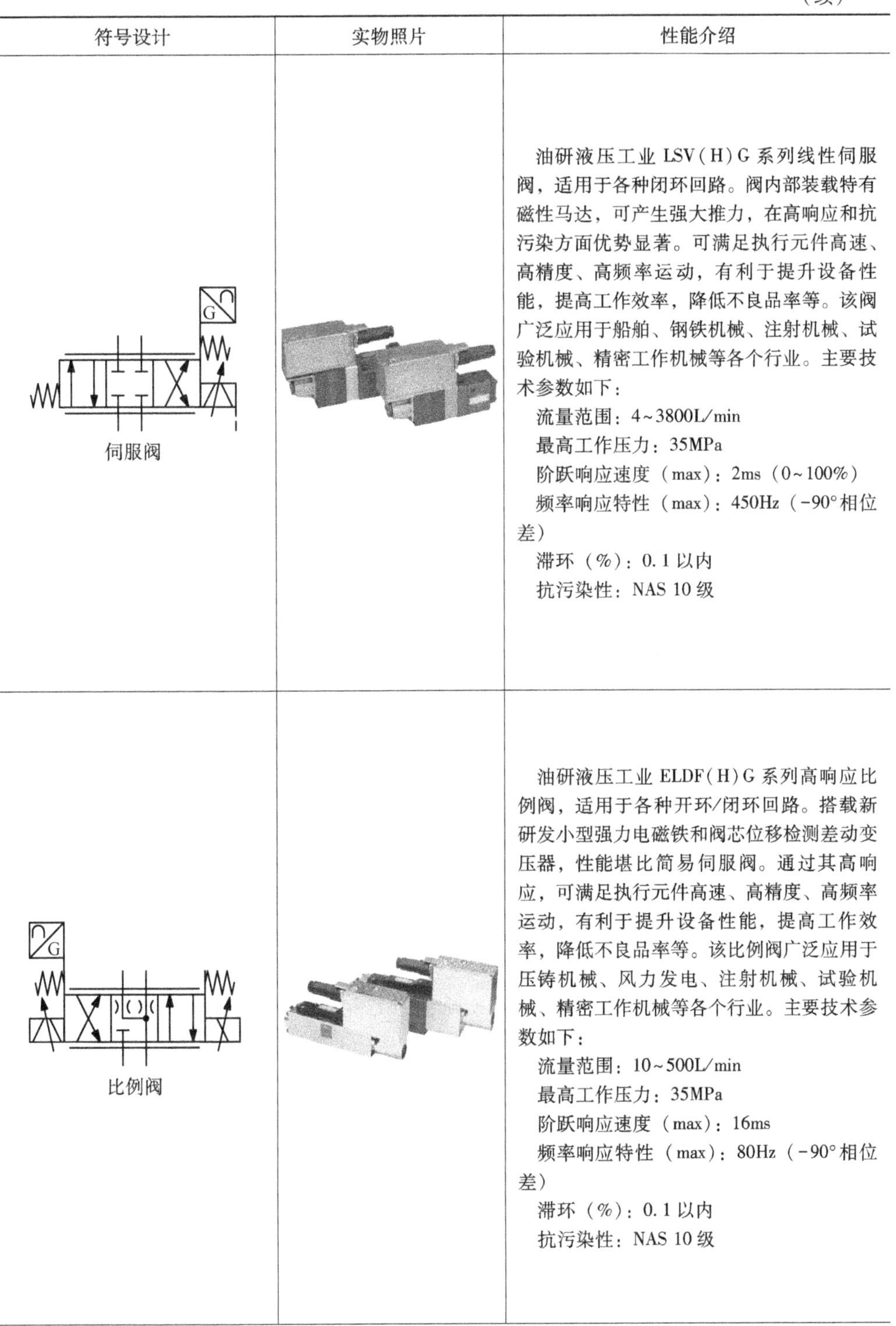

符号设计	实物照片	性能介绍
伺服阀		油研液压工业 LSV(H)G 系列线性伺服阀，适用于各种闭环回路。阀内部装载特有磁性马达，可产生强大推力，在高响应和抗污染方面优势显著。可满足执行元件高速、高精度、高频率运动，有利于提升设备性能，提高工作效率，降低不良品率等。该阀广泛应用于船舶、钢铁机械、注射机械、试验机械、精密工作机械等各个行业。主要技术参数如下： 流量范围：4~3800L/min 最高工作压力：35MPa 阶跃响应速度（max）：2ms（0~100%） 频率响应特性（max）：450Hz（-90°相位差） 滞环（%）：0.1 以内 抗污染性：NAS 10 级
比例阀		油研液压工业 ELDF(H)G 系列高响应比例阀，适用于各种开环/闭环回路。搭载新研发小型强力电磁铁和阀芯位移检测差动变压器，性能堪比简易伺服阀。通过其高响应，可满足执行元件高速、高精度、高频率运动，有利于提升设备性能，提高工作效率，降低不良品率等。该比例阀广泛应用于压铸机械、风力发电、注射机械、试验机械、精密工作机械等各个行业。主要技术参数如下： 流量范围：10~500L/min 最高工作压力：35MPa 阶跃响应速度（max）：16ms 频率响应特性（max）：80Hz（-90°相位差） 滞环（%）：0.1 以内 抗污染性：NAS 10 级

（续）

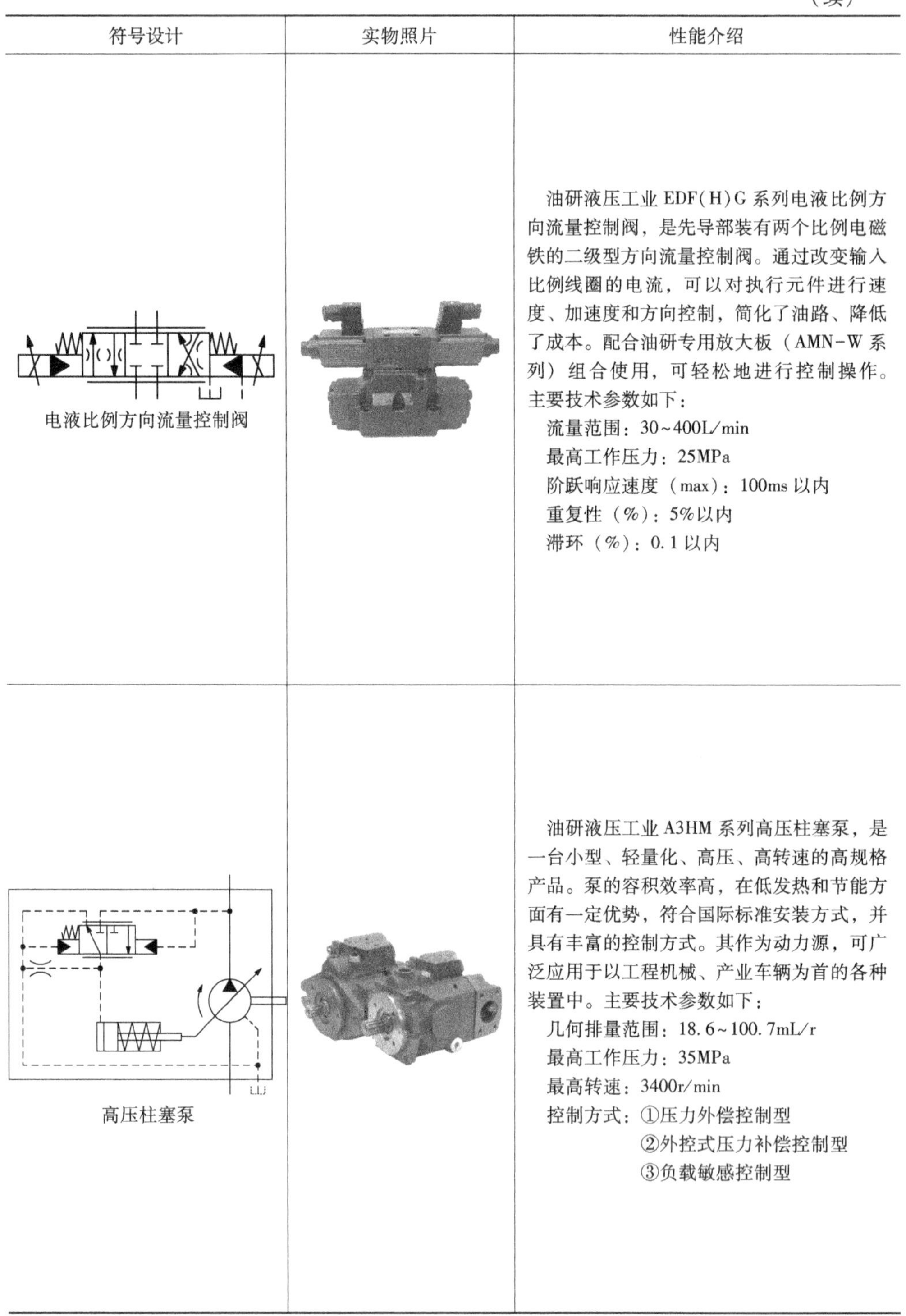

符号设计	实物照片	性能介绍
电液比例方向流量控制阀		油研液压工业 EDF(H)G 系列电液比例方向流量控制阀，是先导部装有两个比例电磁铁的二级型方向流量控制阀。通过改变输入比例线圈的电流，可以对执行元件进行速度、加速度和方向控制，简化了油路、降低了成本。配合油研专用放大板（AMN-W 系列）组合使用，可轻松地进行控制操作。主要技术参数如下： 流量范围：30~400L/min 最高工作压力：25MPa 阶跃响应速度（max）：100ms 以内 重复性（%）：5%以内 滞环（%）：0.1 以内
高压柱塞泵		油研液压工业 A3HM 系列高压柱塞泵，是一台小型、轻量化、高压、高转速的高规格产品。泵的容积效率高，在低发热和节能方面有一定优势，符合国际标准安装方式，并具有丰富的控制方式。其作为动力源，可广泛应用于以工程机械、产业车辆为首的各种装置中。主要技术参数如下： 几何排量范围：18.6~100.7mL/r 最高工作压力：35MPa 最高转速：3400r/min 控制方式：①压力外偿控制型 ②外控式压力补偿控制型 ③负载敏感控制型

附录 E 液压与气动图形符号常见错误示例（见表 E-1）

表 E-1 液压与气动图形符号常见错误示例

序号	错误示例	错误原因	正确示例
1	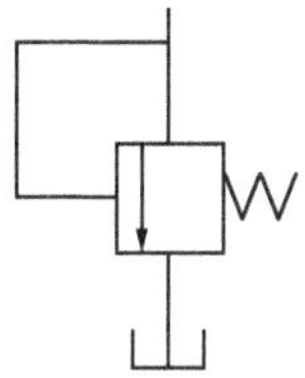	控制线应为虚线 控制型弹簧非 W 形 控制弹簧未放置调节箭头 弹簧底部应与阀框线底部齐平 溢流阀测压口应为阀入口 阀框线与管路框线粗细不一致 供油/气口通常画在底部	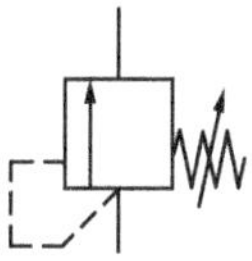
2	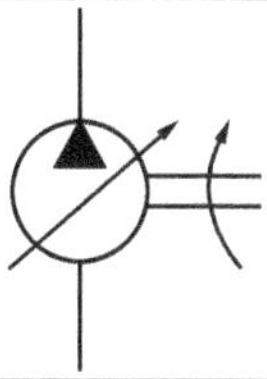	符号整体尺寸比例错误 变量箭头偏短、角度错误 进出口管路线过长 旋向箭头应与泵同心，且置于泵轴对侧	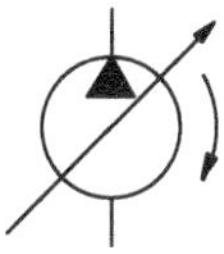
3	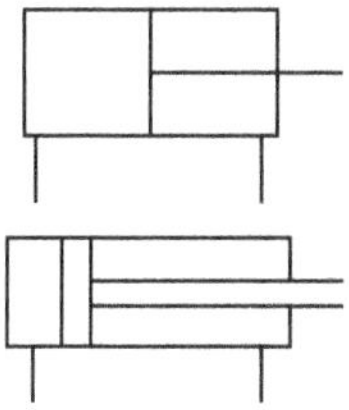	活塞与活塞杆应使用双线表示 活塞位置应靠近左侧 活塞杆未封闭	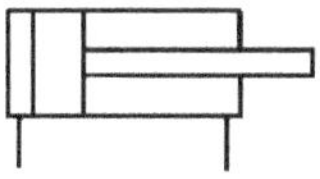
4	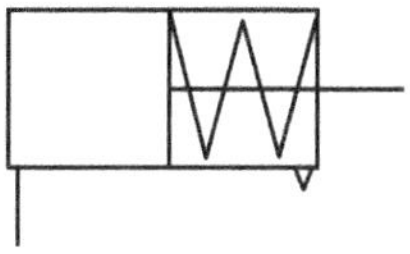	活塞与活塞杆应为双线 活塞应靠近左侧 液压缸复位弹簧为三 V 线	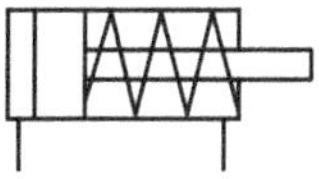
5	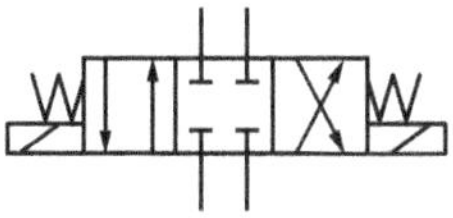	控制型弹簧不应为 W 线 电磁铁绘制比例、结构、斜线方向错误	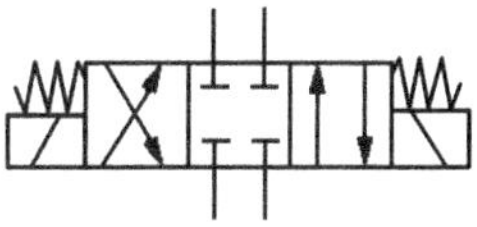
6	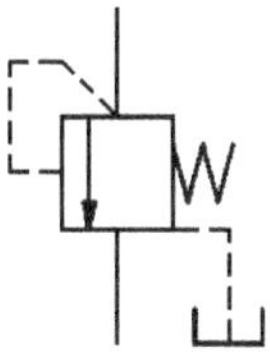	泄漏油应从弹簧引出 控制型弹簧不应为 W 线 未绘制弹簧的可调节箭头 弹簧底部应与阀框线底部齐平 进出油口线过长 控制管路与泄漏管路线型粗细应与其他管路一致	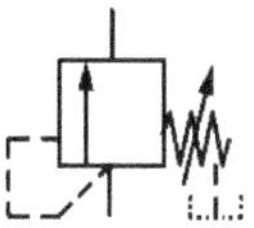

（续）

序号	错误示例	错误原因	正确示例
7	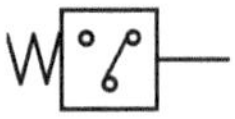	控制型弹簧不应为 W 线 未绘制弹簧可调节箭头 开关信号表示错误	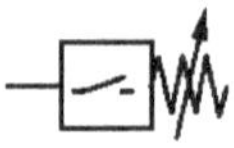
8	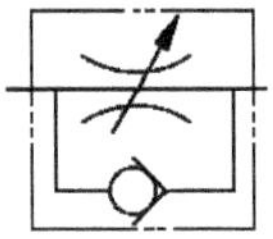	单向阀尺寸比例错误 整体性阀外框线与管路线型一致（细实线） 管路相交点过小 进出油口管路过短	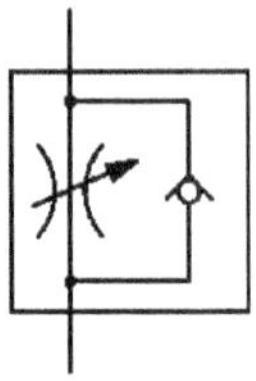
9		控制型弹簧非 W 线 整体结构比例错误	
10	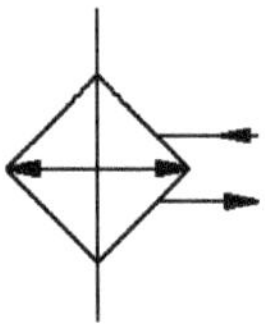	冷却水进出口管路过短 线型偏细	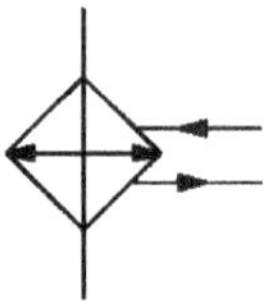
11	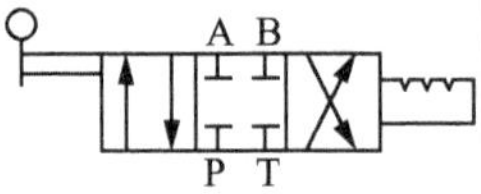 A B P T	控制手柄与定位机构应分列阀两侧底部，且中心线对齐 控制机构未配套定位销 手柄球与杆比例、角度错误	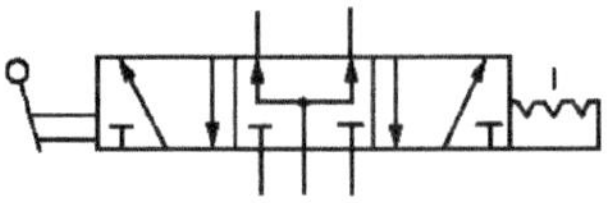
12	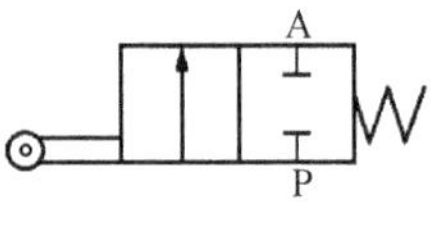 A P	表示流道的线型粗细应与阀框线一致 流动方向箭头应为双向箭头 推杆头中心应为空心圆 推杆中心线应与弹簧中心线对齐，且弹簧底部应与框线齐平 如果表示连续控制的比例阀或伺服阀，则应在阀框线上下增加两条平行线 控制弹簧不应为 W 线	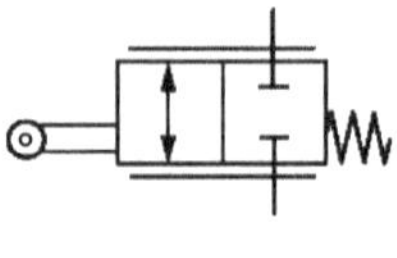

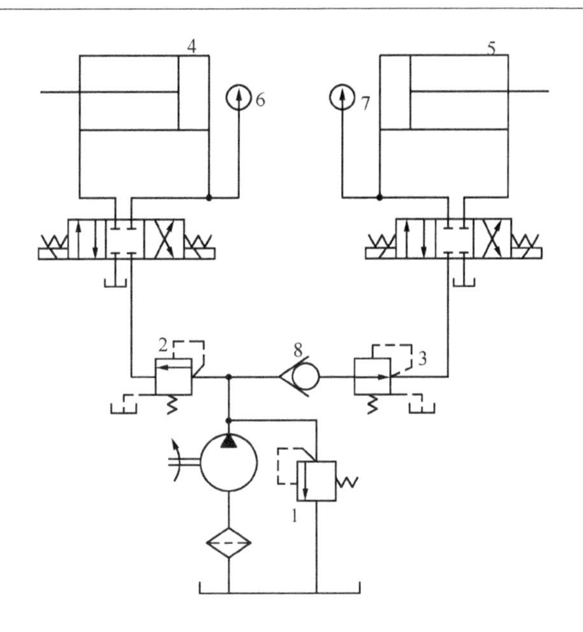

错误回路图示例（不少于 15 处，不含重复错误）。

正确回路图示例。

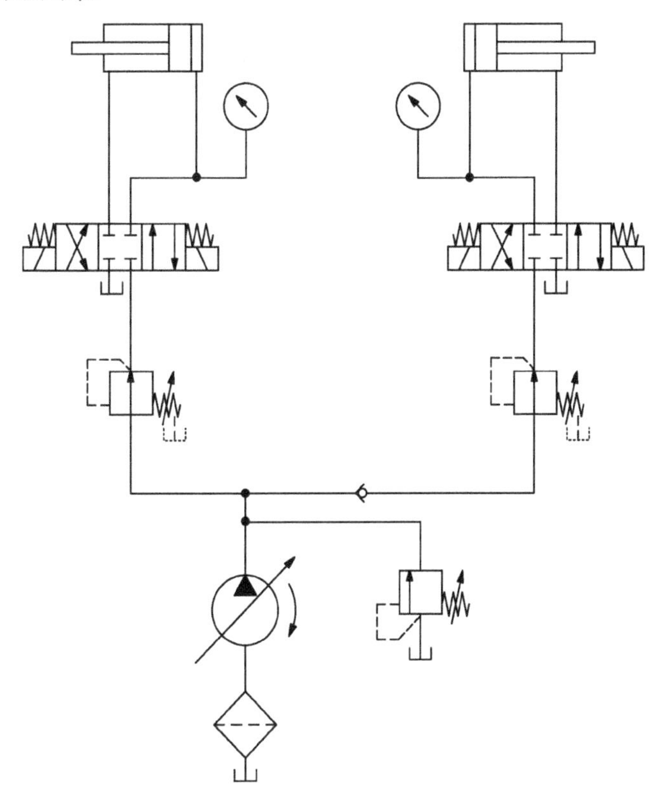

附录 F 流体传动与控制领域国家标准目录

流体传动与控制领域国家标准目录见表 F-1~表 F-9。

表 F-1 通用 标准目录

序号	标准号	标准名称	发布日期	实施日期
1	GB/T 17446—2012	流体传动系统及元件 词汇	2012/9/3	2013/3/1
2	GB/T 786. 1—2021	流体传动系统及元件 图形符号和回路图 第 1 部分：图形符号	2021/5/21	2021/12/1
3	GB/T 786. 2—2018	流体传动系统及元件 图形符号和回路图 第 2 部分：回路图	2018/12/28	2019/7/1
4	GB/T 786. 3—2021	流体传动系统及元件 图形符号和回路图 第 3 部分：回路图中的符号模块和连接符号	2021/5/21	2021/12/1
5	GB/T 2346—2003	流体传动系统及元件 公称压力系列	2003/11/25	2004/6/1
6	GB/T 7935—2005	液压元件 通用技术条件	2005/7/11	2006/1/1
7	GB/T 35023—2018	液压元件可靠性评估方法	2018/5/14	2018/12/1
8	GB/T 36997—2018	液压传动 油路块总成及其元件的标识	2018/12/28	2019/7/1
9	GB/T 3766—2015	液压传动 系统及其元件的通用规则和安全要求	2015/12/31	2016/7/1
10	GB/Z 19848—2005	液压元件从制造到安装达到和控制清洁度的指南	2005/7/11	2006/1/1
11	GB/T 19934. 1—2021	液压传动 金属承压壳体的疲劳压力试验 第 1 部分：试验方法	2021/3/9	2021/10/1
12	GB/T 28782. 2—2012	液压传动测量技术 第 2 部分：密闭回路中平均稳态压力的测量	2012/11/5	2013/3/1
13	GB/T 25133—2010	液压系统总成 管路冲洗方法	2010/9/26	2011/2/1
14	GB/Z 20423—2006	液压系统总成 清洁度检验	2006/8/22	2007/1/1
15	GB/T 16898—1997	难燃液压液使用导则	1997/7/2	1998/2/1
16	GB/T 17484—1998	液压油液取样容器 净化方法的鉴定和控制	1998/9/2	1999/8/1
17	GB/T 14513. 1—2017	气动 使用可压缩流体元件的流量特性测定 第 1 部分：稳态流动的一般规则和试验方法	2017/12/29	2018/7/1
18	GB/T 14513. 2—2019	气动 使用可压缩流体元件的流量特性测定 第 2 部分：可代替的测试方法	2019/10/18	2020/5/1

（续）

序号	标准号	标准名称	发布日期	实施日期
19	GB/T 14513. 3—2020	气动 使用可压缩流体元件的流量特性测定 第 3 部分：系统稳态流量特性的计算方法	2020/6/2	2020/12/1
20	GB/T 28783—2012	气动 标准参考大气	2012/11/5	2013/3/1
21	GB/T 30833—2014	气压传动 设备消耗的可压缩流体 压缩空气功率的表示及测量	2014/5/6	2015/3/1
22	GB/T 38206. 1—2019	气动元件可靠性评估方法 第 1 部分：一般程序	2019/10/18	2020/5/1
23	GB/T 7932—2017	气动 对系统及其元件的一般规则和安全要求	2017/7/12	2018/2/1

表 F-2 液压泵/马达 标准目录

序号	标准号	标准名称	发布日期	实施日期
1	GB/T 17483—1998	液压泵空气传声噪声级测定规范	1998/9/2	1999/8/1
2	GB/T 17485—1998	液压泵、马达和整体传动装置参数定义和字母符号	1998/9/2	1999/8/1
3	GB/T 17491—2011	液压泵、马达和整体传动装置 稳态性能的试验及表达方法	2011/6/16	2012/3/1
4	GB/T 20421. 1—2006	液压马达特性的测定 第 1 部分：在恒低速和恒压力下	2006/8/22	2007/1/1
5	GB/T 20421. 2—2006	液压马达特性的测定 第 2 部分：起动性	2006/8/22	2007/1/1
6	GB/T 20421. 3—2006	液压马达特性的测定 第 3 部分：在恒流量和恒转矩下	2006/8/22	2007/1/1
7	GB/T 23253—2009	液压传动 电控液压泵 性能试验方法	2009/3/16	2009/11/1
8	GB/T 2347—1980	液压泵及马达公称排量系列	1980/12/27	1981/7/1
9	GB/T 2353—2005	液压泵及马达的安装法兰和轴伸的尺寸系列及标注代号	2005/9/19	2006/4/1
10	GB/T 34887—2017	液压传动 马达噪声测定规范	2017/11/1	2018/5/1
11	GB/T 7936—2012	液压泵和马达 空载排量测定方法	2012/12/31	2013/10/1

表 F-3 液压阀 标准目录

序号	标准号	标准名称	发布日期	实施日期
1	GB/T 14043—2005	液压传动 阀安装面和插装阀阀孔的标识代号	2005/7/11	2006/1/1
2	GB/T 15623. 1—2018	液压传动 电调制液压控制阀 第 1 部分：四通方向流量控制阀试验方法	2018/2/6	2018/9/1

（续）

序号	标准号	标准名称	发布日期	实施日期
3	GB/T 15623. 2—2017	液压传动 电调制液压控制阀 第 2 部分：三通方向流量控制阀试验方法	2017/11/1	2018/5/1
4	GB/T 15623. 3—2012	液压传动 电调制液压控制阀 第 3 部分：压力控制阀试验方法	2012/11/5	2013/3/1
5	GB/T 17487—1998	四油口和五油口液压伺服阀 安装面	1998/9/2	1999/8/1
6	GB/T 17490—1998	液压控制阀 油口、底板、控制装置和电磁铁的标识	1998/9/2	1999/8/1
7	GB/T 2514—2008	液压传动 四油口方向控制阀安装面	2008/2/28	2008/8/1
8	GB/T 2877. 2—2021	液压二通盖板式插装阀 第 2 部分：安装连接尺寸	2021/4/30	2021/11/1
9	GB/T 2877—2007	液压二通盖板式插装阀 安装连接尺寸	2007/4/30	2007/12/1
10	GB/T 39831—2021	液压传动 规格 02、03、05、07、08 和 10 的四油口叠加阀和方向控制阀 夹紧尺寸	2021/3/9	2021/10/1
11	GB/T 7934—2017	液压二通盖板式插装阀 技术条件	2017/11/1	2018/5/1
12	GB/T 8098—2003	液压传动 带补偿的流量控制阀 安装面	2003/6/16	2004/1/1
13	GB/T 8100—2006	液压传动 减压阀、顺序阀、卸荷阀、节流阀和单向阀 安装面	2006/8/22	2007/1/1
14	GB/T 8101—2002	液压溢流阀 安装面	2002/5/17	2002/12/1
15	GB/T 8104—1987	流量控制阀试验方法	1987/7/23	1988/7/1
16	GB/T 8105—1987	压力控制阀试验方法	1987/7/23	1988/7/1
17	GB/T 8106—1987	方向控制阀试验方法	1987/7/23	1988/7/1
18	GB/T 8107—2012	液压阀 压差—流量特性的测定	2012/12/31	2013/10/1

表 F-4 液压缸 标准目录

序号	标准号	标准名称	发布日期	实施日期
1	GB/T 14036—1993	液压缸活塞杆端带关节轴承耳环安装尺寸	1993/1/11	1993/10/1
2	GB/T 14042—1993	液压缸活塞杆端柱销式耳环安装尺寸	1993/1/11	1993/10/1
3	GB/T 15242. 1—2017	液压缸活塞和活塞杆动密封装置尺寸系列 第 1 部分：同轴密封件尺寸系列和公差	2017/11/1	2018/5/1
4	GB/T 15242. 2—2017	液压缸活塞和活塞杆动密封装置尺寸系列 第 2 部分：支承环尺寸系列和公差	2017/11/1	2018/5/1
5	GB/T 15242. 3—2021	液压缸活塞和活塞杆动密封装置尺寸系列 第 3 部分：同轴密封件沟槽尺寸系列和公差	2021/5/21	2021/12/1

（续）

序号	标准号	标准名称	发布日期	实施日期
6	GB/T 15242. 4—2021	液压缸活塞和活塞杆动密封装置尺寸系列 第4部分：支承环安装沟槽尺寸系列和公差	2021/5/21	2021/12/1
7	GB/T 15622—2005	液压缸试验方法	2005/7/11	2006/1/1
8	GB/T 2348—2018	流体传动系统及元件 缸径及活塞杆直径	2018/12/28	2019/7/1
9	GB/T 2349—1980	液压气动系统及元件 缸活塞行程系列	1980/12/27	1981/7/1
10	GB/T 2350—2020	流体传动系统及元件 活塞杆螺纹型式和尺寸系列	2020/11/19	2021/6/1
11	GB/T 2879—2005	液压缸活塞和活塞杆动密封 沟槽尺寸和公差	2005/7/11	2006/1/1
12	GB/T 2880—1981	液压缸活塞和活塞杆 窄断面动密封沟槽尺寸系列和公差	1982/1/21	1983/3/1
13	GB/T 32216—2015	液压传动 比例/伺服控制液压缸的试验方法	2015/12/10	2017/1/1
14	GB/T 36520. 1—2018	液压传动 聚氨酯密封件尺寸系列 第1部分：活塞往复运动密封圈的尺寸和公差	2018/7/13	2019/2/1
15	GB/T 36520. 2—2018	液压传动 聚氨酯密封件尺寸系列 第2部分：活塞杆往复运动密封圈的尺寸和公差	2018/7/13	2019/2/1
16	GB/T 36520. 3—2019	液压传动 聚氨酯密封件尺寸系列 第3部分：防尘圈的尺寸和公差	2019/8/30	2020/3/1
17	GB/T 36520. 4—2019	液压传动 聚氨酯密封件尺寸系列 第4部分：缸口密封圈的尺寸和公差	2019/8/30	2020/3/1
18	GB/T 38178. 2—2019	液压传动 10MPa系列单杆缸的安装尺寸 第2部分：短行程系列	2019/10/18	2020/5/1
19	GB/T 38205. 3—2019	液压传动 16MPa系列单杆缸的安装尺寸 第3部分：缸径250mm~500mm紧凑型系列	2019/10/18	2020/5/1
20	GB/T 39949. 1—2021	液压传动 单杆缸附件的安装尺寸 第1部分：16MPa中型系列和25MPa系列	2021/3/9	2021/10/1
21	GB/T 39949. 2—2021	液压传动 单杆缸附件的安装尺寸 第2部分：16MPa缸径25mm~220mm紧凑型系列	2021/3/9	2021/10/1
22	GB/T 39949. 3—2021	液压传动 单杆缸附件的安装尺寸 第3部分：16MPa缸径250mm~500mm紧凑型系列	2021/3/9	2021/10/1
23	GB/T 6577—1986	液压缸活塞用带支承环密封沟槽型式、尺寸和公差	1986/7/22	1987/5/1

（续）

序号	标准号	标准名称	发布日期	实施日期
24	GB/T 6577—2021	液压缸活塞用带支承环密封沟槽型式、尺寸和公差	2021/5/21	2021/12/1
25	GB/T 6578—2008	液压缸活塞杆用防尘圈沟槽型式、尺寸和公差	2008/1/14	2008/5/1
26	GB/T 9094—2006	液压缸气缸安装尺寸和安装型式代号	2006/8/22	2007/1/1
27	GB/T 9094—2020	流体传动系统及元件 缸安装尺寸和安装型式代号	2020/11/19	2021/6/1

表 F-5　污染　标准目录

序号	标准号	标准名称	发布日期	实施日期
1	GB/T 37162. 1—2018	液压传动 液体颗粒污染度的监测 第 1 部分：总则	2018/12/28	2019/7/1
2	GB/T 37162. 3—2021	液压传动 液体颗粒污染度的监测 第 3 部分：利用滤膜阻塞技术	2021/5/21	2021/12/1
3	GB/T 37163—2018	液压传动 采用遮光原理的自动颗粒计数法测定液样颗粒污染度	2018/12/28	2019/7/1
4	GB/T 18854—2015	液压传动 液体自动颗粒计数器的校准	2015/12/31	2016/7/1
5	GB/T 27613—2011	液压传动 液体污染 采用称重法测定颗粒污染度	2011/12/30	2012/10/1
6	GB/T 21540—2008	液压传动 液体在线自动颗粒计数系统 校准和验证方法	2008/3/31	2008/9/1
7	GB/T 20082—2006	液压传动 液体污染 采用光学显微镜测定颗粒污染度的方法	2006/1/23	2006/8/1
8	GB/T 14039—2002	液压传动 油液 固体颗粒污染等级代号	2002/10/11	2003/5/1
9	GB/T 17489—1998	液压颗粒污染分析 从工作系统管路中提取液样	1998/9/2	1999/8/1

表 F-6　密封　标准目录

序号	标准号	标准名称	发布日期	实施日期
1	GB/T 13871. 2—2015	密封元件为弹性体材料的旋转轴唇形密封圈 第 2 部分：词汇	2015/12/10	2017/1/1
2	GB/T 13871. 5—2015	密封元件为弹性体材料的旋转轴唇形密封圈 第 5 部分：外观缺陷的识别	2015/12/10	2017/1/1
3	GB/T 20110—2006	液压传动 零件和元件的清洁度与污染物的收集、分析和数据报告相关的检验文件和准则	2006/2/16	2006/9/1

（续）

序号	标准号	标准名称	发布日期	实施日期
4	GB/T 21283.6—2015	密封元件为热塑性材料的旋转轴唇形密封圈 第6部分：热塑性材料与弹性体包覆材料的性能要求	2015/12/31	2016/7/1
5	GB/T 32217—2015	液压传动 密封装置 评定液压往复运动密封件性能的试验方法	2015/12/10	2017/1/1
6	GB/T 3452.1—2005	液压气动用O形橡胶密封圈 第1部分：尺寸系列及公差	2005/7/11	2006/1/1
7	GB/T 3452.2—2007	液压气动用O形橡胶密封圈 第2部分：外观质量检验规范	2007/9/26	2008/2/1
8	GB/T 3452.3—2005	液压气动用O形橡胶密封圈 沟槽尺寸	2005/9/19	2006/4/1
9	GB/T 3452.4—2020	液压气动用O形橡胶密封圈 第4部分：抗挤压环（挡环）	2020/11/19	2020/11/19
10	GB/T 34888—2017	旋转轴唇形密封圈 装拆力的测定	2017/11/1	2018/5/1
11	GB/T 34896—2017	旋转轴唇形密封圈 摩擦扭矩的测定	2017/11/1	2018/5/1
12	GB/T 9877—2008	液压传动 旋转轴唇形密封圈设计规范	2008/7/1	2009/2/1

表F-7 气动 阀 标准目录

序号	标准号	标准名称	发布日期	实施日期
1	GB/T 20081.1—2006	气动减压阀和过滤减压阀 第1部分：商务文件中应包含的主要特性和产品标识要求	2006/1/23	2006/8/1
2	GB/T 20081.2—2006	气动减压阀和过滤减压阀 第2部分：评定商务文件中应包含的主要特性的测试方法	2006/1/23	2006/8/1
3	GB/T 22107—2008	气动方向控制阀 切换时间的测量	2008/6/25	2009/1/1
4	GB/T 26142.1—2010	气动五通方向控制阀 规格18mm和26mm 第1部分：不带电气接头的安装面	2011/1/14	2011/10/1
5	GB/T 26142.2—2010	气动五通方向控制阀 规格18mm和26mm 第2部分：带可选电气接头的安装面	2011/1/14	2011/10/1
6	GB/T 32215—2015	气动 控制阀和其他元件的气口和控制机构的标识	2015/12/10	2016/7/1
7	GB/T 32337—2015	气动 二位三通电磁阀安装面	2015/12/31	2016/7/1
8	GB/T 32807—2016	气动阀 商务文件中应包含的资料	2016/8/29	2017/3/1
9	GB/T 38206.2—2020	气动元件可靠性评估方法 第2部分：换向阀	2020/4/28	2020/11/1
10	GB/T 39956.1—2021	气动 电—气压力控制阀 第1部分：商务文件中应包含的主要特性	2021/3/9	2021/10/1

（续）

序号	标准号	标准名称	发布日期	实施日期
11	GB/T 39956. 2—2021	气动 电—气压力控制阀 第2部分：评定商务文件中应包含的主要特性的试验方法	2021/3/9	2021/10/1
12	GB/T 7940. 1—2008	气动 五气口方向控制阀 第1部分：不带电气接头的安装面	2008/6/25	2009/1/1
13	GB/T 7940. 2—2008	气动 五气口方向控制阀 第2部分：带可选电气接头的安装面	2008/6/25	2009/1/1

表 F-8 气动 缸 标准目录

序号	标准号	标准名称	发布日期	实施日期
1	GB/T 23252—2009	气缸 成品检验及验收	2009/3/16	2009/11/1
2	GB/T 2348—2018	流体传动系统及元件 缸径及活塞杆直径	2018/12/28	2019/7/1
3	GB/T 2349—1980	液压气动系统及元件 缸活塞行程系列	1980/12/27	1981/7/1
4	GB/T 2350—1980	液压气动系统及元件 活塞杆螺纹型式和尺寸系列	1980/12/27	1981/7/1
5	GB/T 2350—2020	流体传动系统及元件 活塞杆螺纹型式和尺寸系列	2020/11/19	2021/6/1
6	GB/T 28781—2012	气动 缸内径20mm至100mm的紧凑型气缸 基本尺寸、安装尺寸	2012/11/5	2013/3/1
7	GB/T 32336—2015	气动 带可拆卸安装件的缸径32mm至320mm的气缸基本尺寸、安装尺寸和附件尺寸	2015/12/31	2016/7/1
8	GB/T 33924—2017	气缸活塞杆端球面耳环安装尺寸	2017/7/12	2018/2/1
9	GB/T 33927—2017	气缸活塞杆端环叉安装尺寸	2017/7/12	2018/2/1
10	GB/T 38206. 3—2019	气动元件可靠性评估方法 第3部分：带活塞杆的气缸	2019/10/18	2020/5/1
11	GB/T 38758—2020	气动 有色金属缸筒技术要求	2020/4/28	2020/11/1
12	GB/T 8102—2008	缸内径8mm~25mm的单杆气缸安装尺寸	2008/6/25	2009/1/1
13	GB/T 8102—2020	气动 缸径8mm至25mm的单杆气缸 安装尺寸	2020/11/19	2021/6/1
14	GB/T 9094—2006	液压缸气缸安装尺寸和安装型式代号	2006/8/22	2007/1/1
15	GB/T 9094—2020	流体传动系统及元件 缸安装尺寸和安装型式代号	2020/11/19	2021/6/1

表 F-9 辅件 标准目录

序号	标准号	标准名称	发布日期	实施日期
1	GB/T 36703—2018	液压传动 压力开关 安装面	2018/9/17	2019/4/1
2	GB/T 38175—2019	液压传动 滤芯 用高黏度液压油测定流动疲劳耐受力	2019/10/18	2020/5/1
3	GB/T 39926—2021	液压传动 滤芯试验方法 热工况和冷启动模拟	2021/3/9	2021/10/1
4	GB/T 20079—2006	液压过滤器技术条件	2006/1/23	2006/8/1
5	GB/T 20080—2017	液压滤芯技术条件	2017/5/12	2017/12/1
6	GB/T 21486—2019	液压传动 滤芯 检验性能特性的试验程序	2019/10/18	2020/5/1
7	GB/T 14041. 1—2007	液压滤芯 结构完整性验证和初始冒泡点的确定	2007/4/18	2007/11/1
8	GB/T 14041. 2—2007	液压滤芯 材料与液体相容性检验方法	2007/7/2	2007/12/1
9	GB/T 14041. 3—2010	液压滤芯 第 3 部分：抗压溃（破裂）特性检验方法	2011/1/14	2011/10/1
10	GB/T 14041. 4—2019	液压传动 滤芯 第 4 部分：额定轴向载荷检验方法	2019/10/18	2020/5/1
11	GB/T 18853—2015	液压传动过滤器 评定滤芯过滤性能的多次通过方法	2015/12/31	2016/7/1
12	GB/T 17486—2006	液压过滤器 压降流量特性的评定	2006/12/25	2007/5/1
13	GB/T 17488—2008	液压滤芯 利用颗粒污染物测定抗流动疲劳特性	2008/6/25	2009/1/1
14	GB/T 19925—2005	液压传动 隔离式充气蓄能器 优先选择的液压油口	2005/9/19	2006/4/1
15	GB/T 19926—2005	液压传动 充气式蓄能器 气口尺寸	2005/9/19	2006/4/1
16	GB/T 2352—2003	液压传动 隔离式充气蓄能器压力和容积范围及特征量	2003/11/25	2004/6/1
17	GB/T 25132—2010	液压过滤器 压差装置试验方法	2010/9/26	2011/2/1
18	GB/T 2351—2021	流体传动系统及元件 硬管外径和软管内径	2021/5/21	2021/12/1
19	GB/T 14034. 1—2010	流体传动金属管连接 第 1 部分：24°锥形管接头	2010/12/23	2011/6/1
20	GB/T 7939—2008	液压软管总成 试验方法	2008/1/14	2008/5/1
21	GB/T 26143—2010	液压管接头 试验方法	2011/1/14	2011/10/1
22	GB/T 2878. 1—2011	液压传动连接 带米制螺纹和 O 形圈密封的油口和螺柱端 第 1 部分：油口	2011/12/30	2012/10/1

（续）

序号	标准号	标准名称	发布日期	实施日期
23	GB/T 2878.2—2011	液压传动连接 带米制螺纹和O形圈密封的油口和螺柱端 第2部分：重型螺柱端（S系列）	2011/12/30	2012/10/1
24	GB/T 2878.3—2017	液压传动连接 带米制螺纹和O形圈密封的油口和螺柱端 第3部分：轻型螺柱端（L系列）	2017/5/12	2017/12/1
25	GB/T 2878.4—2011	液压传动连接 带米制螺纹和O形圈密封的油口和螺柱端 第4部分：六角螺塞	2011/12/30	2012/10/1
26	GB/T 9065.1—2015	液压软管接头 第1部分：O形圈端面密封软管接头	2015/12/31	2016/7/1
27	GB/T 9065.2—2010	液压软管接头 第2部分：24°锥密封端软管接头	2010/9/26	2011/2/1
28	GB/T 9065.3—2020	液压传动连接 软管接头 第3部分：法兰式	2020/6/2	2020/12/1
29	GB/T 9065.4—2020	液压传动连接 软管接头 第4部分：螺柱端	2020/6/2	2020/12/1
30	GB/T 9065.5—2010	液压软管接头 第5部分：37°扩口端软管接头	2010/9/26	2011/2/1
31	GB/T 9065.6—2020	液压传动连接 软管接头 第6部分：60°锥形	2020/6/2	2020/12/1
32	GB/T 7937—2008	液压气动管接头及其相关元件 公称压力系列	2008/1/14	2008/5/1
33	GB/T 2351—2005	液压气动系统用硬管外径和软管内径	2005/7/11	2006/1/1
34	GB/T 33626.1—2017	气动油雾器 第1部分：商务文件中应包含的主要特性和产品标识要求	2017/5/12	2017/12/1
35	GB/T 33626.2—2017	气动油雾器 第2部分：评定商务文件中包含的主要特性的试验方法	2017/5/12	2017/12/1
36	GB/T 33636—2017	气动 用于塑料管的插入式管接头	2017/5/12	2017/12/1
37	GB/T 14514—2013	气动管接头试验方法	2013/9/18	2014/6/1
38	GB/T 14038—2008	气动连接 气口和螺柱端	2008/6/25	2009/1/1
39	GB/T 22076—2008	气动圆柱形快换接头 插头连接尺寸、技术要求、应用指南和试验	2008/7/1	2009/2/1
40	GB/T 22108.1—2008	气动压缩空气过滤器 第1部分：商务文件中包含的主要特性和产品标识要求	2008/6/25	2009/1/1
41	GB/T 22108.2—2008	气动压缩空气过滤器 第2部分：评定商务文件中包含的主要特性的测试方法	2008/6/25	2009/1/1

参 考 文 献

[1] 全国液压气动标准化技术委员会．流体传动系统及元件　图形符号和回路图　第1部分：图形符号：GB/T 786.1—2021 [S]. 北京：中国标准出版社，2021.

[2] 全国液压气动标准化技术委员会．流体传动系统及元件　图形符号和回路图　第2部分：回路图：GB/T 786.2—2018 [S]. 北京：中国标准出版社，2018.

[3] 全国液压气动标准化技术委员会．流体传动系统及元件　图形符号和回路图　第3部分：回路图中的符号模块和连接符号：GB/T 786.3—2021 [S]. 北京：中国标准出版社，2021.

[4] 全国图形符号标准化技术委员会．图形符号表示规则 总则：GB/T 16900—2008 [S]. 北京：中国标准出版社，2008.

[5] 全国技术产品文件标准化技术委员会．技术制图　字体：GB/T 14691—1993 [S]. 北京：中国标准出版社，1993.

LEEMIN®
黎明液压

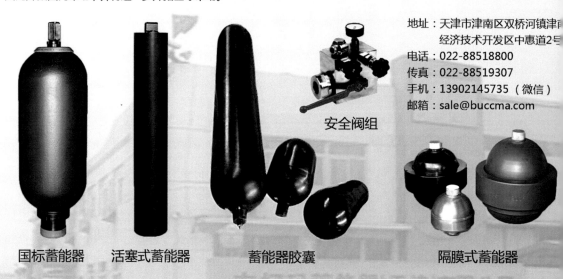